智能小车系统设计
——基于 STM32

主　编　潘志铭　钟世达

副主编　董　磊　唐　浒　黄荣祯　彭芷晴

电子工業出版社

Publishing House of Electronics Industry

北京 · BEIJING

内 容 简 介

本书除了介绍智能小车的电路设计、程序设计和微控制器系统设计，还涵盖了智能小车控制的相关技术，如电机控制、舵机控制、避障、寻迹、测速、超声测距和蓝牙无线通信等。全书通过 7 个底层驱动实验和 5 个应用实验，将重要的知识点串连起来，使读者可以轻松地学习嵌入式系统设计的相关知识和技术。

凡是对智能小车系统设计感兴趣的读者，都可以通过本书及配套的智能小车套件，掌握一款智能小车从硬件到软件的完整设计思路。本书也鼓励读者能够青出于蓝而胜于蓝，在学完本书的基础上，设计出属于自己的智能小车。

图书在版编目（CIP）数据

智能小车系统设计：基于 STM32 / 潘志铭，钟世达主编. —北京：电子工业出版社，2021.5（2025.2 重印）
ISBN 978-7-121-41098-7

Ⅰ. ①智…　Ⅱ. ①潘…　②钟…　Ⅲ. ①单片微型计算机－系统设计－高等学校－教材　Ⅳ. ①TP368.1

中国版本图书馆 CIP 数据核字（2021）第 080043 号

责任编辑：张小乐

印　　刷：北京七彩京通数码快印有限公司
装　　订：北京七彩京通数码快印有限公司
出版发行：电子工业出版社
　　　　　北京市海淀区万寿路 173 信箱　　　邮编：100036
开　　本：787×1092　1/16　印张：16.75　字数：429 千字
版　　次：2021 年 5 月第 1 版
印　　次：2025 年 2 月第 8 次印刷
定　　价：55.00 元

凡所购买电子工业出版社图书有缺损问题，请向购买书店调换。若书店售缺，请与本社发行部联系，联系及邮购电话：（010）88254888，88258888。

质量投诉请发邮件至 zlts@phei.com.cn，盗版侵权举报请发邮件至 dbqq@phei.com.cn。

本书咨询联系方式：（010）88254462，zhxl@phei.com.cn。

前　言

对嵌入式系统的学习往往从电路分析、数字电路和模拟电路等相关课程开始，进一步学习微机原理和 C 语言程序设计，最后在微控制器系统设计课程中，通过实验综合应用以上知识。这种传统的学习模式往往需要花费较长的时间，而且在学习过程中，由于大多数初学者不了解如何应用所学知识，因此容易产生厌倦情绪，从而影响学习效果，最终让原本有趣味的学习过程变得枯燥乏味。但是，有恒心之人在不断钻研之后仍可以通过这种学习模式掌握很多基础知识，这是该模式的优点。还有一种学习模式，如现在流行的 Arduino 和树莓派等平台，初学者很容易上手，也很容易激发学习兴趣，但是，这种学习模式的缺点是难以系统地掌握基础知识，如电路、微机原理和 C 语言程序设计等。

有没有这样一种学习模式，既能从一开始便激发初学者的学习兴趣，又能在学习过程中帮助初学者较深入地掌握电路、微机原理和 C 语言程序设计等方面的知识？本书编者从 2015 年开始，尝试了多种学习模式，最终通过智能小车系统的设计基本实现了这种学习模式。智能小车的学习可分为 4 个阶段：（1）通过 5 种玩法对智能小车及其资源形成宏观的认知；（2）学习智能小车的硬件电路、执行单元（电机、舵机等）及传感器（避障、寻迹、测速等模块）等知识；（3）通过 7 个底层驱动实验，学习如何通过 STM32 控制智能小车；（4）通过 5 个应用实验，学习如何调用底层驱动玩转智能小车。

本书内容涵盖的知识点非常广泛，包括：（1）智能小车控制方面，如电机控制、舵机控制、避障、寻迹、测速、超声测距及蓝牙无线通信等；（2）微控制器方面，如集成开发环境搭建和使用、GPIO、定时器、串口、PWM、中断、ADC 和 DMA 等；（3）电路设计方面，如电源设计、驱动电路设计、检测电路设计、微控制器核心电路设计等。

全书共 15 章：第 1 章介绍智能小车的整体架构、各种玩法和资源；第 2 章详细介绍智能小车的硬件电路，如电源电路、微控制器电路和功能模块电路；第 3 章介绍 Keil 软件的配置和使用，以及工程的编译和程序下载；第 4～10 章介绍智能小车硬件电路、执行单元、传感器及微控制器相关外设，并通过一系列实验验证智能小车的执行单元和传感器，目的是掌握基于 STM32 的底层驱动设计；第 11～15 章围绕 5 种智能小车常用玩法，如魔术手、跟从、寻迹、避障和蓝牙控制，让小车真正运行起来，目的是掌握基于 STM32 的应用层设计。

使用本书时，建议读者先学习第 1 章和第 2 章，大致了解智能小车及传感器和硬件资源；然后通过学习第 3 章，快速熟悉 Keil 软件的开发流程；再通过第 4～10 章学习微控制器的外设架构、寄存器、固件库函数和底层驱动设计等知识，这部分属于基础部分，建议多花费一些时间和精力；最后学习第 11～15 章，以掌握智能小车的应用。

本书的程序均严格按照《C 语言软件设计规范（LY-STD001—2019）》编写，设计规范要求每个函数的实现必须有清晰的函数模块信息，包括函数名称、函数功能、输入参数、输出参数、返回值、创建日期和注意事项。由于本书篇幅有限，第 4～15 章的函数的实现均省略了函数模块信息，但是，读者在编写程序时，建议完善每个函数的模块信息，"函数实现及其模块信息"（位于本书配套资料包的"08.软件资料"文件夹中）罗列了所有函数的实现及其模块信息，供读者参考。

潘志铭和钟世达策划了本书的编写思路，指导全书的编写，对全书进行统稿，并负责第1～2章、第11～15章的编写；董磊设计了本书配套的智能小车硬件系统，主持编写了基于STM32的微控制器案例，并负责第3～10章的编写；唐浒和黄荣祯在教材编写、例程优化和文本校对中做了大量的工作。本书的出版得到了深圳市乐育科技有限公司彭芷晴在技术层面的大力支持，电子工业出版社张小乐编辑为本书的出版做了大量的工作。本书还获得了深圳大学的教材出版资助，特别感谢深圳大学教务部、电子与信息工程学院和生物医学工程学院的大力支持。在此一并致以衷心的感谢！

由于编者水平有限，书中难免有错误和不足之处，敬请读者不吝赐教，有任何问题或宝贵意见请发送至邮箱：ExcEngineer@163.com。

目　录

1 智能小车简介

嵌入式系统的学习是一个非常复杂的过程，从电路（包括数字电路、电路分析和模拟电路）相关课程开始，到微机原理和 C 语言程序设计，再到嵌入式系统综合应用相关课程。这种传统的学习模式往往需要花费较长的时间，而且容易感到枯燥乏味。本书希望通过基于 STM32 微控制器的智能小车系统设计，帮助读者灵活地学习嵌入式系统。为什么要选择智能小车？为什么要选择 STM32 微控制器？本章将针对这些问题给出详细的解释，并介绍智能小车系统及其各种玩法。

1.1 为什么选择智能小车

嵌入式系统是一种包括硬件和软件的完整计算机系统，它的定义是：嵌入式系统是以应用为中心，以计算机技术为基础，并且软硬件可剪裁，适用于应用系统对功能、可靠性、成本、体积和功耗有严格要求的专用计算机系统。嵌入式技术是现代电子信息技术发展的重点，和人工智能一起作为智能机器人领域的核心技术。嵌入式系统开发人才已经成为智能型社会人才需求的热点。

为什么选择智能小车作为载体，学习嵌入式系统设计？原因基于智能小车的特点和意义。

随着科学技术日新月异的发展，智能化和自动化技术越来越普及，各种高科技也广泛应用于智能小车和机器人玩具制造领域，使智能机器人越来越多样化。智能小车运用了计算机、传感、信息、通信、导航、人工智能及自动控制等技术来实现环境感知、规划决策和自动行驶，它是一个多种高新技术的集成体，融合了机械、电子、传感器、计算机硬件、软件、人工智能等多种学科的知识，涉及当今许多前沿领域的技术，具有非常重要的实际意义。如果将以上技术应用到现实生活中，可以使我们的未来生活变得更加智能。智能小车还可以应用于科学研究、地质勘探、危险搜索、智能救援等，其在交通运输中也有较广阔的应用前景。

由于嵌入式系统结构复杂，初学者很难在较短的时间内掌握全部。通过智能小车的设计，分析其与嵌入式系统设计所需知识点之间的关系，分解出一系列的应用模块，然后再将分解出来的简单模块组合成一个完整的智能小车。这样做不但可以快速熟悉各知识点的应用方法，提高学习兴趣，还可以训练动手设计能力，从而达到较好的学习效果。另外，全国大学生电子设计竞赛和各省的电子设计竞赛几乎每年都有智能小车相关的题目，各高校也都很重视对该题目的研究。

1.2 为什么选择 STM32

嵌入式技术起源于微控制器技术，是各类数字化的电子、机电产品的核心，主要用于实现对硬件设备的控制、监视或管理。

在微控制器选型过程中，工程师常常会陷入一个困局：一方面抱怨 8 位/16 位微控制器有限的指令和性能，另一方面抱怨 32 位微控制器的高成本和高功耗。能否有效解决这个问题，让工程师不必在性能、成本、功耗等因素中做出取舍和折中？

基于 ARM 公司 2006 年推出的 Cortex-M3 内核，ST 公司于 2007 年推出的 STM32 系列微控制器就很好地解决了上述问题。因为 Cortex-M3 内核的计算能力是 1.25DMIPS/MHz，而

ARM7TDMI 只有 0.95DMIPS/MHz。而且 STM32 拥有 1μs 的双 12 位 ADC，4Mbit/s 的 UART，18Mbit/s 的 SPI，18MHz 的 I/O 翻转速度，更重要的是，STM32 在 72MHz 工作时功耗只有 36mA（所有外设处于工作状态），而待机时功耗只有 2μA。

STM32 拥有丰富的外设、强大的开发工具、易于上手的固件库，在 32 位微控制器选型中，STM32 已经成为许多工程师的首选。据统计，从 2007 年到 2016 年，STM32 系列微控制器出货量累计约 20 亿个，十年间 ST 公司在中国的市场份额从 2%增长到 14%。isuppli 的 2016 下半年市场报告显示，STM32 系列微控制器在中国 Cortex-M 市场的份额约占 45.8%。

尽管 STM32 系列微控制器已经推出十余年，但它依然是市场上 32 位微控制器的首选，经过十余年的积累，各种开发资料都非常完善，降低了初学者的学习难度。因此，本书选用 STM32 系列微控制器作为载体，智能小车核心板上的主控芯片就是封装为 LQFP64 的 STM32F103RCT6 芯片，最高主频可达 72MHz。

STM32F103RCT6 芯片拥有的资源包括 48KB SRAM、256KB Flash、1 个 FSMC 接口、1 个 NVIC、1 个 EXTI（支持 19 个外部中断/事件请求）、2 个 DMA（支持 12 个通道）、1 个 RTC、2 个 16 位基本定时器、4 个 16 位通用定时器、2 个 16 位高级定时器、1 个独立看门狗、1 个窗口看门狗、1 个 24 位 SysTick、2 个 I^2C、5 个串口（包括 3 个同步串口和 2 个异步串口）、3 个 SPI、2 个 I^2S（与 SPI2 和 SPI3 复用）、1 个 SDIO 接口、1 个 CAN、1 个 USB、51 个通用 I/O 接口、3 个 12 位 ADC（可测量 16 个外部和 2 个内部信号源）、2 个 12 位 DAC、1 个内置温度传感器、1 个串行 JTAG 调试接口。

STM32 系列微控制器可用于开发多种产品，除智能小车外，还可以用于开发无人机、电子体温枪、电子血压计、血糖仪、胎心多普勒、监护仪、呼吸机、智能楼宇控制系统、汽车控制系统等。

1.3　智能小车系统简介

智能小车主要由车架、核心板、电机、车轮和各个模块组成，如图 1-1 和图 1-2 所示。车架决定了小车的基本形态，为小车的核心板和各个模块提供保护；核心板是小车的控制终端，提供了大量的模块接口；各个模块相当于智能小车的四肢和眼睛，负责收集信息，协助小车完成各种动作。

图 1-1　智能小车侧面图　　　　　　　　　　图 1-2　智能小车正面图

智能小车核心板系统框图如图 1-3 所示。STM32 微控制器与计算机之间的交互可通过 JTAG/SWD 仿真-下载器和通信-下载模块完成，这两种方式都可以实现程序下载。通信-下载模块可以实现通信功能，另外计算机可通过 JTAG/SWD 仿真-下载器对 STM32 微控制器进行仿真调试。STM32 微控制器通过蓝牙模块与移动终端交互。智能小车核心板提供的资源非常丰富，有大量的模块接口，可连接各个传感器模块和执行模块，传感器模块有超声测距、测速模块、避障模块和寻迹模块；执行模块有舵机模块和电机模块。除此之外，还有电压检测、电流检测、蜂鸣器、独立按键和 OLED 模块等，下面简单介绍智能小车的模块。

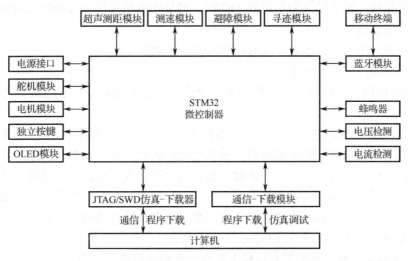

图 1-3　智能小车核心板系统框图

（1）STM32 微控制器。智能小车上的微控制器型号为 STM32F103RCT6，该芯片为 Cortex-M3 内核，拥有 256KB 的 Flash 和 48KB 的 SRAM，主频高达 72MHz。

（2）电源接口。通过电源接口连接两节 18650 电池，为智能小车供电。单节电池标称电压为 3.7V，两节电池串联，总电压约为 7.4V。

（3）舵机模块。智能小车采用了 TS90A 舵机，如图 1-4 所示。工作原理是：舵机内部有一个基准电压，微控制器产生的 PWM 信号通过信号线（橙色）让舵机产生直流偏置电压，与舵机内部的基准电压比较，获得电压差输出。电压差的正负输出到电机驱动芯片上，从而决定舵机正向或反向转动。当舵机开始旋转时，舵机内部通过级联减速齿轮带动电位器旋转，直到电压差为零，电机停止转动。智能小车核心板提供了 3 个舵机接口，可用来搭载超声测距模块或摄像头，微控制器可独立控制 3 个舵机。

（4）电机模块。智能小车的核心板有两个电机驱动芯片，每个芯片有 4 个输出通道，每个输出通道可以输出 600mA 电流，峰值为 1.2A，为电机提供了强大动力。智能小车驱动电机采用 TT 电机，如图 1-5 所示。智能小车共有前后左右 4 个 TT 电机，为小车提供强大的动力。

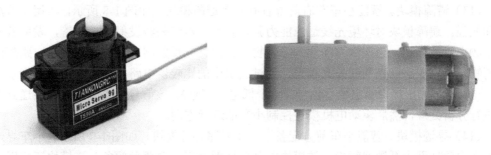

图 1-4　TS90A 舵机　　　　　　　　　图 1-5　TT 电机

（5）独立按键。智能小车提供了 3 个独立按键和 1 个复位按键。独立按键 KEY_1 用于调节小车状态，KEY_2 用于切换模式，KEY_3 用于启动执行。

（6）OLED 模块。智能小车搭载了一个分辨率为 128×64 像素的 OLED 模块，可用于模式、电压、距离和小车速度的显示。

（7）蓝牙模块。蓝牙模块为常用的 HC-05，波特率取值范围为 2400～1382400baud，用于小车与手机进行通信。

（8）蜂鸣器。用于低压报警，及时提醒用户小车电量不足。

（9）电压检测。用于检测电池电压。

（10）电流检测。电流检测芯片检测流经整个核心板的电流，用于监测智能小车的工作功率。

（11）超声测距模块。智能小车正前方装配了一个超声测距模块，如图 1-6 所示。超声测距模块能检测小车正前方障碍物的距离，最长检测距离为 500cm，精度可达 0.3cm。工作原理为：超声测距模块的发射器发出超声波，根据接收器接收到超声波时的时间差计算距离，与雷达测距原理相似。超声波发射器向某一方向发射超声波，在发射的同时开始计时，超声波在空气中传播，途中碰到障碍物立即反射回来，超声波接收器收到反射波立即停止计时，根据超声波在空气中的传播速度（340m/s）计算距离。

（12）测速模块。智能小车左右后轮上各有一个测速模块，如图 1-7 所示，可以实时监控车轮的转动速度，然后在 OLED 模块或手机上显示车速。工作原理为：码盘上有很多光栅，且码盘与电机同轴，码盘随着车轮转动时，会不断遮挡光敏元件发出的光波。编码器相当于光敏元件，会因光栅的遮挡而不断产生方波信号，方波信号从编码器的 OUT 引脚输出，只需连续检测 OUT 引脚的输出，根据方波信号的周期就可以计算出小车运行的速度。小车上使用的码盘精度不高，高精度码盘上的光栅会更加密集，测量效果会更好。

图 1-6　超声测距模块　　　　　　　图 1-7　测速模块

（13）避障模块。智能小车左右前方各有一个避障模块，如图 1-8 所示，可用于检测障碍物和光强。避障模块对环境光线适应能力强，具有一对红外线发射与接收管，发射管发射出一定频率的红外光，当检测方向遇到障碍物时，红外光反射回来被接收管接收，距离前面的障碍物越近，反射回来的红外光越强，经过模块中的比较器电路处理之后，绿色指示灯会亮起，同时信号输出接口输出数字信号（一个低电平信号），该信号经放大器放大后送到微控制器进行分析处理，然后驱动电机模块控制小车的运行方向。

（14）寻迹模块。智能小车前方配备了一个四路寻迹模块，如图 1-9 所示。小车寻迹是指小车在白色地面上循黑线行走，该模块能区分地面上黑、白两种颜色，该模块还可用于踏空检测。寻迹模块也采用了红外探测法，即利用红外光在不同颜色的物体表面具有不同的反射强度的特点，在小车行驶过程中，不断地向地面发射红外光，当红外光遇到白色地面时发生漫反射，反射光被接收管接收；如果遇到黑线则红外光被吸收，小车上的接收管接收不到红外光。微控制器根据是否接收到反射回来的红外光，从而确定黑线的位置和小车的运行路线。

图 1-8　避障模块

图 1-9　四路寻迹模块

1.4　智能小车玩法简介

启动小车前，先检查各种配件是否完整，车身有无受到损伤。检查无误后将电量充足的两节 18650 电池装入小车底部的电池盒，打开电源开关可以看到智能小车核心板上的 5V 和 3V3 电源指示灯正常工作。

通过通信-下载模块连接小车和计算机，然后在本书配套的资料包"02.相关软件"中找到"智能小车完整程序.hex"文件，将该文件下载到智能小车核心板中，具体操作可参见 3.3 节的步骤 14 和步骤 15。下载完成后，核心板上的两个流水灯交替闪烁，同时 OLED 屏显示当前小车模式（如魔术手）、左右速度、超声测距结果及电池电压，电池电压在 7~8V 为宜。

接下来分步骤测试智能小车各个模块是否工作正常。

（1）准备测试

将小车架空，最好用铜柱将小车支起来，摆放于空旷处，保证车轮悬空，不与任何物体接触。因为要测试小车电机是否正常，为避免小车突然运动从高处摔落，因此必须要采取安全措施。

（2）配置串口助手

打开 SSCOM 串口助手软件，选择正确的串口号（不同计算机的串口号可能不一样），将波特率设为"115200"，然后单击"打开串口"按钮。勾选"发送新行"，在"字符串输入框"中输入 help 指令，单击"发送"按钮，即可在串口助手软件接收栏查看小车的正常回应，如图 1-10 所示。

（3）测试蜂鸣器

串口助手发送指令"1:1"，蜂鸣器响起，表示蜂鸣器正常；发送指令"1:0"，可让蜂鸣器停止鸣响。

（4）电机和测速模块测试

串口助手发送指令"2:1800, 1800"，若电机朝前转动则表示电机正常，同时 OLED 屏显示小车左右车轮速度，速度单位为 cm/s。通过输入参数的正负可以控制电机前后转动。

（5）舵机测试

舵机位于小车正前方，搭载着超声测距模块。串口助手发送指令"3:1, 60"，可以看到舵机转动，表示舵机正常。测试完，把舵机调回最初位置。

（6）调节避障和寻迹模块

避障模块位于小车的左前和右前位置，用于检测障碍物。寻迹模块位于小车车头底部，用于检测黑线。串口助手发送指令"4:"，勾选"定时发送"，每隔 1s 发送一次数据，把手放在避障模块正前方或寻迹模块下面，可以看到串口助手传回相应的信息。避障模块和寻迹模块都有调节旋钮，用来调节灵敏度，调节避障模块灵敏度为 15cm 左右，寻迹模块灵敏度为 5cm 左右。

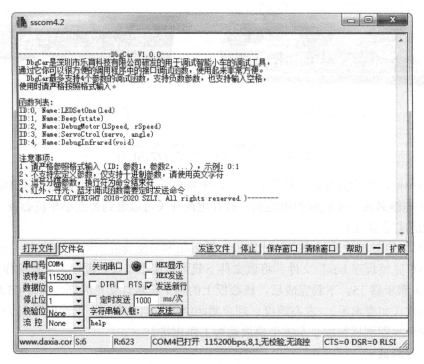

图 1-10　配置串口助手

测试完成后，取消"定时发送"。

（7）超声测距检测

超声测距模块用于检测正前方障碍物的距离，检测结果显示在 OLED 屏上，单位是 cm。测试时，可以将手放在超声测距模块前方，若检测结果正确，则表示超声测距模块正常。

一切准备就绪后，就可以畅玩小车了。玩法有魔术手应用、跟从应用、寻迹应用、避障应用和蓝牙控制应用，首先从最简单的魔术手应用开始。

（1）魔术手应用

智能小车工作时分为调节状态和运行状态。智能小车处于调节状态时，用户可以切换模式，例如从魔术手模式切换到跟从模式，同时还能对小车进行测试；运行状态下，小车将执行各种模式。

将通信-下载模块和 JTAG/SWD 仿真-下载器取下，然后将小车平放在空旷的地面上，打开电源开关。按 KEY$_1$ 键，小车进入调节状态，此时按 KEY$_2$ 键可以切换模式，切换到魔术手模式（MODE: MagicHand），最后按 KEY$_3$ 键启动执行。

此时可以用手控制小车。手掌和超声测距模块之间的距离小于 10cm 时小车后退；距离在 20～30cm 范围内小车前进，其余情况下小车停车。

注意，小车有踏空检测功能。当小车检测到有踏空风险时，拒绝执行前进命令，需调节好寻迹模块，否则有误检风险。

（2）跟从应用

调节好避障模块和寻迹模块，将模式切换到跟从模式（MODE: Follow），用户走到哪里小车就跟到哪里。同样，跟从模式也设有踏空检测。

（3）寻迹应用

调节好避障模块和寻迹模块，将模式切换到寻迹模式（MODE: TrackCar），小车将沿着赛道上的黑线行驶，实现小车按照特定轨迹自动巡航。

注意，用户需自行准备赛道，可参见附录 F。

（4）避障应用

调节好避障模块和寻迹模块，将模式切换到避障模式（MODE: AvoidObst），小车将实现自动驾驶，并自动避开障碍物。可以用一些箱子等模拟障碍物，搭建简单的实验场地。

（5）蓝牙控制应用

参考 15.2 节的步骤 1，配置小车蓝牙，如名字、波特率、密码等，然后在本书配套资料包的"02.相关软件"中找到 SmartCar.apk 应用程序，将其安装到手机上，然后连接小车蓝牙。

调节好避障模块和寻迹模块，将模式切换到蓝牙模式（MODE: BTCtrol），就可以用手机遥控小车了。同时，小车也将自身状态信息发送到手机 App 上。

同样，蓝牙模式也有安全检测，当小车检测到前方有障碍物或踏空时，拒绝执行前进命令。

2 智能小车硬件电路设计

硬件系统与软件系统是互相配合、缺一不可的。硬件系统是基础，硬件需要通过软件系统控制实现启动，并让各个硬件之间相互协同工作。同时，对硬件系统的深入理解有助于优化软件系统的设计。本章介绍智能小车核心板上的各个电路模块，并将这些电路分为电源电路、STM32 微控制器电路和功能模块电路。

2.1 电源电路

2.1.1 BAT 转 5V 电路

BAT 转 5V 电路如图 2-1 所示，用于电池电源转换，为智能小车工作供电。MP1584EN-LF-Z 芯片是一个高频降压型开关稳压器，它的电压输入范围为 4.5～28V，输出电压范围为 0.8～25V，可输出 3A 电流，使用该芯片将电池输入电压转换为 5V 输出电压。U_5 的输入端（VIN）电压为电池电压，一般为 7.4～8.2V。经过电源芯片降压，会在 U_5 的输出端（SW）产生一个 5V 的电压。为了方便调试，在该电路上设计了 3 个测试点，分别是 BAT、5V 和 GND，可使用万用表测量电压。

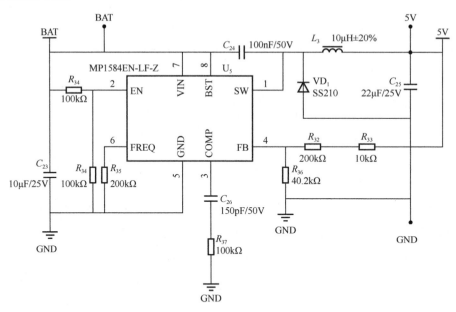

图 2-1 BAT 转 5V 电路

2.1.2 5V 转 3.3V 电路

图 2-2 所示为将 5V 输入电压转换为 3.3V 输出电压的电源转换电路。二极管 SS210 用于防止反向供电，二极管上会产生约 0.4V 的正向电压差，因此低压差线性稳压电源 U_2（AMS1117-3.3）的输入端（Vin）的电压并非 5V，而是约 4.6V。经过低压差线性稳压电源的

降压，会在 U_2 的输出端（Vout）产生一个 3.3V 的电压。为了调试方便，在电源转换电路上设计了 3V3 测试点。为了检验 5V 转 3.3V 电路是否正常工作，设计了 VD_5 作为电源指示灯。

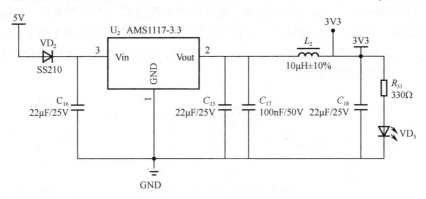

图 2-2　5V 转 3.3V 电路

2.1.3　电池电压测量电路

电池电压测量电路如图 2-3 所示。因为 STM32 微控制器的 ADC 测量范围是 0～3.3V，而电池电压 BAT（7.4～8.2V）远高于 3.3V，所以通过 51kΩ 和 10kΩ 电阻对 BAT 进行分压，这样 POWERC 检测到的电压范围为 1.2～1.4V。随着电池电量的减少，检测到的电压值也会逐渐降低。

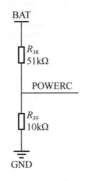

图 2-3　电池电压测量电路

2.2　STM32 微控制器电路

STM32 微控制器电路用于控制各种应用，就像人类的大脑。除此之外，这部分电路还有一些相关模块电路，包括通信-下载模块接口电路、JTAG/SWD 调试接口电路、OLED 屏接口电路、独立按键电路、晶振电路、LED 电路和蜂鸣器电路。

2.2.1　STM32 微控制器电路结构

STM32 微控制器电路是智能小车核心板的核心部分，如图 2-4 所示，由滤波电路、STM32 微控制器、复位电路、启动模式选择电路组成。

电源网络上，通常都会有高频噪声和低频噪声，而大电容对低频有较好的滤波效果，小电容对高频有较好的滤波效果。STM32F103RCT6 有 4 组数字电源和地引脚，分别是 VDD_1、

VDD_2、VDD_3、VDD_4 及 VSS_1、VSS_2、VSS_3、VSS_4，还有一组模拟电源和地引脚，即 VDDA 和 VSSA。100nF 电容 C_6、C_7、C_8 和 C_9 分别用于滤除 STM32F103RCT6 4 组数字电源引脚上的高频噪声；22μF 电容 C_5 用于滤除数字电源引脚上的低频噪声；100nF 电容 C_4 用于滤除模拟电源引脚上的高频噪声；22μF 电容 C_3 用于滤除模拟电源引脚上的低频噪声。为了达到良好的滤波效果，还需要在进行 PCB 布局时，尽可能将这些电容布置在对应的电源和地回路之间，且布线越短越好。

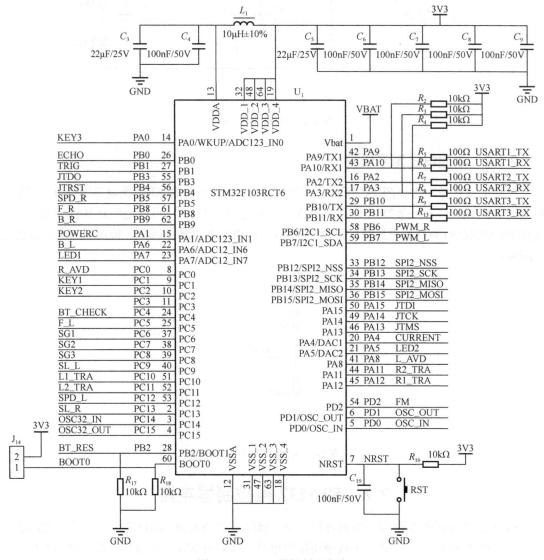

图 2-4 STM32 微控制器电路

NRST 引脚用于 STM32F103RCT6 复位，通过一个 10kΩ 上拉电阻连接到 3.3V 电源网络。因此在默认状态下，NRST 的引脚为高电平，只有复位按键 RST 按下时，NRST 引脚为低电平，STM32F103RCT6 才进行一次系统复位。

BOOT0 引脚（60 号引脚）、BOOT1 引脚（28 号引脚）为 STM32F103RCT6 启动模式选择端口，分别通过 10kΩ 下拉电阻连接到地网络，因此在默认状态下，这两个引脚为低电平。

当 BOOT0 为低电平时，系统从内部 Flash 启动，因此，默认情况下，J₁₄ 不需要插跳线帽连接 3.3V 电源网络。

2.2.2　通信−下载模块接口电路

程序编写完后，需要通过通信−下载模块将.hex（或.bin）文件下载到 STM32 微控制器中。通信−下载模块用于连接计算机和智能小车核心板，通过计算机上的程序下载工具（如 MCUISP）可以将程序下载到 STM32 微控制器中。通信−下载模块除了具备程序下载功能，还担任着"通信员"的角色，即可以通过通信−下载模块实现计算机与 STM32 微控制器之间的通信。

智能小车核心板通过一个 XH-6P 的底座连接到通信−下载模块，通信−下载模块再通过 Mini-USB 线连接到计算机的 USB 端口，通信−下载模块接口电路如图 2-5 所示。

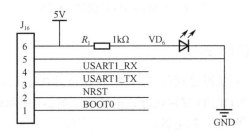

图 2-5　通信−下载模块接口电路

由图 2-5 可以看出，通信−下载模块接口电路有 6 个引脚，引脚说明如表 2-1 所示。

表 2-1　通信−下载模块接口电路引脚说明

引脚序号	引脚名称	引脚说明	备　注
1	BOOT0	启动模式选择 BOOT0	STM32 核心板 BOOT1 引脚固定为低电平
2	NRST	STM32 复位	—
3	USART1_TX	STM32 的 USART1 发送端	连接通信−下载模块的接收端
4	USART1_RX	STM32 的 USART1 接收端	连接通信−下载模块的发送端
5	GND	接地	—
6	VCC	电源输入	5V 供电，使用小车时应使用电池供电

2.2.3　JTAG/SWD 调试接口电路

除了可以使用通信−下载模块下载程序，还可以使用 JLINK 或 ST-Link 进行程序下载。JLINK 和 ST-Link 不仅可以下载程序，还可以对 STM32 微控制器进行在线调试。图 2-6 所示是智能小车核心板上的 JTAG/SWD 调试接口电路，这里采用了标准的 JTAG 接法，这种接法兼容 SWD 接口，因为 SWD 接口只需要 4 根线（SWCLK、SWDIO、VCC 和 GND）。需要注意的是，该接口电路为 JLINK 或 ST-Link 提供 3.3V 的电源，因此，不能通过 JLINK 或 ST-Link 对智能小车核心板供电，而是智能小车核心板向 JLINK 或 ST-Link 供电。

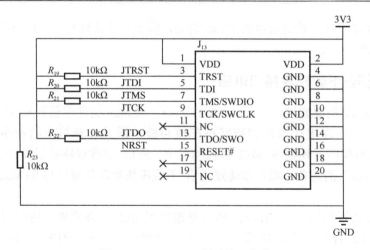

图 2-6　JTAG/SWD 调试接口电路

2.2.4　OLED 屏接口电路

　　智能小车核心板除了可以通过通信-下载模块在计算机上显示数据，还可以通过板载 OLED 屏接口电路外接一个 OLED 模块进行数据显示，图 2-7 所示即为 OLED 屏接口电路，该接口电路为 OLED 屏提供 3.3V 的电源。

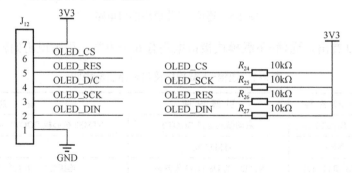

图 2-7　OLED 屏接口电路

　　OLED 屏接口电路引脚说明如表 2-2 所示，其中，OLED_DIN（SPI2_MOSI）、OLED_SCK（SPI2_SCK）、OLED_D/C（PC3）、OLED_RES（SPI2_MISO）和 OLED_CS（SPI2_NSS）分别连接在 STM32F103RCT6 的 PB15、PB13、PC3、PB14 和 PB12 引脚上。

表 2-2　OLED 屏接口电路引脚说明

引 脚 序 号	引 脚 名 称	引 脚 说 明	备　注
1	GND	接地	
2	OLED_DIN（SPI2_MOSI）	OLED 串行数据线	
3	OLED_SCK（SPI2_SCK）	OLED 串行时钟线	
4	OLED_D/C（PC3）	OLED 命令/数据标志	0—命令；1—数据
5	OLED_RES（SPI2_MISO）	OLED 硬复位	
6	OLED_CS（SPI2_NSS）	OLED 片选信号	
7	3V3（3.3V）	电源输出	为 OLED 屏提供电源

2.2.5　独立按键电路

智能小车核心板上有 3 个独立按键，分别是 KEY$_1$、KEY$_2$ 和 KEY$_3$，其原理图如图 2-8 所示。每个按键都与一个电容并联，且通过一个 10kΩ 电阻连接到 3.3V 电源网络。按键未按下时，输入到 STM32 微控制器的电压为高电平；按键按下时，输入到 STM32 微控制器的电压为低电平。网络 KEY1、KEY2 和 KEY3 分别连接到 STM32F103RCT6 芯片的 PC1、PC2 和 PA0 引脚上。

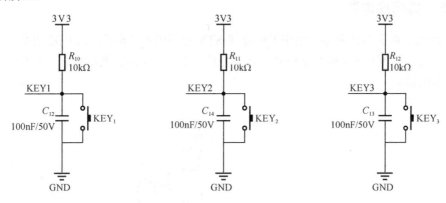

图 2-8　独立按键电路

2.2.6　晶振电路

STM32 微控制器具有非常强大时钟系统，除了内置高速和低速的时钟系统，还可以通过外接晶振为 STM32 微控制器提供高精度的高速和低速时钟系统。图 2-9 所示为外接晶振电路，其中 Y$_1$ 为 8MHz 无源晶振，连接到时钟系统的 HSE（外部高速时钟），Y$_2$ 为 32.768kHz 无源晶振，连接到时钟系统的 LSE（外部低速时钟）。

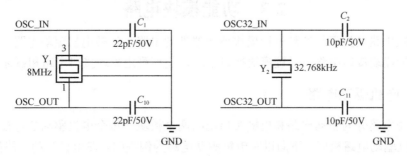

图 2-9　外接晶振电路

2.2.7　LED 电路

除了 3.3V 和 5V 电源指示 LED，智能小车核心板上还有两个绿色 LED，如图 2-10 所示，每个 LED 分别与一个 330Ω 电阻串联后连接到 STM32F103RCT6 芯片的引脚上，在 LED 电路中，电阻起着分压限流的作用。网络 LED1 和 LED2 分别连接 STM32F103RCT6 芯片的 PA7 和 PA5 引脚。

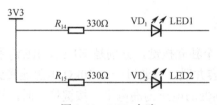

图 2-10　LED 电路

2.2.8　蜂鸣器电路

蜂鸣器电路如图 2-11 所示，网络 FM 连接 STM32F103RCT6 芯片的 PD2 引脚。当 FM 为高电平时，三极管 VT 的 c 极和 e 极之间将会导通，使得电阻 R_{42} 两端存在一个较大的压差，驱动蜂鸣器响起。

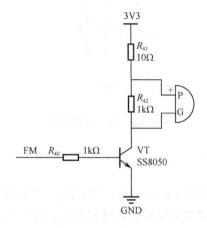

图 2-11　蜂鸣器电路

2.3　功能模块电路

功能模块电路是处理与控制外接模块或元器件的电路，包括电机驱动电路、舵机模块接口电路、避障模块接口电路、寻迹模块接口电路、超声测距模块接口电路和蓝牙模块电路。

2.3.1　电机驱动电路

电机驱动电路分为驱动电路和电机接口电路两个模块。每个电机驱动芯片控制一侧的电机，左右电机驱动电路相似，下面以左电机驱动电路为例说明。左电机驱动电路如图 2-12 所示。网络 PWM_L 连接 STM32F103RCT6 芯片的 PB7 引脚，且同时输入电机驱动芯片 U_6（L293DD013TR）的引脚 1（12EN）和引脚 11（34EN），因此 PB7 同时控制同侧的两个电机，理论上同侧电机转动速度相同。

左电机接口电路如图 2-13 所示，每个接口控制一个电机，注意接口控制电机前后转动的方向（MOTORx_F 和 MOTORx_B）。因 STM32F103RCT6 芯片的单个引脚仅控制同侧驱动，故电机接口无前后之分。

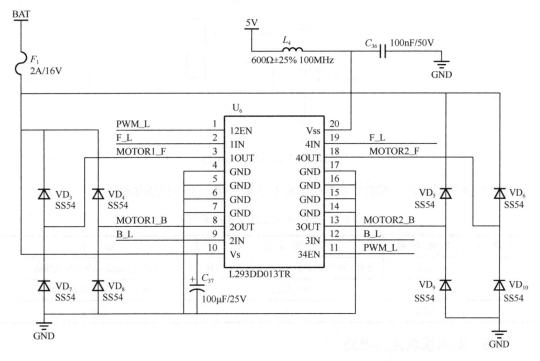

图 2-12 左电机驱动电路

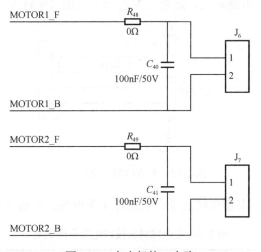

图 2-13 左电机接口电路

2.3.2 舵机模块接口电路

舵机模块接口电路如图 2-14 所示，网络 SG1 连接 STM32F103RCT6 芯片的 PC6 引脚，控制超声测距模块的舵机转动。除此之外，智能小车核心板上还有两个一样的舵机接口电路，还可以连接其他两个舵机，因 3 个舵机接口电路相似，此处仅以舵机 1 为例说明。

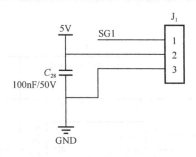

图 2-14　舵机模块接口电路

由图 2-14 可以看出，舵机模块接口电路有 3 个引脚，引脚说明如表 2-3 所示。

表 2-3　舵机模块接口电路引脚说明

引脚序号	引脚名称	引脚说明	备注
1	SG1	连接 STM32F103RCT6 芯片的 PC6 引脚	控制超声测距模块的舵机转动
2	5V	电源输入	5V 供电，为舵机提供电源
3	GND	接地	—

2.3.3　避障模块接口电路

避障模块接口用于外接避障模块，避障模块根据红外感应灯是否返回灯光信号来判断是否有障碍物。因两个接口电路相似，此处以左避障模块接口电路为例，如图 2-15 所示。

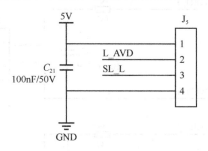

图 2-15　左避障模块接口电路

由图 2-15 可以看出，左避障模块接口电路有 4 个引脚，引脚说明如表 2-4 所示。

表 2-4　左避障模块接口电路引脚说明

引脚序号	引脚名称	引脚说明	备注
1	5V	电源输入	5V 供电，为避障模块提供电源
2	L_AVD	连接 STM32F103RCT6 芯片的 PA8 引脚	接收避障模块的避障信号返回
3	SL_L	连接 STM32F103RCT6 芯片的 PC9 引脚	接收避障模块的寻光信号返回
4	GND	接地	—

2.3.4　寻迹模块接口电路

寻迹模块接口用于外接寻迹模块，智能小车车头下方的 4 个寻迹感应灯根据红外感应原理，返回 4 个位置正下方的路面信息。寻迹模块接口电路如图 2-16 所示。

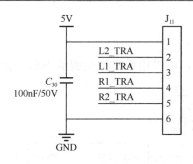

图 2-16　寻迹模块接口电路

由图 2-16 可以看出，寻迹模块接口电路有 6 个引脚，引脚说明如表 2-5 所示。

表 2-5　寻迹模块接口电路引脚说明

引脚序号	引脚名称	引脚说明	备　注
1	5V	电源输入	5V 供电，为寻迹模块提供电源
2	L2_TRA	连接 STM32F103RCT6 芯片的 PC11 引脚	接收左侧第二个寻迹感应灯的信号返回
3	L1_TRA	连接 STM32F103RCT6 芯片的 PC10 引脚	接收左侧第一个寻迹感应灯的信号返回
4	R1_TRA	连接 STM32F103RCT6 芯片的 PA12 引脚	接收右侧第一个寻迹感应灯的信号返回
5	R2_TRA	连接 STM32F103RCT6 芯片的 PA11 引脚	接收右侧第二个寻迹感应灯的信号返回
6	GND	接地	—

2.3.5　超声测距模块接口电路

超声测距模块接口用于外接超声测距模块。该模块根据超声波反射原理，测量车辆前方或侧方障碍物的距离。超声测距模块接口电路如图 2-17 所示。

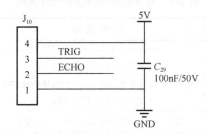

图 2-17　超声测距模块接口电路

由图 2-17 可以看出，超声测距模块接口电路有 4 个引脚，引脚说明如表 2-6 所示。

表 2-6　超声测距模块接口电路引脚说明

引脚序号	引脚名称	引脚说明	备　注
1	GND	接地	—
2	ECHO	连接 STM32F103RCT6 芯片的 PB0 引脚	回响信号
3	TRIG	连接 STM32F103RCT6 芯片的 PB1 引脚	触发信号
4	5V	电源输入	5V 供电，为超声测距模块提供电源

2.3.6 蓝牙模块电路

蓝牙模块与手机 App 连接，可以用手机控制智能小车。蓝牙模块电路如图 2-18 所示。

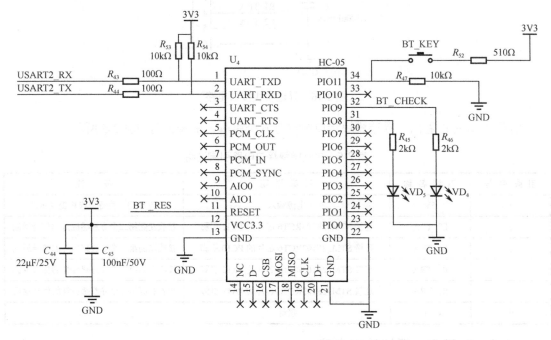

图 2-18 蓝牙模块电路

由图 2-18 可以看出，蓝牙模块电路部分引脚说明如表 2-7 所示。

表 2-7 蓝牙模块电路部分引脚说明

引脚序号	引脚名称	引脚说明	备注
1	UART_TXD	连接 100Ω 保护电阻后，与 STM32F103RCT6 芯片的 PA3 引脚连接	蓝牙发送信息给 STM32 微控制器
2	UART_RXD	连接 100Ω 保护电阻后，与 STM32F103RCT6 芯片的 PA2 引脚连接	蓝牙接收 STM32 微控制器发送的信息
11	RESET	连接 STM32F103RCT6 芯片的 PB2 引脚	控制蓝牙模块的复位
31	PIO8	连接 LED	用于表示蓝牙是否处于正常工作状态
32	PIO9	连接 LED	用于表示蓝牙是否处于正常工作状态
34	PIO11	连接按键 BT_KEY	用于蓝牙参数配置

3 实验1——F103基准工程

智能小车驱动层设计包括两部分：一是搭建基础框架，该任务将在F103基准工程实验中完成，目的是将智能小车的顶层架构固定；二是编写各个传感器的驱动程序，基于F103基准工程，逐步将传感器的驱动程序添加到基准工程中。整个过程就像建房子，先搭好地基和房梁，然后再砌墙。

本书所有实验均基于 Keil μVision5.20 开发环境，在开始程序设计之前，本章先通过创建一个基准工程，讲解 Keil 软件的配置和使用，以及工程的编译和程序下载。通过本章的学习，主要掌握软件的使用和工具的操作，不需要深入理解代码。

3.1 实验内容

通过学习实验原理，按照实验步骤标准化设置 Keil 软件，并创建和编译工程，最后将编译生成的.hex 和.axf 文件下载到智能小车核心板，验证以下基本功能：两个 LED（VD1 和 VD2）每 500ms 交替闪烁；OLED 屏正常显示小车模式等信息；通过按键 KEY_2 能切换 OLED 屏显示 MODE 中的内容；通过串口助手发送 help 指令，打印调试信息。

3.2 实验原理

3.2.1 寄存器与固件库

STM32 刚刚面世时就有配套的固件库，但当时的嵌入式开发人员习惯使用寄存器，很少使用固件库。究竟是基于寄存器开发更快捷还是基于固件库开发更快捷，曾引起了非常激烈的讨论。然而，随着 STM32 固件库的不断完善和普及，越来越多的嵌入式开发人员开始接受并适应这种高效率的开发模式。

什么是寄存器开发模式？什么是固件库开发模式？为了便于理解这两种不同的开发模式，下面以日常生活中熟悉的开汽车为例，从芯片设计者的角度来解释。

1. 如何开汽车

开汽车实际上并不复杂，只要能够协调好变速箱（Gear）、油门（Speed）、刹车（Brake）和转向盘（Wheel），基本上就掌握了开汽车的要领。启动车辆时，首先将变速箱从驻车挡切换到前进挡，然后松开刹车紧接着踩油门，需要加速时，将油门踩得深一些，需要减速时，将油门适当松开一些。需要停车时，先松开油门，然后踩刹车，在车停稳之后将变速箱从前进挡切换到驻车挡。当然，实际开汽车还需要考虑更多的因素，本例仅为了形象地解释寄存器和固件库开发模式而将其简化了。

2. 汽车芯片

要设计一款汽车芯片，除了 CPU、ROM、RAM 和其他常用外设（如 CMU、PMU、Timer、UART 等），还需要一个汽车控制单元（CCU），如图 3-1 所示。

为了实现对汽车的控制，即控制变速箱、油门、刹车和转向盘，还需要进一步设计与汽车控制单元相关的 4 个寄存器，分别是变速箱控制寄存器（CCU_GEAR）、油门控制寄存器

（CCU_SPEED）、刹车控制寄存器（CCU_BRAKE）和转向盘控制寄存器（CCU_WHEEL），
如图 3-2 所示。

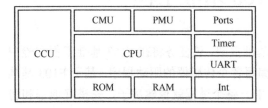

图 3-1　汽车芯片结构图 1

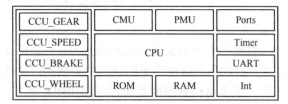

图 3-2　汽车芯片结构图 2

3．汽车控制单元寄存器（寄存器开发模式）

通过向汽车控制单元寄存器写入不同的值即可实现对汽车的操控，这些寄存器每一位具体的定义是什么，还需要进一步明确。表 3-1 给出了汽车控制单元（CCU）的寄存器地址映射和复位值。

表 3-1　CCU 的寄存器地址映射和复位值

偏移地址	寄存器	31	30	…	9	8	7	6	5	4	3	2	1	0
00h	CCU_GEAR	保留										GEAR[2:0]		
	复位值											0	0	0
04h	CCU_SPEED	保留					SPEED[7:0]							
	复位值						0	0	0	0	0	0	0	0
08h	CCU_BRAKE	保留					BRAKE[7:0]							
	复位值						1	1	1	1	1	1	1	1
0Ch	CCU_WHEEL	保留					WHEEL[7:0]							
	复位值						0	1	1	1	1	1	1	1

下面依次解释说明变速箱控制寄存器（CCU_GEAR）、油门控制寄存器（CCU_SPEED）、
刹车控制寄存器（CCU_BRAKE）和转向盘控制寄存器（CCU_WHEEL）的结构和功能。

1）变速箱控制寄存器（CCU_GEAR）

CCU_GEAR 的结构如图 3-3 所示，对部分位的解释说明如表 3-2 所示。

图 3-3　CCU_GEAR 的结构

表 3-2　CCU_GEAR 部分位的解释说明

位 2:0	GEAR[2:0]：挡位选择 000-PARK（驻车挡）；001-REVERSE（倒车挡）；010-NEUTRAL（空挡）； 011-DRIVE（前进挡）；100-LOW（低速挡）

2）油门控制寄存器（CCU_SPEED）

CCU_SPEED 的结构如图 3-4 所示，对部分位的解释说明如表 3-3 所示。

图 3-4　CCU_SPEED 的结构

表 3-3 CCU_SPEED 部分位的解释说明

位 7:0	SPEED[7:0]: 油门选择 0 表示未踩油门，255 表示将油门踩到底

3）刹车控制寄存器（CCU_BRAKE）

CCU_BRAKE 的结构如图 3-5 所示，对部分位的解释说明如表 3-4 所示。

图 3-5 CCU_BRAKE 的结构

表 3-4 CCU_BRAKE 部分位的解释说明

位 7:0	BRAKE[7:0]: 刹车选择 0 表示未踩刹车，255 表示将刹车踩到底

4）转向盘控制寄存器（CCU_WHEEL）

CCU_WHEEL 的结构如图 3-6 所示，对部分位的解释说明如表 3-5 所示。

图 3-6 CCU_WHEEL 的结构

表 3-5 CCU_WHEEL 部分位的解释说明

位 7:0	WHEEL[7:0]: 方向选择 0 表示转向盘向左转到底，255 表示转向盘向右转到底

完成汽车芯片设计之后，就可以借助一款合适的集成开发环境（如 Keil 或 IAR）来编写程序，通过向汽车芯片中的寄存器写入不同的值来实现对汽车的操控，这种开发模式称为寄存器开发模式。

4．汽车芯片固件库（固件库开发模式）

寄存器开发模式对于一款功能简单的芯片（如 51 单片机只有二三十个寄存器），开发起来比较容易，但是，当今市面上主流的微控制器芯片功能都非常强大，如 STM32 系列微控制器，其寄存器个数为几百甚至更多，而且每个寄存器又有很多功能位，寄存器开发模式就比较复杂。为了方便工程师更好地读/写这些寄存器，提升开发效率，芯片制造商通常会设计一套完整的固件库，通过固件库来读/写芯片中的寄存器，这种开发模式称为固件库开发模式。

例如，设计汽车控制单元的 4 个固件库函数分别是变速箱控制函数 SetCarGear、油门控制函数 SetCarSpeed、刹车控制函数 SetCarBrake 和转向盘控制函数 SetCarWheel，定义如下：

```
int SetCarGear(Car_TypeDef* CAR, int gear);
int SetCarSpeed(Car_TypeDef* CAR, int speed);
int SetCarBrake(Car_TypeDef* CAR, int brake);
int SetCarWheel(Car_TypeDef* CAR, int wheel);
```

由于以上 4 个函数的功能比较类似，下面重点介绍 SetCarGear 函数的功能及实现。

1）SetCarGear 函数的描述

SetCarGear 函数的功能是根据 Car_TypeDef 中指定的参数设置挡位，通过向 CAR→GEAR 写入参数来实现的，具体描述如表 3-6 所示。

表 3-6　SetCarGear 函数的描述

函数名	SetCarGear
函数原型	int SetCarGear(Car_TypeDef* CAR, CarGear_TypeDef gear)
功能描述	根据 Car_TypeDef 中指定的参数设置挡位
输入参数 1	CAR：指向 CAR 寄存器组的首地址
输入参数 2	gear：具体的挡位
输出参数	无
返回值	设定的挡位是否有效（FALSE 为无效，TRUE 为有效）

Car_TypeDef 定义如下：

```
typedef struct
{
  __IO uint32_t GEAR;
  __IO uint32_t SPEED;
  __IO uint32_t BRAKE;
  __IO uint32_t WHEEL;
}Car_TypeDef;
```

CarGear_TypeDef 定义如下：

```
typedef enum
{
  Car_Gear_Park = 0,
  Car_Gear_Reverse,
  Car_Gear_Neutral,
  Car_Gear_Drive,
  Car_Gear_Low
}CarGear_TypeDef;
```

2）SetCarGear 函数的实现

下面的程序清单是 SetCarGear 函数的实现，通过将参数 gear 写入 CAR→GEAR 来实现。返回值用于判断设定的挡位是否有效。当设定的挡位为 0～4 时，即为有效挡位，返回值为 TRUE；当设定的挡位不为 0～4 时，即为无效挡位，返回值为 FALSE。

程序清单

```
int SetCarGear(Car_TypeDef* CAR, int gear)
{
  int valid = FALSE;
if(0 <= gear && 4 >= gear)
{
  CAR->GEAR = gear;
  valid = TRUE;
}
return valid;
}
```

通过前面的介绍，相信读者对寄存器开发模式和固件库开发模式，以及这两种开发模式之间的关系有了一定的了解。无论是寄存器开发模式还是固件库开发模式，实际上最终都要配置寄存器，只不过寄存器开发模式是直接读/写寄存器，而固件库开发模式是通过固件库函数间接读/写寄存器。固件库的本质是建立了一个新的软件抽象层，因此，固件库开发的优点是基于分层开发带来的高效性，缺点也是由于分层开发导致的资源浪费。

嵌入式开发从最早的基于汇编语言，到基于 C 语言，再到基于操作系统，实际上是一种基于分层的进化；另外，STM32 作为高性能的微控制器，其固件库导致的资源浪费远不及它所带来的高效性。因此，我们应该适应基于固件库的先进的开发模式。当然，很多读者会有这样的疑惑：基于固件库的开发是否需要深入学习寄存器？这个疑惑实际上很早就有答案了，比如，我们使用 C 语言开发某一款微控制器，为了设计出更加稳定的系统，还是非常有必要了解汇编指令的，同理，基于操作系统开发，也有必要熟悉操作系统的底层运行机制。ST 公司提供的固件库编写的代码非常规范，注释也比较清晰，读者完全可以通过追踪底层代码来研究固件库是如何读/写寄存器的。

3.2.2　Keil 编辑和编译及 STM32 下载过程

STM32 的集成开发环境有很多种，本书使用的是 Keil。通常，我们会使用 Keil 建立工程、编写程序，然后，编译工程并生成二进制或十六进制文件，最后，将二进制或十六进制文件下载到 STM32 芯片上运行。但是，整个编译和下载过程究竟做了哪些操作？编译过程到底生成了什么样的文件？编译过程到底使用了哪些工具？下载又使用了哪些工具？下面将对这些问题进行说明。

1．Keil 编辑和编译过程

首先，介绍 Keil 编辑和编译过程。Keil 与其他集成开发环境的编辑和编译过程类似，如图 3-7 所示。Keil 软件编辑和编译过程分为以下 4 个步骤：①创建工程，并编辑程序，程序分为 C/C++代码（存放于.c 文件）和汇编代码（存放于.s 文件）；②通过编译器 armcc 对.c 文件进行编译，通过编译器 armasm 对.s 文件进行编译，这两种文件编译之后，都会生成一个对应的目标程序（.o 文件），.o 文件的内容主要是从源文件编译得到的机器码，包含代码、数据及调试使用的信息；③通过链接器 armlink 将各个.o 文件及库文件链接生成一个映射文件（.axf 或.elf 文件）；④通过格式转换器 fromelf 将.axf 或.elf 文件转换成二进制文件（.bin 文件）或十六进制文件（.hex 文件）。编译过程中使用到的编译器 armcc、armasm，以及链接器 armlink 和格式转换器 fromelf 均位于 Keil 的安装目录下，如果 Keil 默认安装在 C 盘，这些工具就存放在 C:\Keil_v5\ARM\ARMCC\bin 目录下。

2．STM32 下载过程

通过 Keil 生成的映像文件（.axf 或.elf）或二进制/十六进制文件（.bin 或.hex），可以使用不同的工具将其下载到 STM32 芯片上的 Flash 中。上电后，系统会将 Flash 中的文件加载到片上 SRAM，运行整个代码。

本书使用了两种下载程序的方法：第一种方法是使用 Keil 将.axf 通过 ST-Link 下载到 STM32 芯片上的 Flash 中，具体步骤见 3.3 节的步骤 13；第二种方法是使用 mcuisp 将.hex 通过通信-下载模块下载到 STM32 芯片上的 Flash 中，具体步骤见 3.3 节的步骤 15。

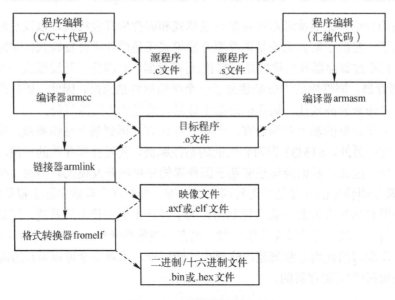

图 3-7　Keil 编辑和编译过程

3.2.3　STM32 工程模块名称及说明

本书所有实验在 Keil 集成开发环境中建立完成后，工程模块分组均如图 3-8 所示。项目按照模块被分为 App、Alg、HW、OS、TPSW、FW 和 ARM。

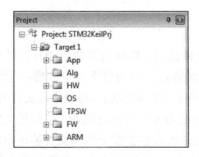

图 3-8　Keil 工程模块分组

STM32 工程模块名称及说明如表 3-7 所示。App 是应用层，该层包括 Main、硬件应用和软件应用文件；Alg 是算法层，该层包括项目算法相关文件，如心电算法文件等；HW 是硬件驱动层，该层包括 STM32 片上外设驱动文件，如 UART1、Timer 等；OS 是操作系统层，该层包括第三方操作系统，如 μC/OS III、FreeRTOS 等；TPSW 是第三方软件层，该层包括第三方软件，如 STemWin、FatFs 等；FW 是固件库层，该层包括与 STM32 相关的固件库，如 stm32f10x_gpio.c 和 stm32f10x_gpio.h 文件；ARM 是 ARM 内核层，该层包括启动文件、NVIC、SysTick 等与 ARM 内核相关的文件。

表 3-7　STM32 工程模块名称及说明

模　　块	名　　称	说　　明
App	应用层	应用层包括 Main、硬件应用和软件应用文件
Alg	算法层	算法层包括项目算法相关文件，如心电算法文件等

续表

模　块	名　称	说　明
HW	硬件驱动层	硬件驱动层包括STM32片上外设驱动文件，如UART1、Timer等
OS	操作系统层	操作系统层包括第三方操作系统，如μC/OS III、FreeRTOS等
TPSW	第三方软件层	第三方软件层包括第三方软件，如STemWin、FatFs等
FW	固件库层	固件库层包括与STM32相关的固件库，如stm32f10x_gpio.c和stm32f10x_gpio.h文件
ARM	ARM内核层	ARM内核层包括启动文件、NVIC、SysTick等与ARM内核相关的文件

3.2.4　STM32参考资料

在STM32微控制器系统设计过程中，会涉及各种参考资料，如《STM32参考手册》《STM32芯片手册》《STM32固件库使用手册》和《ARM Cortex-M3权威指南》等，这些资料存放在本书配套资料包的"10.参考资料"文件下，下面对这些参考资料进行简单的介绍。

1.《STM32参考手册》

该手册是STM32系列微控制器的参考手册，主要对STM32系列微控制器的外设，如存储器、RCC、GPIO、UART、Timer、DMA、ADC、DAC、RTC、IWDG、WWDG、FSMC、SDIO、USB、CAN、I^2C等进行讲解，包括各个外设的架构、工作原理、特性及寄存器等。读者在开发过程中会频繁使用到该手册，尤其是查阅某个外设的工作原理和相关寄存器时。

2.《STM32芯片手册》

在开发过程中，选好某一款具体的芯片之后，就需要弄清楚该芯片的主功能引脚定义、默认复用引脚定义、重映射引脚定义、电气特性和封装信息等，读者可以通过该手册查询到这些信息。

3.《STM32固件库使用手册》

固件库实际上就是读/写寄存器的一系列函数集合，该手册是这些固件库函数的使用说明文档，包括封装寄存器的结构体说明、固件库函数说明、固件库函数参数说明，以及固件库函数使用实例等。读者不需要记住这些固件库函数，只需要在STM32开发过程中遇到不清楚的固件库函数时，能够翻阅之后解决问题即可。

4.《ARM Cortex-M3权威指南》

该手册由ARM公司提供，主要介绍Cortex-M3处理器的架构、功能和用法，它补充了《STM32参考手册》没有涉及或讲解不充分的内容，如指令集、NVIC与中断控制、SysTick定时器、调试系统架构、调试组件等，需要学习这些内容的读者，可以翻阅《ARM Cortex-M3权威指南》。

本书的每个实验涉及的上述资料均已汇总在每章的实验原理一节，因此，读者在开展每章实验时，只需要借助本书和一台智能小车，便可大胆踏上学习STM32之路。由于本书是STM32微控制器入门书籍，读者在开展本书以外的实验时，遇到书中未涉及的知识点，需要查看以上手册，或者翻阅其他书籍及借助网络资源。

3.3　实验步骤

步骤1：Keil软件标准化设置

在进行程序设计前，建议对Keil软件进行标准化设置，例如将编码格式改为Chinese

GB2312(Simplified)，这样可以防止代码文件中输入的中文乱码现象；将缩进的空格数设置为2 个空格，同时将 Tab 键也设置为 2 个空格，这样可以防止使用不同的编辑器阅读代码时出现代码布局不整齐的现象。针对 Keil 软件，设置编码格式、制表符长度和缩进长度的具体方法如图 3-9 所示。首先，打开 Keil μVision5 软件，执行菜单命令 Edit→Configuration，在 Encoding 下拉列表中选择 Chinese GB2312(Simplified)；其次，在 C/C++ Files、ASM Files 和 Other Files 栏中，均勾选 Insert spaces for tabs、Show Line Numbers，并将 Tab size 改为 2；最后，单击下方的 OK 按钮。

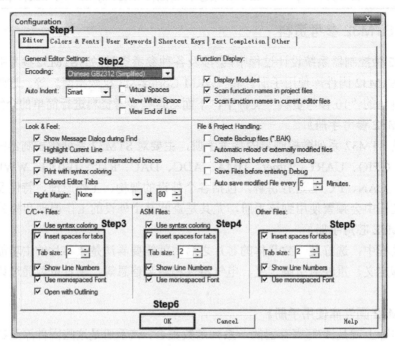

图 3-9　Keil 软件标准化设置

步骤 2：新建存放工程的文件夹

在计算机的 D 盘下建立一个 STM32KeilTest 文件夹，将本书配套资料包的"04.例程资料\Material"文件夹复制到 STM32KeilTest 文件夹中，然后在 STM32KeilTest 文件夹中新建一个 Product 文件夹。当然，工程保存的文件夹路径读者可以自行选择，不一定放在 D 盘中，但是完整的工程保存的文件夹及命名一定要严格按照要求进行，从小处养成良好的规范习惯。

步骤 3：复制和新建文件夹

首先，在 D:\STM32KeilTest\Product 文件夹下新建一个名为"01.F103 基准工程实验"的文件夹；其次，将"D:\STM32KeilTest\Material\01.F103 基准工程实验"文件夹中的所有文件夹和文件（包括 Alg、App、ARM、FW、HW、OS、TPSW、clear.bat、readme.txt）复制到"D:\STM32 KeilTest\Product\01.F103 基准工程实验"文件夹中；最后，在"D:\STM32KeilTest\Product\01.F103 基准工程实验"文件夹中新建一个 Project 文件夹。

步骤 4：新建一个工程

打开 Keil μVision5 软件，执行菜单命令 Project→New μVision Project，在弹出来的 Create New Project 对话框中，工程路径选择"D:\STM32KeilTest\Product\01.F103 基准工程实验\Project"，将工程名命名为 STM32KeilPrj，最后单击"保存"按钮，如图 3-10 所示。

图 3-10 新建一个工程

步骤 5：选择对应的 STM32 型号

在弹出的 Select Device for Target 'Target 1'…对话框中，选择对应的 STM32 型号。由于核心板上 STM32 芯片的型号是 STM32F103RCT6，因此，在如图 3-11 所示的对话框中，选择 STM32F103RC，最后单击 OK 按钮。

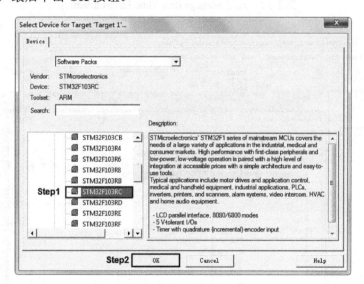

图 3-11 选择对应的 STM32 型号

步骤 6：关闭 Manage Run-Time Environment

由于本书没有使用到实时环境，因此，在弹出的如图 3-12 所示的 Manage Run-Time Environment 对话框中，单击 Cancel 按钮直接关闭即可。

步骤 7：删除原有分组并新建分组

关闭 Manage Run-Time Environment 对话框之后，一个简单的工程创建即完成，工程名为 STM32KeilPrj。可以在 Keil 软件界面的左侧看到，Target 1 下有一个 Source Group 1 分组，这里需要将已有的分组删除，并添加新的分组。首先，单击工具栏中的 🏛 按钮，如图 3-13 所示，在 Project Items 标签页中单击 Groups 栏中的 ✖ 按钮，删除 Source Group 1 分组。

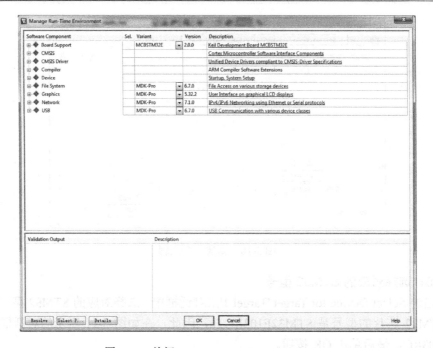

图 3-12　关闭 Manage Run-Time Environment

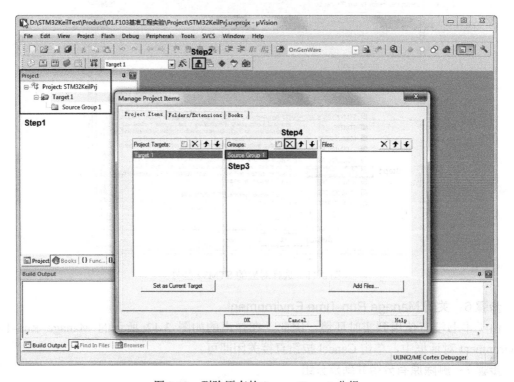

图 3-13　删除原有的 Source Group1 分组

接着，在 Manage Project Items 对话框的 Project Items 标签页，在 Groups 栏中单击 按钮，依次添加 App、Alg、HW、OS、TPSW、FW、ARM 分组，如图 3-14 所示。注意，可以通过单击上、下箭头按钮调整分组的顺序。

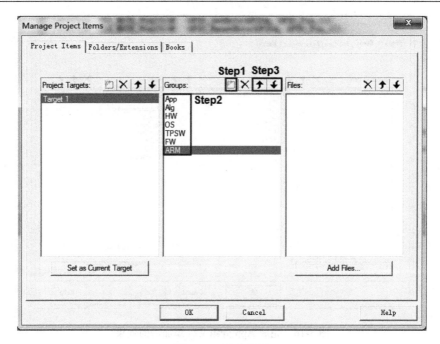

图 3-14　新建分组

步骤 8：向分组添加文件

如图 3-15 所示，在 Manage Project Items 对话框的 Groups 栏，单击选择 App，然后单击 Add Files 按钮。在弹出的 Add Files to Group 'App' 对话框中，查找范围选择"D:\STM32 KeilTest\Product\01.F103 基准工程实验\App\Main"。接着单击选择 Main.c 文件，最后单击 Add 按钮将 Main.c 文件添加到 App 分组。注意，也可以在 Add Files to Group 'App' 对话框中通过双击 Main.c 文件向 App 分组添加该文件。

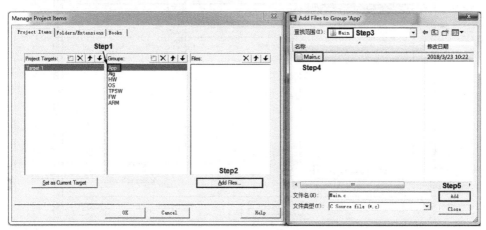

图 3-15　向 App 分组添加 Main.c 文件

用同样的方法，分别将"D:\STM32KeilTest\Product\01.F103 基准工程实验\App"路径下的 Common、DbgCar、KeyOne、LED、Main、OLED 和 TaskProc 文件夹中的 Common.c、DbgCar.c、CheckLineFeed.c、KeyOne.c、ProcKeyOne.c、LED.c、Main.c、OLED.c 和 TaskProc.c 文件添加到 App 分组，完成 App 分组文件添加后的效果如图 3-16 所示。

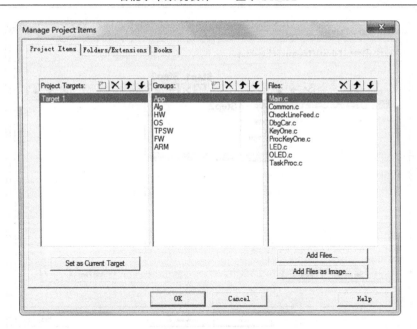

图 3-16　完成 App 分组文件添加后的效果

分别将"D:\STM32KeilTest\Product\01.F103 基准工程实验\HW"路径下的 RCC、SPI、Timer 和 UART 文件夹中的 RCC.c、SPI.c、Queue.c、UART.c 和 Timer.c 文件添加到 HW 分组，完成 HW 分组文件添加后的效果如图 3-17 所示。

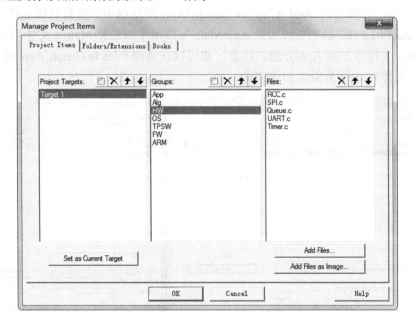

图 3-17　完成 HW 分组文件添加后的效果

分别将"D:\STM32KeilTest\Product\01.F103 基准工程实验\FW\src"路径下的 misc.c、stm32f10x_adc.c、stm32f10x_dma.c、stm32f10x _exti.c、stm32f10x _gpio.c、stm32f10x _rcc.c、stm32f10x_spi.c、stm32f10x _tim.c、stm32f10x _usart.c 和 stm32f10x_flash.c 文件添加到 FW 分组，完成 FW 分组文件添加后的效果如图 3-18 所示。

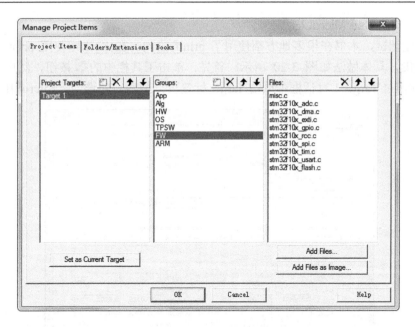

图 3-18　完成 FW 分组文件添加后的效果

将"D:\STM32KeilTest\Product\01.F103 基准工程实验\ARM\System"路径下的 stm32f10x_
it.c、system_stm32f10x.c、core_cm3.c 和 startup_stm32f10x_hd.s 文件添加到 ARM 分组，注意，
需要在"文件类型（T）"一栏选择 Asm Source file(*.s*,*.src;*.a*)或 All files(*.*)才能找到
startup_stm32f10x_hd.s 完成添加；再将"D:\STM32KeilTest\Product\01.F103 基准工程实验
\ARM\NVIC"路径下的 NVIC.c 文件添加到 ARM 分组；最后将"D:\STM32KeilTest\Product\
01.F103 基准工程实验\ARM\SysTick"路径下的 SysTick.c 文件添加到 ARM 分组，完成 ARM
分组文件添加后的效果如图 3-19 所示。最后单击 OK 按钮。

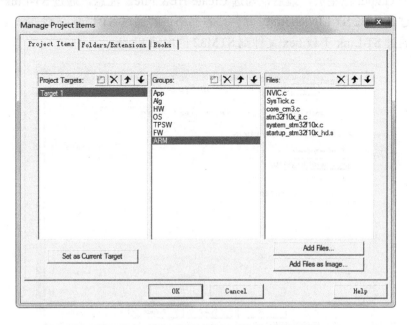

图 3-19　完成 ARM 分组文件添加后的效果

步骤 9：勾选 Use MicroLIB

为了方便调试，本书在很多地方都使用了 printf 语句。在 Keil 中使用 printf，需要勾选 Use MicroLIB，具体做法如图 3-20 所示。首先，单击工具栏中的 ![按钮] 按钮，然后，在弹出的 Options for Target 'Target 1'对话框中单击 Target 标签页，最后，勾选 Use MicroLIB。

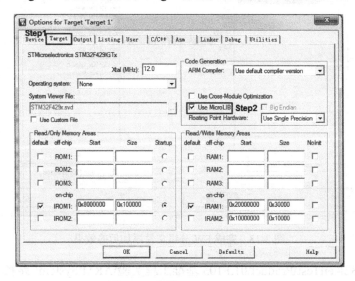

图 3-20　勾选 Use MicroLIB

步骤 10：勾选 Create HEX File

通过 ST-Link，既可以下载.hex 文件，也可以下载.axf 文件到 STM32 的内部 Flash。Keil 默认编译时不生成.hex 文件，如果需要生成.hex 文件，则需要勾选 Create HEX File，具体做法如图 3-21 所示。首先，单击工具栏中的 ![按钮] 按钮，然后，在弹出的 Options for Target 'Target 1' 对话框中单击 Output 标签页，最后，勾选 Create HEX File。注意，通过 ST-Link 下载.hex 文件一般要通过 STM32 ST-LINK Utility 软件，本书不讲解通过 ST-Link 下载.hex 文件，读者可以自行尝试通过 ST-Link 下载.hex 文件到 STM32 的内部 Flash。

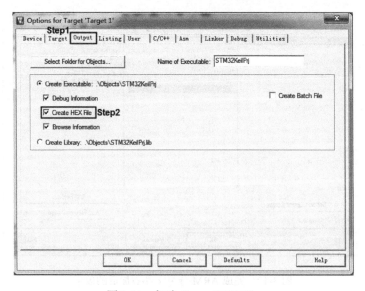

图 3-21　勾选 Create HEX File

步骤 11：添加宏定义和头文件路径

由于 STM32 的固件库有着非常强的兼容性，只需要通过宏定义就可以区分使用在不同型号的 STM32 芯片，而且可以通过宏定义选择是否使用标准库，具体做法如图 3-22 所示。首先，单击工具栏中的 ⚒ 按钮，然后，在弹出的 Options for Target 'Target 1'对话框中单击 C/C++ 标签页，最后，在 Define 栏中输入 STM32F10X_HD,USE_STDPERIPH_DRIVER。注意，STM32F10X_HD 和 USE_STDPERIPH_DRIVER 用英文逗号隔开，第一个宏定义表示使用大容量的 STM32 芯片，第二个宏定义表示使用标准库。

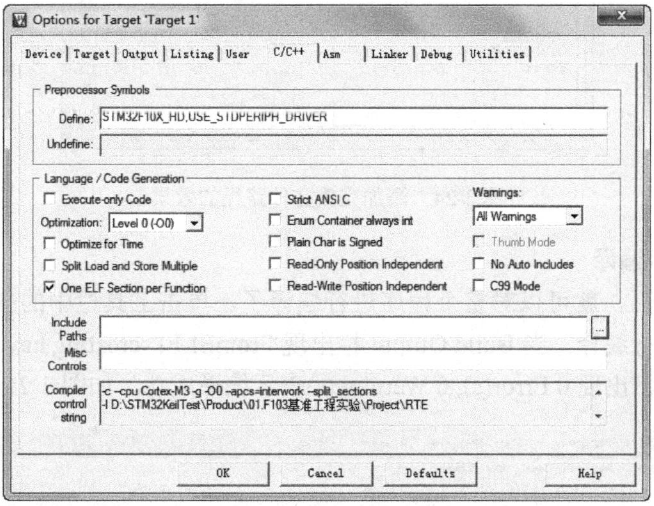

图 3-22　添加宏定义

完成分组中.c 文件和.s 文件的添加后，还需要添加头文件路径，这里以添加 Main.h 头文件路径为例进行讲解，具体做法如图 3-23 所示。首先，单击工具栏中的 ⚒ 按钮，然后，在弹出的 Options for Target 'Target 1'对话框中：①单击 C/C++标签页；②单击"文件夹设定"按钮；③单击"新建路径"按钮；④将路径选择到"D:\STM32KeilTest\Product\01.F103 基准工程实验\App\Main"；⑤单击 OK 按钮。这样就可以完成 Main.h 头文件路径的添加。

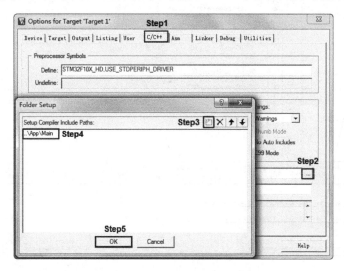

图 3-23　添加 Main.h 头文件路径

与添加 Main.h 头文件路径的方法类似，依次添加其他头文件路径，结果如图 3-24 所示。

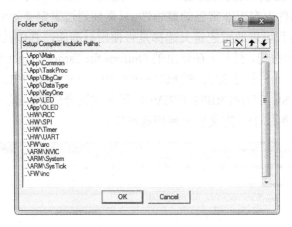

图 3-24　添加完头文件路径的效果

步骤 12：程序编译

完成以上步骤后，就可以对整个程序进行编译了。单击工具栏中的▦按钮，即 Rebuild 按钮对整个程序进行编译。当 Build Output 栏出现 FromELF：creating hex file...时，表示已经成功生成.hex 文件，出现 0 Error(s), 0 Warning(s)表示编译成功，如图 3-25 所示。

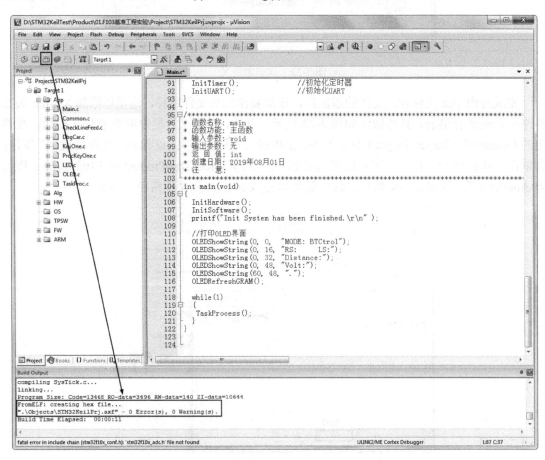

图 3-25　程序编译

步骤 13：通过 ST-Link 下载程序

取出开发套件中的 ST-Link 调试器、一根 Mini-USB 线，一根 20P 灰排线，将 Mini-USB 线的公口（B 型插头）连接到 ST-Link 调试器，将 20P 灰排线的一端连接到 ST-Link 调试器，将另一端连接到智能小车核心板的 JTAG/SWD 调试接口；最后将 Mini-USB 线的公口（A 型插头）插到计算机的 USB 接口，如图 3-26 所示。

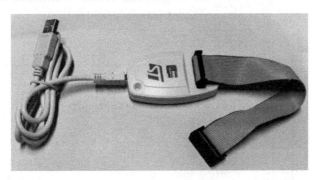

图 3-26　ST-Link 连接图

在本书配套资料包的"02.相关软件\ST-LINK 官方驱动"文件夹中找到 dpinst_amd64 和 dpinst_x86，如果计算机安装的是 64 位操作系统，双击运行 dpinst_amd64.exe；如果计算机安装的是 32 位操作系统，则双击运行 dpinst_x86.exe。ST-Link 驱动安装成功后，可以在设备管理器中看到 STMicroelectronics STLink dongle，如图 3-27 所示。

图 3-27　ST-Link 驱动安装成功示意图

打开 Keil μVision5 软件，如图 3-28 所示，单击工具栏中的 按钮，进入设置界面。

在弹出的 Options for Target 'Target 1'对话框的 Debug 标签页中，如图 3-29 所示，在 Use 下拉列表中选择 ST-Link Debugger，然后单击 Settings 按钮。

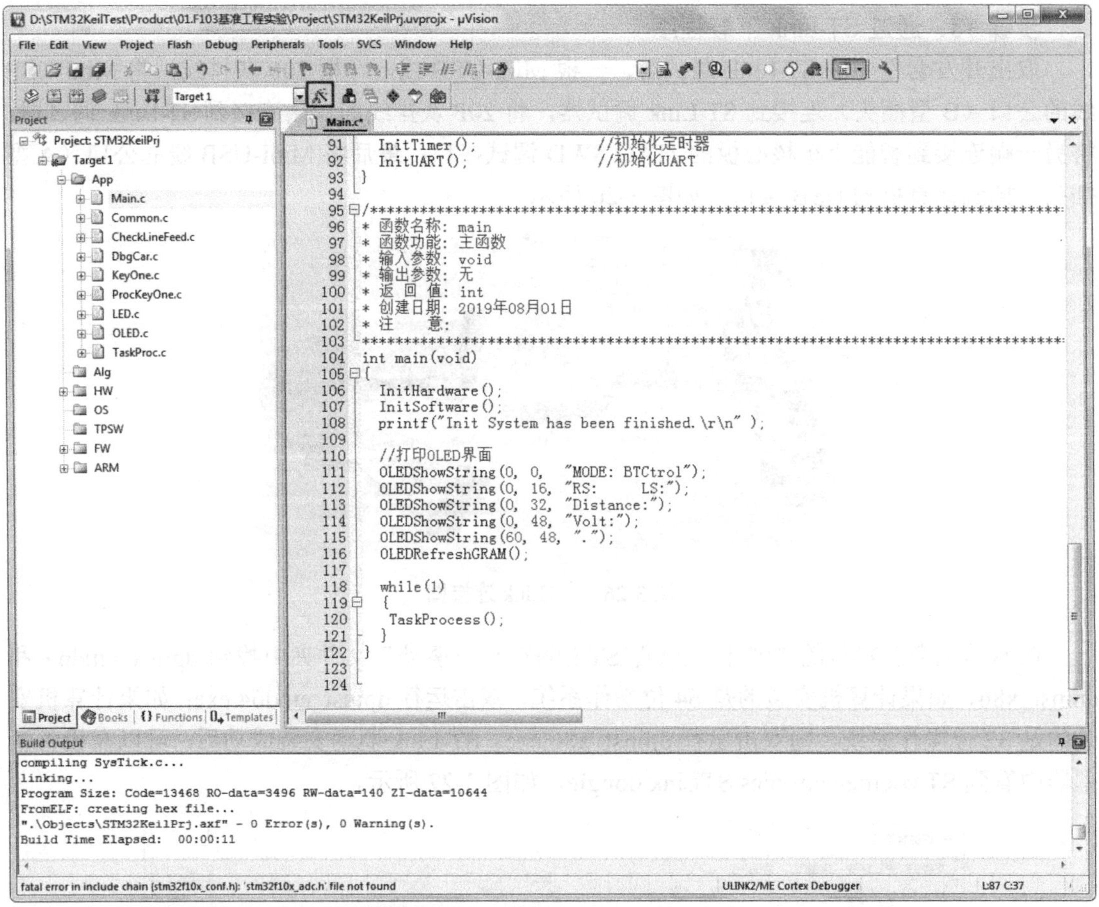

图 3-28　ST-Link 调试模式设置步骤 1

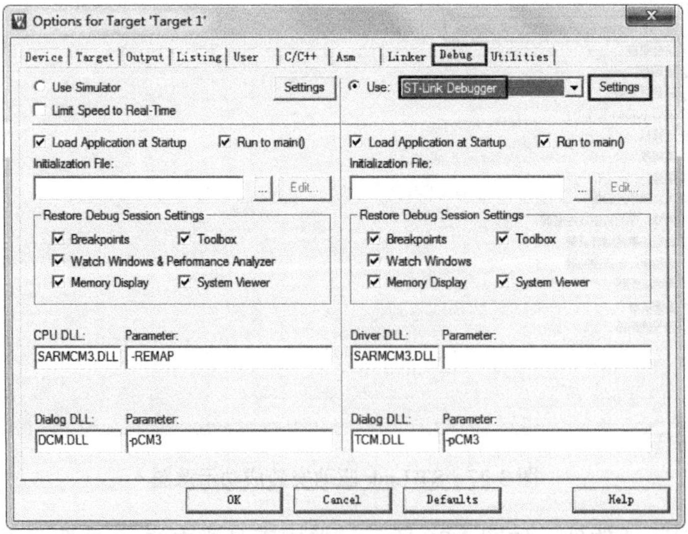

图 3-29　ST-Link 调试模式设置步骤 2

在弹出的 Cortex-M Target Driver Setup 对话框的 Debug 标签页中，如图 3-30 所示，在 ort 下拉列表中选择 SW，在 Max 下拉列表中选择 1.8MHz，最后单击"确定"按钮。

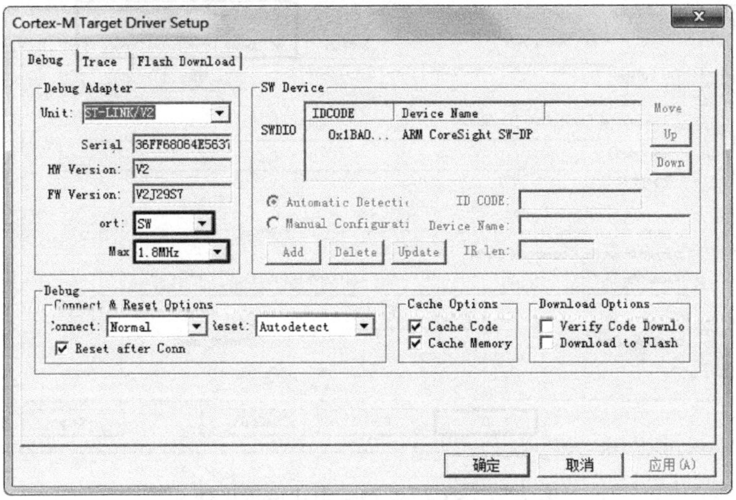

图 3-30　ST-Link 调试模式设置步骤 3

再打开 Cortex-M Target Driver Setup 对话框的 Flash Download 标签页，如图 3-31 所示，勾选 Reset and Run，最后单击"确定"按钮。

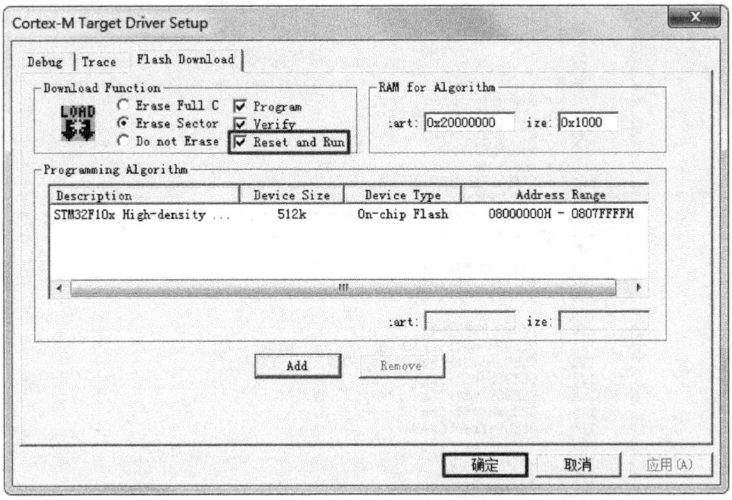

图 3-31　ST-Link 调试模式设置步骤 4

在 Options for Target 'Target 1'对话框的 Utilities 标签页中，如图 3-32 所示，勾选 Use Debug Driver 和 Update Target before Debugging，最后单击 OK 按钮。

ST-Link 调试模式设置完成后，确保 ST-Link 通过 Mini-USB 线连接到计算机，就可以在如图 3-33 所示的界面中单击工具栏中的 按钮，将程序下载到 STM32 的内部 Flash 了。下载成功后，在 Keil 软件的 Build Output 栏中会出现如图 3-33 所示字样。

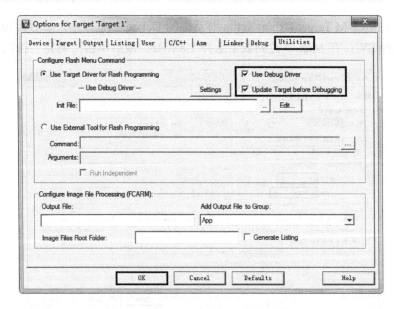

图 3-32　ST-Link 调试模式设置步骤 5

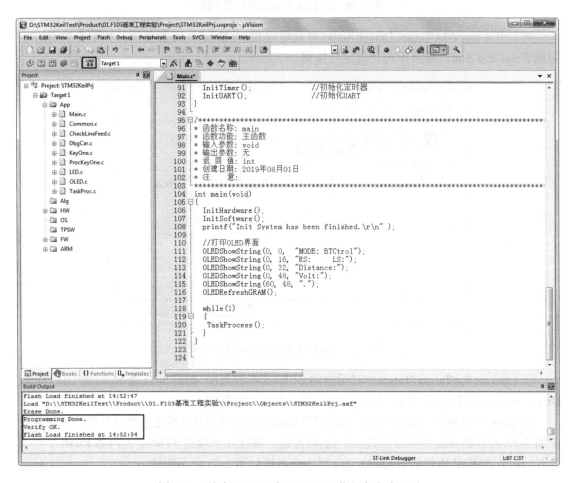

图 3-33　通过 ST-Link 向 STM32 下载程序成功界面

步骤 14：安装 CH340 驱动

步骤 13 已经介绍了如何通过 ST-Link 下载程序，接下来介绍如何通过 mcuisp 下载程序。通过 mcuisp 下载程序，还需要借助通信-下载模块，因此，要先安装通信-下载模块驱动。

在本书配套资料包的 "02.相关软件\CH340 驱动(USB 串口驱动)_XP_WIN7 共用" 文件夹中，双击运行 SETUP.EXE，单击"安装"按钮，在弹出的 DriverSetup 对话框中单击"确定"按钮，如图 3-34 所示。

图 3-34　安装 CH340 驱动

驱动安装成功后，将通信-下载模块通过 Mini-USB 线连接到计算机，然后在计算机的设备管理器中找到 USB 串口，如图 3-35 所示。注意，串口号不一定是 COM4，每台计算机有可能会不同。

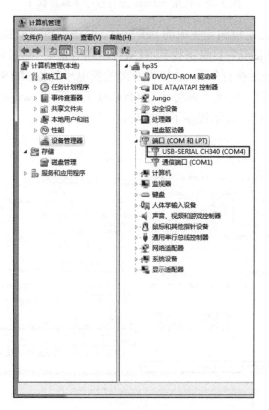

图 3-35　计算机设备管理器中显示 USB 串口信息

步骤 15：通过 mcuisp 下载程序

在本书配套资料包的"02.相关软件\STM ISP 下载器 MCUISP"文件夹中找到并双击 mcuisp.exe 软件，确保通信-下载模块通过 Mini-USB 线连接到计算机之后，在图 3-36 所示的菜单栏中单击"搜索串口(X)"按钮，在弹出的下拉列表中选择"COM4：空闲 USB-SERIAL CH340"（注意，每台机器的 COM 编号可能会不同），如果显示"占用"，则尝试重新插拔通信-下载模块或重启计算机，直到显示"空闲"字样。

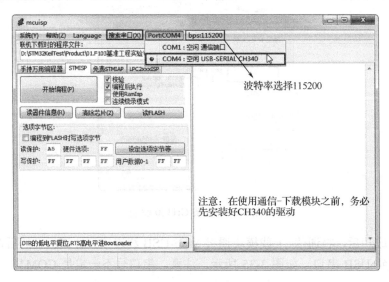

图 3-36　使用 mcuisp 进行程序下载步骤 1

如图 3-37 所示，首先定位编译生成的.hex 文件，即在"D:\STM32KeilTest\Product\01.F103 基准工程实验\Project\Objects"目录下找到 STM32KeilPrj.hex；然后勾选"编程前重装文件"项，再勾选"校验""编程后执行"项，选择"DTR 的低电平复位，RTS 高电平进 BootLoader"，单击"开始编程(P)"按钮，出现"成功从 08000000 开始运行 www.mcuisp.com 向您报告，命令执行完毕，一切正常"，表示程序下载成功。

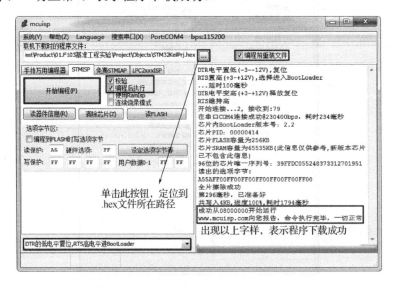

图 3-37　使用 mcuisp 进行程序下载步骤 2

步骤 16：通过串口助手查看接收数据

在"02.相关软件\串口助手"文件夹中找到并双击 sscom42.exe（串口助手软件），如图 3-38 所示。选择正确的串口号，波特率选择 115200，然后单击"打开串口"按钮，取消勾选"HEX 显示"项，勾选"发送新行"项，在"字符串输入框"中输入 help 指令，然后单击"发送"按钮，可以看到串口助手打印如图 3-38 所示的信息，即表示实验成功。再次发送指令"0:1"，将看到智能小车核心板上的 LED1 和 LED2 由交替闪烁变成同步闪烁。注意，实验完成后，在串口助手软件中先单击"关闭串口"按钮关闭串口，然后再关闭智能小车核心板的电源。

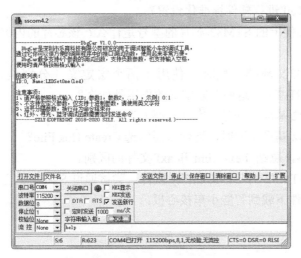

图 3-38 串口助手操作步骤

步骤 17：查看智能小车核心板的工作状态

重新打开小车电源开关，此时可以观察到智能小车核心板上 3V3 和 5V 电源指示灯正常显示，两个 LED 交替闪烁，每个 LED 点亮时间和熄灭时间均为 500ms；OLED 屏正常显示小车模式等信息；通过按键 KEY2 能切换 OLED 显示 MODE 中的内容，如图 3-39 所示。通过串口助手软件给小车发送 help 指令，将收到小车回复的信息，给小车发送指令"0:1"，就可以看到两个 LED 由交替闪烁变成同步闪烁。

图 3-39 智能小车核心板正常工作状态示意图

本 章 任 务

学习完本章后，严格按照程序设计的步骤，进行软件标准化设置、创建 STM32 工程、编译并生成 .hex 和 .axf 文件、将程序下载到智能小车核心板，查看运行结果，并通过串口助手软件发送指令给智能小车核心板，查看指令执行情况。

本 章 习 题

1. 为什么要对 Keil 进行软件标准化设置？

2. 智能小车核心板上的 STM32 芯片的型号是什么？该芯片的内部 Flash 和内部 SRAM 的大小分别是多大？

3. 在创建 STM32 基准工程时，使用了两个宏定义，分别是 STM32F10X_HD 和 USE_STDPERIPH_DRIVER，这两个宏定义的作用是什么？

4. 在创建 STM32 基准工程时，为什么要勾选 Use MicroLIB？

5. 在创建 STM32 基准工程时，为什么要勾选 Create Hex File？

6. 通过查找资料，总结 .hex、.bin 和.axf 文件的区别。

7. 下载并安装 STM32 ST-LINK Utility 软件，尝试通过 ST-Link 工具和 STM32 ST-LINK Utility 软件将 .hex 文件下载到智能小车核心板。

4 实验2——GPIO 与蜂鸣器

从本章开始，将详细介绍可以在智能小车开发系统上实现的代表性实验。GPIO 与蜂鸣器实验旨在通过编写一个简单的蜂鸣器驱动程序，使读者理解 STM32 的部分 GPIO 功能，掌握基于寄存器和固件库的 GPIO 配置及使用方法。

4.1 实验内容

通过学习蜂鸣器电路原理图、STM32 系统架构与存储器组织，以及 GPIO 功能框图、寄存器和固件库函数，设计一个蜂鸣器驱动程序，并通过 DbgCar 调试组件测试。

4.2 实验原理

4.2.1 蜂鸣器电路原理图

GPIO 与蜂鸣器实验涉及的硬件包括一个蜂鸣器、与蜂鸣器串联的限流电阻 R_{40}。蜂鸣器通过 1kΩ 电阻连接到 STM32F103RCT6 芯片的 PD2 引脚，如图 4-1 所示。PD2 引脚为高电平时，蜂鸣器响起；PD2 引脚为低电平时，蜂鸣器不工作。

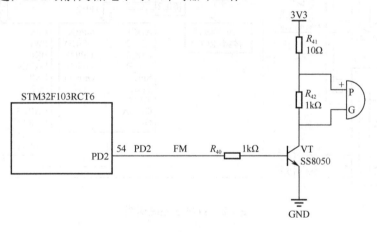

图 4-1 蜂鸣器电路原理图

蜂鸣器的工作电流为 30mA，但 STM32F103RCT6 芯片的 I/O 输出最大电流为 25mA，不适合直接驱动蜂鸣器。因此，智能小车的蜂鸣器由一个 SS8050 三极管驱动，该三极管在 25℃ 时 U_{BE} 为 0.6~0.8V，β 为 200~350，取 U_{BE}=0.7V，β=275。因为 FM 直接连接 STM32F103RCT6 芯片的 PD2 引脚，所以 U_{FM}=3.3V。三极管的基极电流 I_{BQ} 由下式计算：

$$I_{BQ} = \frac{U_{FM} - U_{BE}}{R_{40}}$$

当 FM 为高电平时，代入上式，计算得 I_{BQ} 为 2.6mA，由此判断出三极管工作在饱和区。蜂鸣器的额定电压为 3V，工作电流为 30mA，所以计算得蜂鸣器内阻为 100Ω，又因为三极管工作在饱和区时 U_{CE} 接近于 0V，结合实际电路计算得蜂鸣器两端电压为 2.97V，满足蜂鸣器工作需求。

所以当 FM 为高电平时，三极管工作在饱和区，c 极和 e 极之间将导通，蜂鸣器响起；当 FM 为低电平时，三极管工作在截止区，c 极和 e 极之间将断开，蜂鸣器不工作。

4.2.2　STM32 系统架构与存储器组织

从本实验开始将深入讲解 STM32 的各种片上外设。在讲解这些外设之前，先分别介绍 STM32 系统架构、STM32 存储器映射，以及 STM32 部分片内外设寄存器组起始地址。

1. STM32 系统架构

STM32 由 4 个驱动单元和 4 个被动单元组成，4 个驱动单元分别是 Cortex-M3 内核、DCode 总线、System 总线和通用 DMA1/DMA2，4 个被动单元分别是内部 Flash、内部 SRAM、FSMC 和 AHB 到 APB 的桥（AHB2APBx）。STM32 系统框图如图 4-2 所示。

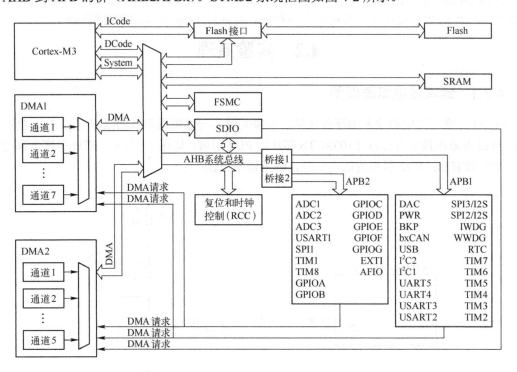

图 4-2　STM32 系统框图

2. STM32 存储器映射

Cortex-M3 只有一个单一固定的存储器映射，这一点极大地方便了软件在各种以 Cortex-M3 为内核的微控制器间的移植。举一个简单的例子，各款基于 Cortex-M3 内核的微控制器的 NVIC 和 MPU 都在相同的位置布设寄存器。尽管如此，Cortex-M3 的存储器规定依然是粗线条的，它允许芯片制造商灵活地分配存储器空间，以制造出各具特色的微控制器产品。Cortex-M3 的地址空间大小是 4GB，由代码区（0.5GB）、片上 SRAM 区（0.5GB）、片上外设区（0.5GB）、片外 RAM 区（1.0GB）、片外外设区（1.0GB）以及内部私有外设总线区、外部私有外设总线区和芯片供应商定义区（0.5GB）组成，如图 4-3 所示。

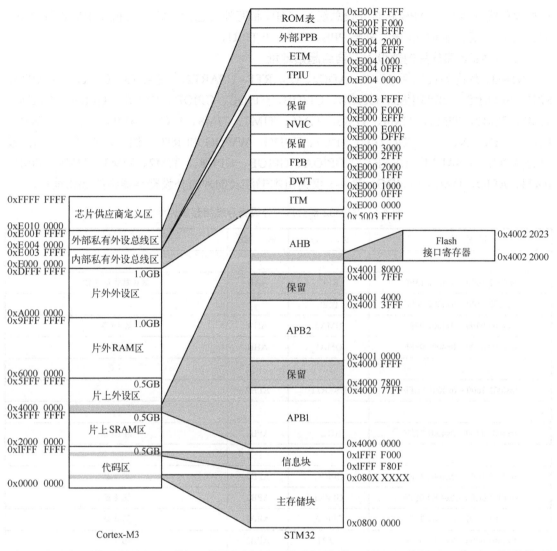

图4-3　STM32存储器映射表

Cortex-M3 代码区的大小是 512MB，主要用于存放程序，代码区通过指令总线来访问。STM32 代码区的起始地址为 0x08000000，该地址实际上就是内部 Flash 主存储块的起始地址，STM32 核心板上的 STM32F103RCT6 芯片的内部 Flash 容量为 256KB。

Cortex-M3 片上 SRAM 区的大小也是 512MB，用于让芯片制造商映射到片上 SRAM，该区通过系统总线来访问。STM32 片上 SRAM 区的起始地址为 0x20000000，STM32 核心板上的 STM32F103RCT6 芯片的内部 SRAM 容量为 48KB。

Cortex-M3 片上外设区的大小同样是 512MB。STM32 片上外设地址范围为 0x40000000～0x5003FFFF 的区域对应着 STM32 片上外设寄存器。

Cortex-M3 片外 RAM 区和片外外设区的大小都为 1GB。如果片内 SRAM 不够用，就需要在片外增加 RAM，这个新增的 RAM 地址必须在 0x60000000～0x9FFFFFFF 区间。同样，片外外设的地址也必须在 0xA0000000～0xDFFFFFFF 区间。

Cortex-M3 私有外设总线分为内部私有外设总线（也称为 AHB 私有外设总线）和外部私

有外设总线（也称为 APB 私有外设总线）。AHB 私有外设包括 NVIC、FPB、DWT 和 ITM，APB 私有外设包括 ROM 表、外部 PPB、ETM 和 TPIU。

3．STM32 部分片内外设寄存器组起始地址

STM32 片内外设包括 ADC1、ADC2、USART1、USART2、USART3、UART4、UART5、SPI1、SPI2/I^2S2、SPI3/I^2S3、GPIOA、GPIOB、GPIOC、GPIOD、GPIOE、GPIOF、GPIOG、TIM1、TIM2、TIM3、TIM4、TIM5、TIM6、TIM7、TIM8、EXTI、AFIO、DAC、PWR、BKP、CAN_TX、CAN_TR、I^2C1、I^2C2、IWDG、WWDG 和 RTC。然而，本书涉及的外设仅有 ADC1、USART1、USART2、GPIOA、GPIOB、GPIOC、TIM2、TIM3、TIM4、TIM5、EXTI、AFIO、DAC 和 IWDG。表 4-1 仅列出本书涉及的片内外设寄存器组的起始地址。

表 4-1　STM32 部分片内外设寄存器组起始地址

起 始 地 址	外　设	总　线	参 考 章 节
⋮	⋮	⋮	
0x4002 1000 ~ 0x4002 13FF	RCC	AHB	第 4 章和第 5 章
0x4002 0800 ~ 0x4002 0FFF	保留		
0x4002 0400 ~ 0x4002 07FF	DMA2	AHB	第 10 章
0x4002 0000 ~ 0x4002 03FF	DMA1	AHB	第 10 章
⋮	⋮	⋮	⋮
0x4001 3800 ~ 0x4001 3BFF	USART1	APB2	
⋮	⋮	⋮	⋮
0x4001 2400 ~ 0x4001 27FF	ADC1	APB2	第 10 章
⋮	⋮	⋮	⋮
0x4001 1000 ~ 0x4001 13FF	GPIOC	APB2	第 4 章
0x4001 0C00 ~ 0x4001 0FFF	GPIOB	APB2	第 4 章
0x4001 0800 ~ 0x4001 0BFF	GPIOA	APB2	第 4 章
0x4001 0400 ~ 0x4001 07FF	EXTI	APB2	第 9 章
0x4001 0000 ~ 0x4001 03FF	AFIO	APB2	
0x4000 7800 ~ 0x4000 FFFF	保留		
0x4000 7400 ~ 0x4000 77FF	DAC	APB1	
⋮	⋮	⋮	⋮
0x4000 4400 ~ 0x4000 47FF	USART2	APB1	
0x4000 4000 ~ 0x4000 3FFF	保留		
⋮	⋮	⋮	⋮
0x4000 3000 ~ 0x4000 33FF	IWDG	APB1	
⋮	⋮	⋮	⋮
0x4000 0C00 ~ 0x4000 0FFF	TIM5	APB1	第 5 章
0x4000 0800 ~ 0x4000 0BFF	TIM4	APB1	第 5 章
0x4000 0400 ~ 0x4000 07FF	TIM3	APB1	第 5 章
0x4000 0000 ~ 0x4000 03FF	TIM2	APB1	第 5 章

4.2.3 GPIO 功能框图

STM32 的 I/O 引脚可以通过寄存器配置为各种不同的功能，如输入或输出，所以又被称为 GPIO（General Purpose Input Output，通用输入/输出）。GPIO 分为 GPIOA、GPIOB、GPIOC、GPIOD、GPIOE、GPIOF 和 GPIOG 共 7 组，每组端口又分为 0~15 共计 16 个不同的引脚。对于不同型号的 STM32 核心板，端口的组数和引脚数不尽相同，读者可以参考相应芯片的数据手册。

可以通过 GPIO 寄存器将 STM32 的 GPIO 配置成 8 种模式，包括 4 种输入模式和 4 种输出模式。4 种输入模式分别为浮空输入、上拉输入、下拉输入和模拟输入，4 种输出模式分别为开漏输出、推挽输出、推挽复用功能和开漏复用功能。

图 4-4 所示的 GPIO 功能框图是为了便于分析本实验。在本实验中，蜂鸣器引脚对应的 GPIO 配置为推挽输出模式，因此，下面依次介绍输出相关寄存器、输出驱动器和 I/O 引脚及保护二极管。

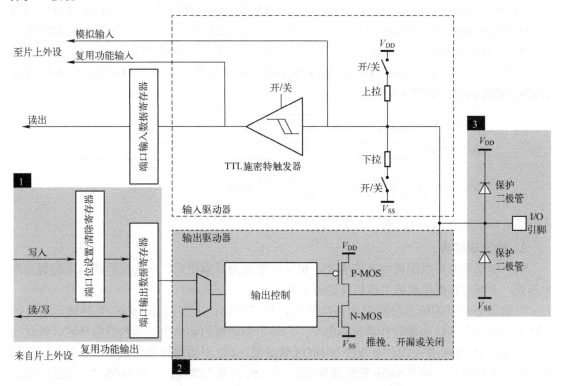

图 4-4 GPIO 功能框图（用于分析 GPIO 与蜂鸣器实验）

1. 输出相关寄存器

输出相关寄存器包括端口位设置/清除寄存器（GPIOx_BSRR）和端口输出数据寄存器（GPIOx_ODR）。可以通过更改 GPIOx_ODR 中的值来改变 GPIO 引脚电平。然而，写 GPIOx_ODR 是一次性更改 16 个引脚的电平，这样很容易把一些不需要更改的引脚电平更改为非预期值。为了准确修改某一个或某几个引脚的电平，例如，要将 GPIOx_ODR[0]更改为 1，将 GPIOx_ODR[14]更改为 0，可以先读 GPIOx_ODR 的值到一个临时变量地址（temp），然后再将 temp[0]更改为 1，将 temp[14]更改为 0，最后将 temp 写入 GPIOx_ODR，如图 4-5 所示。

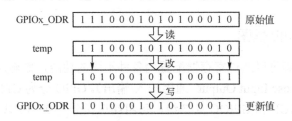

图 4-5 "读-改-写"方式修改 GPIOx_ODR

然而，这种"读-改-写"方式不仅效率低，而且操作繁杂，为了简化操作，提升效率，STM32 新增了端口位设置/清除寄存器（GPIOx_BSRR），该寄存器由 16 位端口清除位（对应 16 个引脚，向某一位写入 1 即可设置 GPIOx_ODR 对应位为 0，向某一位写入 0，GPIOx_ODR 对应位不受影响）和 16 位端口设置位（对应 16 个引脚，向某一位写入 1 即可设置 GPIOx_ODR 对应位为 1，向某一位写入 0，GPIOx_ODR 对应位不受影响）组成。同样是将 GPIOx_ODR 的值由 1110001010100010 更改为 1010001010100011，实际上是将 GPIOx_ODR[0]从 0 更改为 1，将 GPIOx_ODR[14]从 1 更改为 0，有了 GPIOx_BSRR，就只需要向 GPIOx_BSRR 写入 01000000000000000000000000000001 即可。GPIOx_BSRR[30]为 1，表示将 GPIOx_ODR[14]从 1 更改为 0；GPIOx_BSRR[0]为 1，表示将 GPIOx_ODR[0]从 0 更改为 1；GPIOx_BSRR 的其他位为 0，表示不需要更改其他 GPIOx_ODR 对应位的值。通过 GPIOx_BSRR 修改 GPIOx_ODR 的过程如图 4-6 所示。

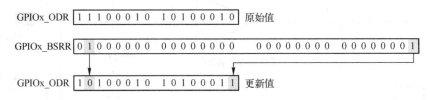

图 4-6 通过 GPIOx_BSRR 修改 GPIOx_ODR

2. 输出驱动器

输出驱动器既可以配置为推挽模式，也可以配置为开漏模式。本实验的蜂鸣器配置为推挽模式，下面对推挽模式的工作机理进行讲解。

当输出驱动器的输出控制端为高电平时，经过反向，上方的 P-MOS 管导通，下方的 N-MOS 管关闭，I/O 引脚对外输出高电平；当输出驱动器的输出控制端为低电平时，经过反向，上方的 P-MOS 管关闭，下方的 N-MOS 管导通，I/O 引脚对外输出低电平。当 I/O 引脚高、低电平切换时，两个 MOS 管轮流导通，P-MOS 管负责灌电流，N-MOS 管负责拉电流，使其负载能力和开关速度均比普通方式有较大的提高。推挽输出的低电平约为 0V，高电平约为 3.3V。

3. I/O 引脚及保护二极管

与 I/O 引脚相连的两个二极管也称为保护二极管，用于防止引脚过高或过低的外部电压输入，当引脚的外部电压高于 V_{DD} 时，上方的二极管导通，当引脚电压低于 V_{SS} 时，下方的二极管导通，从而可以防止不正常的电压引入芯片导致芯片烧毁。

4.2.4　GPIO 部分寄存器

STM32 的 GPIO 寄存器地址映射和复位值如表 4-2 所示。每个 GPIO 端口有 7 个寄存器，本实验涉及的 GPIO 寄存器包括 2 个 32 位端口配置寄存器（GPIOx_CRL、GPIOx_CRH）、1 个 32 位端口输出数据寄存器（GPIOx_ODR），1 个 32 位端口位设置/清除寄存器（GPIOx_BSRR）、1 个 32 位端口位清除寄存器（GPIOx_BRR）。

表 4-2　GPIO 寄存器地址映射和复位值

偏移地址	寄存器	31	30	29	28	27	26	25	24	23	22	21	20	19	18	17	16
00h	GPIOx_CRL	CNF7[1:0]		MODE7[1:0]		CNF6[1:0]		MODE6[1:0]		CNF5[1:0]		MODE5[1:0]		CNF4[1:0]		MODE4[1:0]	
	复位值	0	1	0	1	0	1	0	1	0	1	0	1	0	1	0	1
04h	GPIOx_CRH	CNF15[1:0]		MODE15[1:0]		CNF14[1:0]		MODE14[1:0]		CNF13[1:0]		MODE13[1:0]		CNF12[1:0]		MODE12[1:0]	
	复位值	0	1	0	1	0	1	0	1	0	1	0	1	0	1	0	1
08h	GPIOx_IDR	保留															
	复位值																
0Ch	GPIOx_IDR	保留															
	复位值																
10h	GPIOx_BSRR	BR[15:0]															
	复位值	0	0	0	0	0	0	0	0	0	0	0	0	0	0	0	0
14h	GPIOx_BRR	保留															
	复位值																
18h	GPIOx_LCKR	保留															LCKK
	复位值																0

偏移地址	寄存器	15	14	13	12	11	10	9	8	7	6	5	4	3	2	1	0
00h	GPIOx_CRL	CNF3[1:0]		MODE3[1:0]		CNF2[1:0]		MODE2[1:0]		CNF1[1:0]		MODE1[1:0]		CNF0[1:0]		MODE0[1:0]	
	复位值	0	1	0	1	0	1	0	1	0	1	0	1	0	1	0	1
04h	GPIOx_CRH	CNF11[1:0]		MODE11[1:0]		CNF10[1:0]		MODE10[1:0]		CNF9[1:0]		MODE9[1:0]		CNF8[1:0]		MODE8[1:0]	
	复位值	0	1	0	1	0	1	0	1	0	1	0	1	0	1	0	1
08h	GPIOx_IDR	IDR[15:0]															
	复位值	0	0	0	0	0	0	0	0	0	0	0	0	0	0	0	0
0Ch	GPIOx_ODR	ODR[15:0]															
	复位值	0	0	0	0	0	0	0	0	0	0	0	0	0	0	0	0
10h	GPIOx_BSRR	BSR[15:0]															
	复位值	0	0	0	0	0	0	0	0	0	0	0	0	0	0	0	0
14h	GPIOx_BRR	BR[15:0]															
	复位值	0	0	0	0	0	0	0	0	0	0	0	0	0	0	0	0
18h	GPIOx_LCKR	LCK[15:0]															
	复位值	0	0	0	0	0	0	0	0	0	0	0	0	0	0	0	0

1．端口配置寄存器（GPIOx_CRL 和 GPIOx_CRH）

4.2.3 节已经介绍了 STM32 的 GPIO 可以通过寄存器配置成 8 种模式。每个 GPIO 端口具体由 CNF[1:0]和 MODE[1:0]配置为 8 种模式中的一种，如表 4-3 所示。

表 4-3　端口位配置表

配 置 模 式		CNF1	CNF0	MODE1	MODE0	PxODR
通用输出	推挽（Push-Pull）	0	0	01-最大输出速度为 10MHz 10-最大输出速度为 2MHz 11-最大输出速度为 50MHz		0 或 1
	开漏（Open-Drain）		1			0 或 1
复用功能输出	推挽（Push-Pull）	1	0			不使用
	开漏（Open-Drain）		1			不使用
输入	模拟输入	0	0	00		不使用
	浮空输入		1			不使用
	下拉输入	1	0			0
	上拉输入					1

STM32 的每组 GPIO 端口有 16 个引脚，例如，GPIOA 的引脚为 GPIOA0～15。而每个引脚都需要 4 位（分别是 CNF[1:0]和 MODE[1:0]）进行输入/输出模式及输出速率的配置，因此，每组 GPIO 端口就需要 64 位。作为 32 位微控制器，STM32 安排了两组寄存器，分别是端口配置低寄存器（GPIOx_CRL）和端口配置高寄存器（GPIOx_CRH），分别如图 4-7 和图 4-8 所示。GPIOx_CRL 通常简称为 CRL，GPIOx_CRH 简称为 CRH。

偏移地址：0x00

复位值：0x4444 4444

31	30	29	28	27	26	25	24	23	22	21	20	19	18	17	16
CNF7[1:0]		MODE7[1:0]		CNF6[1:0]		MODE6[1:0]		CNF5[1:0]		MODE5[1:0]		CNF4[1:0]		MODE4[1:0]	
rw	rw	rw	rw	rw	rw	rw	rw	rw	rw	rw	rw	rw	rw	rw	rw

15	14	13	12	11	10	9	8	7	6	5	4	3	2	1	0
CNF3[1:0]		MODE3[1:0]		CNF2[1:0]		MODE2[1:0]		CNF1[1:0]		MODE1[1:0]		CNF0[1:0]		MODE0[1:0]	
rw	rw	rw	rw	rw	rw	rw	rw	rw	rw	rw	rw	rw	rw	rw	rw

图 4-7　GPIOx_CRL 的结构、偏移地址和复位值

偏移地址：0x04

复位值：0x4444 4444

31	30	29	28	27	26	25	24	23	22	21	20	19	18	17	16
CNF15[1:0]		MODE15[1:0]		CNF14[1:0]		MODE14[1:0]		CNF13[1:0]		MODE13[1:0]		CNF12[1:0]		MODE12[1:0]	
rw	rw	rw	rw	rw	rw	rw	rw	rw	rw	rw	rw	rw	rw	rw	rw

15	14	13	12	11	10	9	8	7	6	5	4	3	2	1	0
CNF11[1:0]		MODE11[1:0]		CNF10[1:0]		MODE10[1:0]		CNF9[1:0]		MODE9[1:0]		CNF8[1:0]		MODE8[1:0]	
rw	rw	rw	rw	rw	rw	rw	rw	rw	rw	rw	rw	rw	rw	rw	rw

图 4-8　GPIOx_CRH 的结构、偏移地址和复位值

为什么图 4-7 和图 4-8 只标注了偏移地址，而没有标注绝对地址？因为 STM32 最多有 7 组 GPIO 端口，即 GPIOA、GPIOB、GPIOC、GPIOD、GPIOE、GPIOF 和 GPIOG（又称 PA、PB、PC、PD、PE、PF 和 PG）。如果标注绝对地址，则需要将每组端口的 CRL 和 CRH 全部罗列出来，既没有意义，也没有必要。通过偏移地址计算绝对地址也非常简单，例如，要计算 GPIOC 端口 CRH 的绝对地址，可以先查看 GPIOC 的起始地址，由图 4-9 可以确定 GPIOC 的起始地址为 0x40011000，CRH 的偏移地址为 0x04，因此，GPIOC 端口 CRH 的绝对地址为 0x40011000+0x04，即 0x40011004。又如，要计算 GPIOD 端口 ODR 的绝对地址，可以先查看 GPIOD 的起始地址，由图 4-9 可以确定 GPIOD 的起始地址为 0x40011400，ODR 的偏移地址为 0x0C，因此，GPIOD 端口 ODR 的绝对地址为 0x40011400+0x0C，即 0x4001140C。

CRL 和 CRH 用于控制 GPIO 端口的输入/输出模式及输出速度，CRL 用于控制 GPIO 端口（PA～PG）低 8 位的输入/输出模式及输出速度，CRH 用于控制 GPIO 端口（PA～PG）高 8 位的输入/输出模式及输出速度。每个 GPIO 端口的引脚占用 CRL 或 CRH 的 4 位，高两位为 CNF[1:0]，低两位为 MODE[1:0]，CNF[1:0]和 MODE[1:0]的解释说明如表 4-4 所示。从图 4-7 和图 4-8 可以看到，这两个寄存器的复位值均为 0x4444 4444，即 CNF[1:0]为 01，MODE[1:0]为 00，从表 4-4 可以得出这样的结论：STM32 复位后，所有引脚配置为浮空输入模式。

起 始 地 址	外　设
0x4001 2000 ～ 0x4001 23FF	GPIO端口 G
0x4001 1C00 ～ 0x4001 1FFF	GPIO端口 F
0x4001 1800 ～ 0x4001 1BFF	GPIO端口 E
0x4001 1400 ～ 0x4001 17FF	GPIO端口 D
0x4001 1000 ～ 0x4001 13FF	GPIO端口 C
0x4001 0C00 ～ 0x4001 0FFF	GPIO端口 B
0x4001 0800 ～ 0x4001 0BFF	GPIO端口 A

偏移地址	寄 存 器
0x00h	GPIOx_CRL
0x04h	GPIOx_CRH
0x08h	GPIOx_IDR
0x0Ch	GPIOx_ODR
0x10h	GPIOx_BSRR
0x14h	GPIOx_BRR
0x18h	GPIOx_LCKR

GPIO端口C的起始地址 0x4001 1000
＋　　CRH的偏移地址　　　　0x04
─────────────────────
GPIOC→CRH的绝对地址 0x4001 1004

GPIO端口D的起始地址 0x4001 1400
＋　　ODR的偏移地址　　　　0x0C
─────────────────────
GPIOD→ODR的绝对地址 0x4001 140C

图 4-9　GPIOC→CRH 和 GPIOD→ODR 绝对地址的计算过程

表 4-4　CNF[1:0]和 MODE[1:0]的解释说明

	CNFy[1:0]：端口 x 的配置位（y=0, …, 15）（Port x configuration bits）。
	软件通过这些位配置相应的 I/O 端口。
位 31:30	在输入模式（MODE[1:0]=00）：
位 27:26	00：模拟输入模式；
位 23:22	01：浮空输入模式（复位后的状态）；
位 19:18	10：上拉/下拉输入模式；
位 15:14	11：保留。
位 11:10	在输出模式（MODE[1:0]>00）：
位 7:6	00：通用推挽输出模式；
位 3:2	01：通用开漏输出模式；
	10：复用功能推挽输出模式；
	11：复用功能开漏输出模式
位 29:28	MODEy[1:0]：端口 x 的模式位（y=0, …, 15）（Port x mode bits）。
位 25:24	软件通过这些位配置相应的 I/O 端口。
位 21:20	00：输入模式（复位后的状态）；
位 17:16	01：输出模式，最大速度为 10MHz；
位 13:12	10：输出模式，最大速度为 2MHz；
位 9:8	11：输出模式，最大速度为 50MHz
位 5:4	
位 1:0	

2．端口输出数据寄存器（GPIOx_ODR）

GPIOx_ODR 是一组 GPIO 端口 16 个引脚的输出数据寄存器，只用了低 16 位。该寄存器为可读可写，从该寄存器取取的数据可以用于判断某组 GPIO 端口的输出状态，向该寄存器写数据可以控制某组 GPIO 的输出电平。GPIOx_ODR 的结构、偏移地址和复位值，以及各个位的解释说明如图 4-10 和表 4-5 所示。GPIOx_ODR 简称为 ODR。

偏移地址：0x0C
复位值：0x0000 0000

31	30	29	28	27	26	25	24	23	22	21	20	19	18	17	16
保留															

15	14	13	12	11	10	9	8	7	6	5	4	3	2	1	0
ODR15	ODR14	ODR13	ODR12	ODR11	ODR10	ODR9	ODR8	ODR7	ODR6	ODR5	ODR4	ODR3	ODR2	ODR1	ODR0
rw	rw	rw	rw	rw	rw	rw	rw	rw	rw	rw	rw	rw	rw	rw	rw

图 4-10　GPIOx_ODR 的结构、偏移地址和复位值

表 4-5　GPIOx_ODR 各个位的解释说明

位 31:16	保留，始终读为 0
位 15:0	ODRy：端口输出数据（y=0，…，15）（Port output data）。 这些位可读可写，并只能以字（16 位）的形式操作。 注意，对于 GPIOx_BSRR（x=A，…，E），可以分别对各个 ODR 位进行独立设置/清除

例如，通过寄存器操作的方式，将 PC4 引脚输出设置为高电平，且 GPIOC 端口的其他引脚电平不变。代码如下：

```
u32 temp;
temp = GPIOC->ODR;
temp = (temp & 0xFFFFFFEF) | 0x00000010;
GPIOC->ODR = temp;
```

3. 端口位设置/清除寄存器（GPIOx_BSRR）

GPIOx_BSRR 用于设置 GPIO 端口的输出位为 0 或 1。该寄存器和 ODR 具有类似的功能，都可以用来设置 GPIO 端口的输出位为 0 或 1。GPIOx_BSRR 的结构、偏移地址和复位值，以及各个位的解释说明如图 4-11 和表 4-6 所示。GPIOx_BSRR 简称为 BSRR。

偏移地址：0x10

复位值：0x0000 0000

31	30	29	28	27	26	25	24	23	22	21	20	19	18	17	16
BR15	BR14	BR13	BR12	BR11	BR10	BR9	BR8	BR7	BR6	BR5	BR4	BR3	BR2	BR1	BR0
w	w	w	w	w	w	w	w	w	w	w	w	w	w	w	w

15	14	13	12	11	10	9	8	7	6	5	4	3	2	1	0
BS15	BS14	BS13	BS12	BS11	BS10	BS9	BS8	BS7	BS6	BS5	BS4	BS3	BS2	BS1	BS0
w	w	w	w	w	w	w	w	w	w	w	w	w	w	w	w

图 4-11　GPIOx_BSRR 的结构、偏移地址和复位值

表 4-6　GPIOx_BSRR 各个位的解释说明

位 31:16	BRy：清除端口 x 的位 y（y=0，…，15）（Port x reset bit y）。 这些位只能写入，并只能以字（16 位）的形式操作。 0：对对应的 ODRy 位不产生影响；1：清除对应的 ODRy 位
位 15:0	BSy：设置端口 x 的位 y（y=0，…，15）（Port x set bit y）。 这些位只能写入并只能以字（16 位）的形式操作。 0：对对应的 ODRy 位不产生影响；1：设置对应的 ODRy 位为 1 注意，如果同时设置了 BSy 和 BRy 的对应位，则 BSy 位起作用

既可以通过 BSRR 将 GPIO 端口的输出位设置为 0 或 1，也可以通过 ODR 将 GPIO 端口的输出位设置为 0 或 1。那么这两种寄存器有什么区别呢？下面以 4 个示例进行说明。

通过 ODR 将 PC4 引脚的输出设置为 1，且 PC 端口的其他引脚状态保持不变，代码如下：

```
u32 temp;
temp = GPIOC->ODR;
temp = (temp & 0xFFFFFFEF) | 0x00000010;
GPIOC->ODR = temp;
```

通过 BSRR 将 PC4 的输出设置为 1，且 PC 端口的其他引脚状态保持不变，代码如下：

```
GPIOC->BSRR = 1 << 4;
```

通过 ODR 将 PC4 的输出设置为 0，且 PC 端口的其他引脚状态保持不变，代码如下：

```
u32 temp;
temp = GPIOC->ODR;
temp = temp & 0xFFFFFFEF;
GPIOC->ODR = temp;
```

通过 BSRR 将 PC4 的输出设置为 0，且 PC 端口的其他引脚状态保持不变，代码如下：

```
GPIOC->BSRR = 1 << (16+4);
```

从上述 4 个示例可以得出以下结论：①如果不是对某一组 GPIO 端口的所有引脚输出状态进行更改，而是对其中一个或若干引脚状态进行更改，通过 ODR 需要经过"读→改→写"三个步骤，而通过 BSRR 只需要一步；②向 BSRR 的某一位写 0，对相应的引脚输出不产生影响，如果要将某一组 GPIO 端口的一个引脚设置为 1，只需要向对应的 BSy 写 1，其余写 0即可；③如果要将某一组 GPIO 端口的一个引脚设置为 0，只需要向对应的 BRy 写 1，其余写 0 即可。

4. 端口位清除寄存器（GPIOx_BRR）

GPIOx_BRR 用于设置 GPIO 端口的输出位为 0，GPIOx_BRR 的结构、偏移地址和复位值，以及对部分位的解释说明如图 4-12 和表 4-7 所示。GPIOx_BRR 简称为 BRR。

偏移地址：0x14
复位值：0x0000 0000

图 4-12   GPIOx_BRR 的结构、偏移地址和复位值

表 4-7   GPIOx_BRR 部分位的解释说明

位 31:16	保留
位 15:0	BRy：清除端口 x 的位 y（y=0, ···, 15）（Port x reset bit y）。 这些位只能写入，并只能以字（16 位）的形式操作。 0：对对应的 ODRy 位不产生影响；1：清除对应的 ODRy 位为 0

通过 BRR 将 PC4 引脚的输出设置为 0，且 PC 端口的其他引脚状态保持不变，代码如下：

```
GPIOC->BRR = 1 << 4;
```

4.2.5 GPIO 部分固件库函数

本实验涉及的 GPIO 固件库函数包括 GPIO_Init、GPIO_WriteBit 和 GPIO_ReadOutputDataBit，这 3 个函数在 stm32f10x_gpio.h 文件中声明，在 stm32f10x_gpio.c 文件中实现。本书所涉及的固件库版本均为 V3.5.0。

1. GPIO_Init

GPIO_Init 函数的功能是设定 PA、PB、PC、PD、PE、PF、PG 端口的任意一个引脚的输入/输出的配置信息，通过向 GPIOx→CRL 或 GPIOx→CRH 写入参数来实现。同时，该函数还可以根据需要初始化 STM32 的 I/O 端口状态，通过向 GPIOx→BRR 或 GPIOx→BSRR 写入参数来实现。具体描述如表 4-8 所示。

表 4-8 GPIO_Init 函数的描述

函数名	GPIO_Init
函数原型	void GPIO_Init(GPIO_TypeDef* GPIOx, GPIO_InitTypeDef* GPIO_InitStruct)
功能描述	根据 GPIO_InitStruct 中指定的参数初始化外设 GPIOx 寄存器
输入参数 1	GPIOx：x 可以是 A、B、C、D、E、F、G，用于选择 GPIO 外设
输入参数 2	GPIO_InitStruct：指向结构体 GPIO_InitTypeDef 的指针，包含外设 GPIO 的配置信息
输出参数	无
返回值	void

GPIO_InitTypeDef 结构体定义在 stm32f10x_gpio.h 文件中，内容如下：

```
typedef struct
{
  uint16_t GPIO_Pin;
  GPIOSpeed_TypeDef GPIO_Speed;
  GPIOMode_TypeDef GPIO_Mode;
}GPIO_InitTypeDef;
```

（1）参数 GPIO_Pin 用于选择待设置的 GPIO 引脚号，可取值如表 4-9 所示，还可以使用"|"操作符选择多个引脚，如 GPIO_Pin_0 | GPIO_Pin_1。

表 4-9 参数 GPIO_Pin 的可取值

可 取 值	实 际 值	描 述
GPIO_Pin_0	0x0001	选中引脚 0
GPIO_Pin_1	0x0002	选中引脚 1
GPIO_Pin_2	0x0004	选中引脚 2
GPIO_Pin_3	0x0008	选中引脚 3
GPIO_Pin_4	0x0010	选中引脚 4
GPIO_Pin_5	0x0020	选中引脚 5
GPIO_Pin_6	0x0040	选中引脚 6
GPIO_Pin_7	0x0080	选中引脚 7
GPIO_Pin_8	0x0100	选中引脚 8
GPIO_Pin_9	0x0200	选中引脚 9
GPIO_Pin_10	0x0400	选中引脚 10
GPIO_Pin_11	0x0800	选中引脚 11
GPIO_Pin_12	0x1000	选中引脚 12

可 取 值	实 际 值	描 述
GPIO_Pin_13	0x2000	选中引脚 13
GPIO_Pin_14	0x4000	选中引脚 14
GPIO_Pin_15	0x8000	选中引脚 15
GPIO_Pin_All	0xFFFF	选中全部引脚

（2）参数 GPIO_Speed 用于设置选中引脚的速度，可取值如表 4-10 所示。

表 4-10　参数 GPIO_Speed 的可取的值

可 取 值	实 际 值	描 述
GPIO_Speed_10MHz	1	最高输出速度为 10MHz
GPIO_Speed_2MHz	2	最高输出速度为 2MHz
GPIO_Speed_50MHz	3	最高输出速度为 50MHz

（3）参数 GPIO_Mode 用于设置选中引脚的工作状态，可取值如表 4-11 所示。

表 4-11　参数 GPIO_Mode 的可取值

可 取 值	实 际 值	描 述
GPIO_Mode_AIN	0x00	模拟输入
GPIO_Mode_IN_FLOATING	0x04	浮空输入
GPIO_Mode_IPD	0x28	下拉输入
GPIO_Mode_IPU	0x48	上拉输入
GPIO_Mode_Out_OD	0x14	开漏输出
GPIO_Mode_Out_PP	0x10	推挽输出
GPIO_Mode_AF_OD	0x1C	复用开漏输出
GPIO_Mode_AF_PP	0x18	复用推挽输出

例如，配置 PC4 引脚为推挽输出，最高输出速度为 50MHz，代码如下：

```
GPIO_InitTypeDef GPIO_InitStructure; //定义结构体
GPIO_InitStructure.GPIO_Pin   = GPIO_Pin_4;
GPIO_InitStructure.GPIO_Speed = GPIO_Speed_50MHz;
GPIO_InitStructure.GPIO_Mode  = GPIO_Mode_Out_PP;
GPIO_Init(GPIOC, &GPIO_InitStructure);
```

2. GPIO_WriteBit

GPIO_WriteBit 函数的功能是设置或清除所选定端口的特定位，通过向 GPIOx→BSRR 或 GPIOx→BRR 写入参数来实现。具体描述如表 4-12 所示。

表 4-12　GPIO_WriteBit 函数的描述

函数名	GPIO_WriteBit
函数原型	void GPIO_WriteBit（GPIO_TypeDef* GPIOx, uint16_t GPIO_Pin, BitAction BitVal)
功能描述	设置或清除指定数据端口位

输入参数 1	GPIOx：x 可以是 A、B、C、D、E、F、G，用于选择 GPIO 外设
输入参数 2	GPIO_Pin：待设置或清除的端口位
输出参数 3	BitVal：该参数指定了待写入的值，可以有以下两个取值。 Bit_RESET：清除数据端口位； Bit_SET：设置数据端口位
输出参数	无
返回值	void

例如，将 PC4 引脚设置为低电平，代码如下：

```
GPIO_WriteBit(GPIOC, GPIO_Pin_4, Bit_RESET);
```

再如，将 PC5 引脚设置为高电平，代码如下：

```
GPIO_WriteBit(GPIOC, GPIO_Pin_5, Bit_SET);
```

3. GPIO_ReadOutputDataBit

GPIO_ReadOutputDataBit 函数的功能是读取指定外设端口的指定引脚的输出值，通过读 GPIOx→ODR 来实现。具体描述如表 4-13 所示。

表 4-13　GPIO_ReadOutputDataBit 函数的描述

函数名	GPIO_ReadOutputDataBit
函数原型	uint8_t GPIO_ReadOutputDataBit(GPIO_TypeDef* GPIOx, uint16_t GPIO_Pin)
功能描述	读取指定端口引脚的输出值
输入参数 1	GPIOx：x 可以是 A、B、C、D、E、F、G，用于选择 GPIO 外设
输入参数 2	GPIO_Pin：待读取的端口位
输出参数	无
返回值	输出端口引脚值

例如，读取 PC4 引脚的电平，代码如下：

```
GPIO_ReadOutputDataBit(GPIOC, GPIO_Pin_4);
```

4.2.6　RCC 部分寄存器

本实验涉及的 RCC 寄存器只有 APB2 外设时钟使能寄存器（RCC_APB2ENR），该寄存器的结构、偏移地址和复位值如图 4-13 所示，对部分位的解释说明如表 4-14 所示。

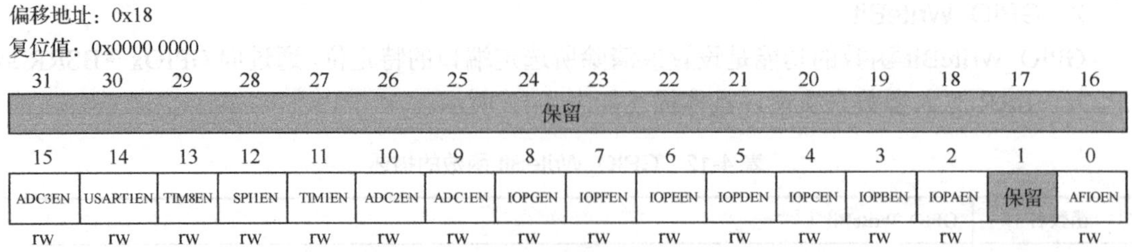

偏移地址：0x18
复位值：0x0000 0000

31	30	29	28	27	26	25	24	23	22	21	20	19	18	17	16
保留															

15	14	13	12	11	10	9	8	7	6	5	4	3	2	1	0
ADC3EN	USART1EN	TIM8EN	SPI1EN	TIM1EN	ADC2EN	ADC1EN	IOPGEN	IOPFEN	IOPEEN	IOPDEN	IOPCEN	IOPBEN	IOPAEN	保留	AFIOEN
rw	rw	rw	rw	rw	rw	rw	rw	rw	rw	rw	rw	rw	rw		rw

图 4-13　RCC_APB2ENR 的结构、偏移地址和复位值

表 4-14　RCC_APB2ENR 部分位的解释说明

位 31:16	保留，始终读为 0
位 4	IOPCEN：I/O 端口 C 时钟使能（I/O port C clock enable）。 由软件置为 1 或清零。 0：I/O 端口 C 时钟关闭；1：I/O 端口 C 时钟开启
位 0	AFIOEN：辅助功能 I/O 时钟使能（Alternate function I/O clock enable）。 由软件置为 1 或清零。 0：辅助功能 I/O 时钟关闭；1：辅助功能 I/O 时钟开启

通过寄存器操作的方式，使能 PC 端口，其他模块的时钟状态保持不变，代码如下：

```
u32 temp;
temp = RCC->APB2ENR;
temp = (temp & 0xFFFFFFEF) | 0x00000010;
RCC->APB2ENR = temp;
```

4.2.7　RCC 部分固件库函数

本实验涉及的 RCC 固件库函数包括 RCC_APB2PeriphClockCmd。该函数在 stm32f10x_rcc.h 文件中声明，在 stm32f10x_rcc.c 文件中实现。

RCC_APB2PeriphClockCmd 函数的功能是打开或关闭 APB2 上相应外设的时钟，通过向 RCC→APB2ENR 写入参数来实现。具体描述如表 4-15 所示。

表 4-15　RCC_APB2PeriphClockCmd 函数的描述

函数名	RCC_APB2PeriphClockCmd
函数原型	void RCC_APB2PeriphClockCmd(uint32_t RCC_APB2Periph, FunctionalState NewState)
功能描述	使能或除能 APB2 外设时钟
输入参数 1	RCC_APB2Periph：门控 APB2 外设时钟
输入参数 2	NewState：指定外设时钟的新状态 可以取 ENABLE 或 DISABLE
输出参数	无
返回值	void

参数 RCC_APB2Periph 为被控的 APB2 外设时钟，可取值如表 4-16 所示，还可以使用"|"操作符使能多个 APB2 外设时钟，如 RCC_APB2Periph_GPIOA | RCC_APB2Periph_GPIOC。

表 4-16　参数 RCC_APB2Periph 的可取值

可　取　值	实　际　值	描　　述
RCC_APB2Periph_AFIO	0x00000001	功能复用 I/O 时钟
RCC_APB2Periph_GPIOA	0x00000004	GPIOA 时钟
RCC_APB2Periph_GPIOB	0x00000008	GPIOB 时钟
RCC_APB2Periph_GPIOC	0x00000010	GPIOC 时钟
RCC_APB2Periph_GPIOD	0x00000020	GPIOD 时钟
RCC_APB2Periph_GPIOE	0x00000040	GPIOE 时钟

续表

可 取 值	实 际 值	描 述
RCC_APB2Periph_GPIOF	0x00000080	GPIOF 时钟
RCC_APB2Periph_GPIOG	0x00000100	GPIOG 时钟
RCC_APB2Periph_ADC1	0x00000200	ADC1 时钟
RCC_APB2Periph_ADC2	0x00000400	ADC2 时钟
RCC_APB2Periph_TIM1	0x00000800	TIM1 时钟
RCC_APB2Periph_SPI1	0x00001000	SPI1 时钟
RCC_APB2Periph_TIM8	0x00002000	TIM8 时钟
RCC_APB2Periph_USART1	0x00004000	USART1 时钟
RCC_APB2Periph_ADC3	0x00008000	ADC3 时钟

例如，同时使能 GPIOA、GPIOB 和 SPI1 时钟，代码如下：

```
RCC_APB2PeriphClockCmd(RCC_APB2Periph_GPIOA | RCC_APB2Periph_GPIOB |
RCC_APB2Periph_SPI1, ENABLE);
```

分别使能 GPIOA、GPIOB 和 SPI1 时钟，代码如下：

```
RCC_APB2PeriphClockCmd(RCC_APB2Periph_GPIOA, ENABLE);
RCC_APB2PeriphClockCmd(RCC_APB2Periph_GPIOB, ENABLE);
RCC_APB2PeriphClockCmd(RCC_APB2Periph_SPI1, ENABLE);
```

4.3　实验步骤

步骤 1：复制并编译原始工程

首先，将"D:\STM32KeilTest\Material\02.GPIO 与蜂鸣器实验"文件夹复制到"D:\STM32KeilTest\Product"文件夹中。然后，双击运行"D:\STM32KeilTest\Product\02.GPIO 与蜂鸣器实验\Project"文件夹中的 STM32KeilPrj.uvprojx，单击█按钮。当 Build Output 栏出现"FromELF：creating hex file..."时，表示已经成功生成.hex 文件；出现"0 Error(s), 0 Warning(s)"，表示编译成功。最后，将.axf 文件下载到 STM32 的内部 Flash，打开串口助手，给智能小车发送 help 指令，若智能小车有正确回应，且流水灯正常交替闪烁，则表示原始工程是正确的，可以进入下一步操作。本实验实现的是通过串口助手输入命令"1:1"让蜂鸣器响起，输入命令"1:0"让蜂鸣器停止鸣响。

步骤 2：添加 Beep 文件对

首先，将"D:\STM32KeilTest\Product\02.GPIO 与蜂鸣器实验\App\Beep"文件夹中的 Beep.c 添加到 App 分组，具体操作可参见 3.3 节步骤 8。然后，将"D:\STM32KeilTest\Product\02.GPIO 与蜂鸣器实验\App\Beep"路径添加到 Include Paths 栏，具体操作可参见 3.3 节步骤 11。

步骤 3：完善 Beep.h 文件

完成 Beep 文件对的添加之后，就可以在 Beep.c 文件中添加包含 Beep.h 头文件的代码，如图 4-14 所示。具体做法：①在 Project 面板中，双击打开 Beep.c 文件；②根据实际情况完善模块信息；③在 Beep.c 文件的"包含头文件"区，添加代码#include "Beep.h"；④单击█按钮进行编译；⑤编译结束后，Build Output 栏出现"0 Error(s), 0 Warning(s)"，表示编译成功；⑥Beep.c 目录下会出现 Beep.h，表示成功包含 Beep.h 头文件。建议每次进行代码更新或修改之后，都进行一次编译，这样可以及时定位到问题。

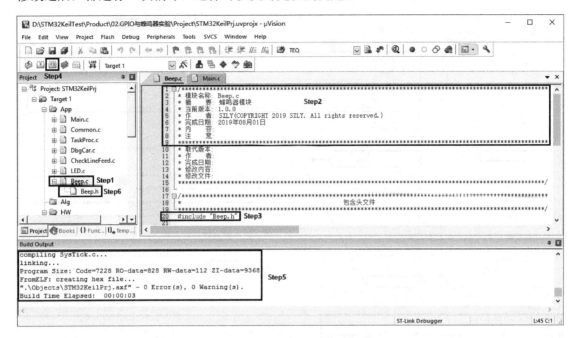

图 4-14　添加 Beep 文件夹路径

在 Beep.c 文件中添加代码#include"Beep.h"之后，即可添加防止重编译处理代码，如图 4-15 所示。具体做法：①在 Project 面板中，展开 Beep.c；②双击 Beep.c 下的 Beep.h；③根据实际情况完善模块信息；④在打开的 Beep.h 文件中，添加防止重编译处理代码；⑤单击 按钮进行编译；⑥编译结束后，Build Output 栏出现 "0 Error(s)，0 Warning(s)"，表示编译成功。注意，防止重编译预处理宏的命名格式是将头文件名改为大写，单词之间用下画线隔开，且首尾添加下画线，如 Beep.h 的防止重编译处理宏命名为_BEEP_H_，KeyOne.h 的防止重编译处理宏命名为_KEY_ONE_H_。

在 Beep.h 文件的 "包含头文件" 区，添加代码#include "DataType.h"。Beep.c 包含了 Beep.h，而 Beep.h 又包含了 DataType.h，因此，相当于 Beep.c 也包含了 DataType.h，在 Beep.c 中使用 DataType.h 中的宏定义等，就不需要重复包含头文件 DataType.h。

DataType.h 文件主要是一些宏定义，如程序清单 4-1 所示。第一部分是一些常用数据类型的缩写替换，如 unsigned char 用 u8 替换，这样，在编写代码时，就不用输入 unsigned char，而是直接使用 u8，可以提高代码输入效率。第二部分是字节、半字和字的组合以及拆分操作，这些操作在代码编写过程中使用非常频繁，比如求一个半字的高字节，正常操作是((BYTE)(((WORD)(hw) >> 8) & 0xFF))，而使用 HIBYTE(hw)就显得简洁明了。第三部分是一些布尔数据、空数据及无效数据定义，比如 TRUE 实际上是 1，FALSE 实际上是 0，而无效数据 INVALID_DATA 实际上是-100。

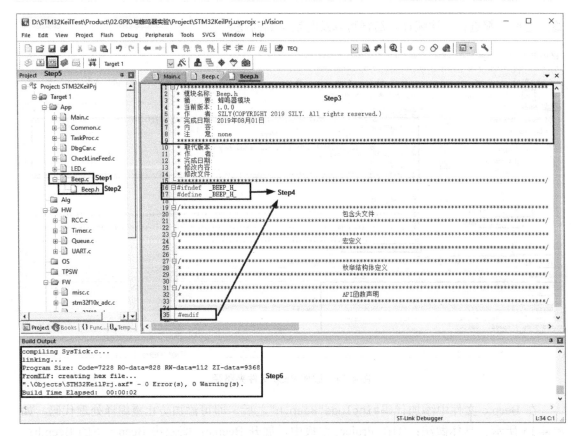

图 4-15　在 Beep.h 文件中添加防止重编译处理代码

程序清单 4-1

```
typedef signed char         i8;
typedef signed short        i16;
typedef signed int          i32;
typedef unsigned char       u8;
typedef unsigned short      u16;
typedef unsigned int        u32;

typedef int                 BOOL;
typedef unsigned char       BYTE;
typedef unsigned short      HWORD;   //2 字节组成一个半字
typedef unsigned int        WORD;    //4 字节组成一个字
typedef long                LONG;

#define LOHWORD(w)          ((HWORD)(w))                              //字的低半字
#define HIHWORD(w)          ((HWORD)(((WORD)(w) >> 16) & 0xFFFF))     //字的高半字

#define LOBYTE(hw)          ((BYTE)(hw) )                             //半字的低字节
#define HIBYTE(hw)          ((BYTE)(((WORD)(hw) >> 8) & 0xFF))        //半字的高字节

//2 字节组成一个半字

#define MAKEHWORD(bH, bL)   ((HWORD)(((BYTE)(bL)) | ((HWORD)((BYTE)(bH))) << 8))
```

```
//两个半字组成一个字
#define MAKEWORD(hwH, hwL)  ((WORD)(((HWORD)(hwL)) | ((WORD)((HWORD)(hwH))) << 16))

#define TRUE          1
#define FALSE         0
#define NULL          0
#define INVALID_DATA  -100
```

在 Beep.h 文件的"宏定义"区，添加蜂鸣器宏定义，作为控制函数 Beep 的输入参数，如程序清单 4-2 所示。如果需要将蜂鸣器设为低电平响起，那么只需要修改宏定义。

程序清单 4-2

```
#define BEEP_OFF 0
#define BEEP_ON  1
```

在 Beep.h 文件的"API 函数声明"区，添加如程序清单 4-3 所示的 API 函数声明代码。InitBeep 函数主要用于初始化 Beep 模块。每个模块都有模块初始化函数，使用前，要先在 Main.c 的 InitHardware 或 InitSoftware 函数中通过调用模块初始化函数的代码进行模块初始化，硬件相关的模块在 InitHardware 函数中初始化，软件相关的模块在 InitSoftware 函数中初始化。Beep 函数用于控制蜂鸣器，输入宏定义即可控制蜂鸣器。BeepAlarm 函数为蜂鸣器警告，每调用一次蜂鸣器就会鸣响一次，时间间隔为 60ms。

程序清单 4-3

```
void InitBeep(void);          //初始化蜂鸣器模块
void Beep(int state);         //蜂鸣器开关
void BeepAlarm(void);         //蜂鸣器警报
```

步骤 4：完善 Beep.c 文件

在 Beep.c 文件的"包含头文件"区，添加代码#include <stm32f10x_conf.h>和#include "SysTick.h"。

stm32f10x_conf.h 中包含了各种固件库头文件，当然，也包含了 stm32f10x_gpio.h 和 stm32f10x_tim.h 等。包含了 stm32f10x_conf.h 表示可以使用 GPIO 的固件库函数，对 GPIO 相关的寄存器进行间接操作。

SysTick.h 中有延时函数的声明，包含该头文件可调用延时函数 DelayNms 和 DelayNus。蜂鸣器鸣响函数中要延时 60ms，所以需要调用延时函数才能实现。

在 Beep.c 文件的"内部函数声明"区，添加内部函数的声明代码，如程序清单 4-4 所示。所有的内部函数都必须在"内部函数声明"区声明，且无论是内部函数的声明还是实现，都必须加 static 关键字，表示该函数只能在其所在文件的内部调用。

程序清单 4-4

```
static void ConfigBeepGPIO(void); //配置蜂鸣器的GPIO
```

在 Beep.c 文件的"内部函数实现"区，添加 ConfigBeepGPIO 函数的实现代码，如程序清单 4-5 所示。下面按照顺序对 ConfigBeepGPIO 函数中的语句进行解释说明。

（1）蜂鸣器与 STM32F103RCT6 芯片的 PD2 连接，因此需要通过 RCC_APB2PeriphClockCmd 函数使能 GPIOD 时钟。该函数涉及 APB2ENR 的 IOPDEN，IOPDEN 用于使能 GPIOD 的时钟，可参见图 4-13 和表 4-14。

（2）通过 GPIO_Init 函数将 PD2 配置为推挽输出模式，并将 I/O 最大输出速度配置为

50MHz。该函数涉及 GPIOx_CRL、GPIOx_BSRR 和 GPIOx_BRR。GPIOx_CRL 用于配置输入/输出模式及 I/O 最大输出速度，可参见图 4-7、图 4-11、图 4-12 和表 4-4、表 4-6、表 4-7。

（3）通过 GPIO_ResetBits 函数将 PD2 的默认电平设置为低电平。该函数也涉及 GPIOx_BRR，通过 GPIOx_BRR 设置低电平。

程序清单 4-5

```c
static void ConfigBeepGPIO(void)
{
  GPIO_InitTypeDef GPIO_InitStructure;                    //GPIO_InitStructure用于存放GPIO的参数
  RCC_APB2PeriphClockCmd(RCC_APB2Periph_GPIOD, ENABLE);  //使能 GPIOD 的时钟

  GPIO_InitStructure.GPIO_Pin   = GPIO_Pin_2;            //设置引脚
  GPIO_InitStructure.GPIO_Speed = GPIO_Speed_50MHz;     //设置 I/O 输出速度
  GPIO_InitStructure.GPIO_Mode  = GPIO_Mode_Out_PP;     //设置输出类型
  GPIO_Init(GPIOD, &GPIO_InitStructure);                //根据参数初始化 GPIO
  GPIO_ResetBits(GPIOD, GPIO_Pin_2);                    //将 PD2 默认状态设置为低电平（蜂鸣器不响）
}
```

在 Beep.c 文件的"API 函数实现"区，添加 API 函数的实现代码，如程序清单 4-6 所示。

Beep.c 文件的 API 函数有 3 个，分别是 InitBeep、Beep 和 BeepAlarm。InitBeep 作为 Beep 模块的初始化函数，调用 ConfigBeepGPIO 函数实现对 Beep 模块的初始化。Beep 函数为蜂鸣器的控制函数，可以通过该函数来控制蜂鸣器，也可以放在 DbgCar 调试组件中方便测试蜂鸣器是否正常工作。BeepAlarm 函数实现蜂鸣器警报，用于低压警报，电压检测会在第 10 章中介绍，电压检测时，若检测到电压过低，则蜂鸣器响起。

程序清单 4-6

```c
void InitBeep(void)
{
  ConfigBeepGPIO(); //配置蜂鸣器的 GPIO
  Beep(BEEP_OFF);   //先关闭蜂鸣器
}

void Beep(int state)
{
  if (state == BEEP_OFF)
  {
    GPIO_ResetBits(GPIOD, GPIO_Pin_2);//关闭蜂鸣器
  }
  else
  {
    GPIO_SetBits(GPIOD, GPIO_Pin_2);  //开启蜂鸣器
  }
}

void BeepAlarm(void)
{
  Beep(BEEP_ON);
  DelayNms(60);
  Beep(BEEP_OFF);
  DelayNms(60);
}
```

步骤 5：完善蜂鸣器驱动应用层

在 DbgCar.c 文件的"包含头文件"区，添加代码#include "Beep.h"，这样就可以在 DbgCar.c 中调用 Beep 函数，用来验证蜂鸣器驱动。

然后在 DbgCar.c 文件的"内部变量"区，将蜂鸣器调试任务添加到调试任务列表 s_arrDbgCarProc[]中，如程序清单 4-7 所示，注意输入参数数量要与实际参数数量一致。这样就可以通过 DbgCar 调试组件来控制蜂鸣器了。

程序清单 4-7

```
//调试任务列表
static StructDbgCar s_arrDbgCarProc[] =
{
  {LEDSetOne,      1,    "LEDSctOne(led)"},          //LED 调试任务
  {Beep,          1,    "Beep(state)"}              //蜂鸣器调试
};
```

在 Main.c 文件的"包含头文件"区，添加代码#include "Beep.h"，这样就可以在 Main.c 文件中调用 Beep 函数的宏定义和 API 函数等，实现对 Beep 模块的操作。

在 Main.c 文件的 InitSoftware 函数中，添加蜂鸣器初始化的代码，如程序清单 4-8 所示，这样就实现了对蜂鸣器模块的初始化，任何模块都要先初始化才能使用。

程序清单 4-8

```
static  void  InitSoftware(void)
{
  InitLED();              //初始化 LED 模块
  InitSystemStatus();     //初始化 SystemStatus 模块
  InitTask();             //初始化 Task 模块
  InitDbgCar();           //初始化 DbgCar 模块
  InitOLED();             //初始化 OLED 模块
  InitKeyOne();           //初始化 KeyOne 模块
  InitProcKeyOne();       //初始化 ProcKeyOne 模块
  InitBeep();             //初始化 Beep 模块
}
```

步骤 6：编译及下载验证

代码编写完成后，单击■按钮进行编译。编译结束后，Build Output 栏中出现"0 Error(s)，0 Warning(s)"，表示编译成功。然后通过 Keil μVision5 软件将.axf 文件下载到智能小车核心板。下载完成后，通过串口助手输入 help 命令，可以看到蜂鸣器调试任务已经成功添加到 DbgCar 调试组件中，如图 4-16 所示。输入命令"1:1"，蜂鸣器响起；输入命令"1:0"，蜂鸣器停止鸣响，表示实验成功。注意输入命令时要勾选"发送新行"，否则 DbgCar 调试组件将无回应。

本 章 任 务

本章实验是通过固件库函数的方式来配置蜂鸣器的 GPIO，除此之外，还可以通过修改寄存器的方式来达到目的，按以下思路完成本章任务：新建 BeepByRegister.c 和 BeepByRegister.h 文件，并添加到 App 分组中，可参考库函数蜂鸣器驱动。使用 RCC_APB2ENR 寄存器使能 GPIOA 时钟，通过修改 GPIOx_CRL 寄存器来修改蜂鸣器 GPIO 的配置，用 GPIOx_IDR 寄存器读取 I/O 端口的输入电平，用 GPIOx_ODR 修改 I/O 端口的输出电平，编写蜂鸣器驱动，并验证通过。涉及的寄存器可以从标准库的配置函数中找到。

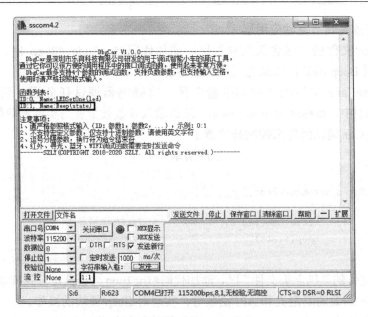

图 4-16　DbgCar 控制蜂鸣器

注意，修改 GPIOx_CRL 的 MODE 为 11，使 I/O 端口最大转换速度为 50MHz；CNF 为 00，使 I/O 端口工作在通用推挽输出模式；位运算中将第 i 位置 1 的表达式为：data |= 1 << i；位运算中将第 i 位清零的表达式为：data &= ~(1 << i)；判断第 i 位是否为 1 的表达式为：data & (1 << i)，i 从 0 开始，由最低位开始计数。

对寄存器进行修改的正确步骤为：读→改→写，先将寄存的值赋值给临时变量，然后修改临时变量，最后将修改后的临时变量赋值给寄存器。

本 章 习 题

1．简述 GPIO 都有哪些工作模式。

2．GPIO 有哪些寄存器？CRL 和 CRH 寄存器的功能是什么？

3．计算 GPIOE→BRR 的绝对地址。

4．GPIO_Init 函数的作用是什么？该函数具体操作了哪些寄存器？

5．RCC 的时钟源有哪些？

6．RCC→APB2ENR 寄存器的功能是什么？

7．如何通过寄存器操作使能 GPIOA 端口，且其他模块时钟状态不变？

8．如何通过固件库函数使能 GPIOD 端口，且其他模块时钟状态不变？

5　实验3——电机驱动实验

PWM（Pulse Width Modulation），即脉冲宽度调制，简而言之，就是对脉冲宽度的控制。STM32 的定时器分为 3 类，分别是基本定时器（TIM6 和 TIM7）、通用定时器（TIM2、TIM3、TIM4 和 TIM5）和高级控制定时器（TIM1 和 TIM8）。除了基本定时器，其他的定时器都可以用来产生 PWM 输出，其中高级定时器均可同时产生 7 路 PWM 输出，而通用定时器也能同时产生 4 路 PWM 输出，这样，STM32 最多就可以同时产生 30 路 PWM 输出。本章首先讲解 PWM，以及相关寄存器和固件库函数，最后通过设计小车电机驱动模块，帮助读者掌握PWM 输出控制的方法。

5.1　实验内容

通过学习智能小车核心板上的电机驱动电路原理图、STM32 微控制器的定时器相关功能与寄存器和 STM32 固件库函数，编写电机驱动，并利用 DbgCar 调试组件测试驱动程序。

5.2　实验原理

5.2.1　PWM 简介

脉冲宽度调制（PWM）是利用微处理器的数字输出来控制模拟电路的一种非常有效的技术，广泛应用在测量、通信和功率控制与变换等许多领域中。PWM 信号波形如图 5-1 所示，STM32 微控制器输出的 PWM 信号高电平为 3.3V。

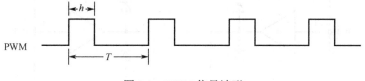

图 5-1　PWM 信号波形

PWM 的占空比为正脉冲的持续时间与脉冲周期的比值（h/T），修改 h 或 T 可调节 PWM信号的占空比，修改 PWM 的占空比可控制 PWM 信号的平均电压。

5.2.2　直流电机简介

常见的直流电机符号如图 5-2 所示。直流电机有两个输入端，电流输入的方向决定了电机转动的方向，两端电压决定了电机转速的快慢，电压越大则电机转速越快。

然而在电机控制中通常很少使用修改电压的方式控制电机转速，而是使用 PWM 信号来控制。通过修改 PWM 信号的占空比可控制其平均

图 5-2　直流电机符号

电压，从而控制电机两端的电压，达到控制电机转速的目的。

智能小车使用的直流电机为普通的 TT 电机，直流电压为 6V 时，电机空转电流为 120mA。根据 STM32F103RCT6 数据手册，流经单个 I/O 端口的最大电流为 25mA，而 I/O 推挽输出的

电压只有 3.3V，故不能直接用 STM32 微控制器来驱动直流电机，必须通过驱动电路。

5.2.3　电机驱动芯片简介

智能小车使用的直流电机驱动芯片型号为 L293DD013TR，该芯片的驱动电压范围为 4.5～36V，有 4 个输出通道，每个输出通道可以输出 600mA 的电流，每个通道输出电流峰值为 1.2A。智能小车上的电池供电电压范围为 6～12V，4 个电机在 6V 时的工作电流约为 480mA，考虑到电机驱动小车前进需要更大的电流支持，因此使用了两颗电机驱动芯片。该芯片的内部电路图如图 5-3 所示，下面依次介绍其内部电路。

（1）V_s 是电机驱动电源输入端，直接连接小车电池，为小车电机供电。

（2）V_{ss} 是内部逻辑电路的供电端，接核心板 5V 电源网络。

（3）ENABLE1 是 PWM 信号输入端，由 STM32 微控制器提供。

（4）OUT1 为输出端口，直接连接小车电机，控制电机的转向和转速。

（5）IN1 是 OUT1 使能端，高电平有效。

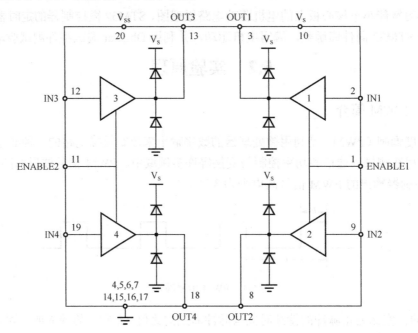

图 5-3　L293DD013TR 内部电路图

L293DD013TR 芯片的控制时序图如图 5-4 所示，其中 PWM（ENABLE1）为 STM32 微控制器的 PWM 信号。IN1 为输出使能信号，当 IN1 为高电平时，OUT1 引脚开始输出。PWM 信号的高电平为 3.3V，而 OUT1 的高电平为电机驱动电源 V_s，也就是电池提供的电压。

STM32 微控制器通过调节 PWM 信号的占空比可以控制 OUT1 信号的占空比，从而间接控制 OUT1 信号的平均电压，达到控制电机转速的目的。

智能小车的外设较多，而 STM32F103RCT6 芯片只有 64 个引脚，可用 I/O 端口有限，为了节省 I/O 端口，本书使用 2 颗电机驱动芯片分别控制左、右两侧的电机。左侧电机电路的简化图如图 5-5 所示，控制左侧 2 个电机只需要 3 个 I/O 端口，右侧同理，这样设计极大地节省了 I/O 端口的使用。

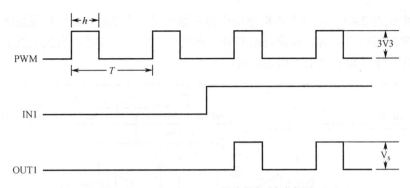

图 5-4 L293DD013TR 芯片的控制时序图

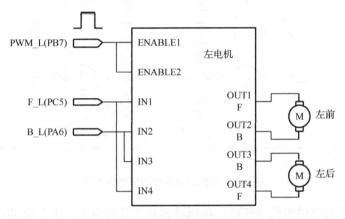

图 5-5 左侧电机电路的简化图

左侧电机控制原理图如图 5-6 所示，下面依次对其中关键部分进行解释。

（1）PWM_L 信号频率应高于 100Hz，否则电机转动时会出现明显的卡顿现象。

（2）F_L 为高电平，B_L 为低电平时，电机向前转动。

（3）F_L 为低电平，B_L 为高电平时，电机向后转动。

（4）F_L 为低电平，B_L 为低电平时，电机停止转动。

（5）禁止出现 F_L 和 B_L 同时为高电平的情况，否则将对驱动芯片造成不可逆的损害。

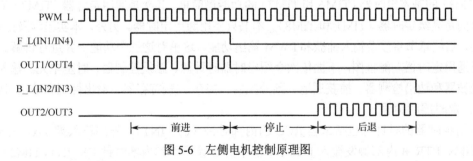

图 5-6 左侧电机控制原理图

5.2.4 电机电路原理图

电机的完整驱动电路原理图如图 5-7 所示，下面对其功能进行详细分析。

查阅电机驱动芯片 L293DD013TR 的数据手册可知，该芯片每个输出通道的输出电流峰值为 1.2A。从图 5-7 中可看出，同一时间最多有两个通道输出电流用于驱动电机，能给电机提供的最大电流为 2.4A。因此在电机驱动电路中添加了一个 2A 的自恢复保险丝,当电机驱动芯片驱动电流超过 2A 时,保险丝会断开,起到保护作用。若需要测量电机消耗的电流,只需将保险丝拆下并串联接上万用表即可。

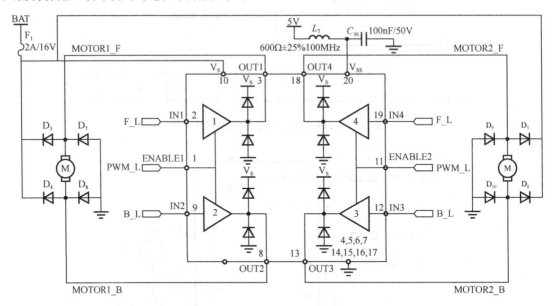

图 5-7　电机的完整驱动电路原理图

小车遇到障碍物造成电机堵转时,电机将消耗大量的电流,单个电机消耗的电流可能超过 1A,故驱动电路必须配备相应的保护电路。自恢复保险丝断开后能自行恢复,无须更换。

电机周围的二极管与芯片内部输出端二极管的作用一致,用于将输出电压范围限制在 $-0.7 \sim V_s + 0.7V$,防止出现电压过高或过低的情况。因为电机是电感性负载,当停机或换向时,就会产生较高的反向感生电动势,如果不释放就会击穿控制芯片内部电路。增加二极管之后,感生电动势使二极管导通,释放了电能,起到了保护作用。

5.2.5　通用定时器功能框图

STM32 的基本定时器(TIM6 和 TIM7)的功能最简单,其次是通用定时器(TIM2~TIM5),最复杂的是高级定时器(TIM1 和 TIM8)。本书只使用通用定时器。另外,本实验涉及定时器计数功能,后续章节将涉及输入捕获和 PWM 输出功能,这里对这三个功能一并进行讲解。图 5-8 所示是通用定时器功能框图,下面依次介绍定时器时钟源、触发控制器、时基单元、输入通道、输入滤波器和边沿检测器、捕获通道、预分频器、捕获/比较寄存器、输出控制和输出引脚。

1. 定时器时钟源

通用定时器的时钟源包括来自 RCC 的内部时钟(CK_INT)、外部输入脚 TIx、外部触发输入 TIMx_ETR 和内部触发输入 ITRx。本书中的实验只用到内部时钟 CK_INT,TIM2~TIM7 的时钟均由外设时钟 APB1 提供,而所有实验的 APB1 预分频器的分频系数为 2,APB1 时钟频率为 36MHz,因此,TIM2~TIM7 时钟频率为 72MHz。

2. 触发控制器

触发控制器的基本功能包括复位和使能定时器,以及设置定时器的计数方式(递增/递减计数),此外,还可以通过触发控制器将通用定时器设置为其他定时器或 DAC/ADC 的触发源。

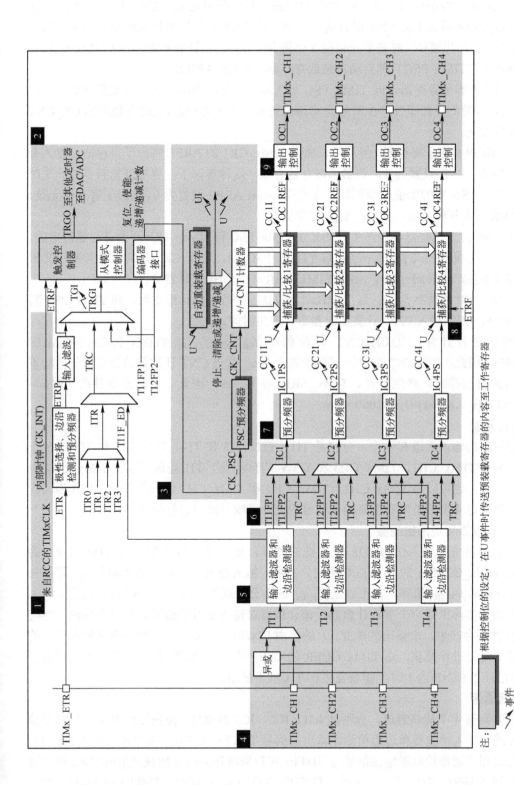

注：

□ 事件

⟍ 中断和DMA 输出

□ 根据控制位的设定，在 U 事件时传送预装载寄存器的内容至工作寄存器

图 5-8 通用定时器功能框图

3. 时基单元

时基单元对触发控制器输出的 CK_PSC 时钟进行预分频得到 CK_CNT 时钟，然后 CNT 计数器对经过分频之后的 CK_CNT 时钟进行计数，当 CNT 计数器的计数值与自动重装载寄存器的值相等时，产生事件。时基单元包括 3 个寄存器，分别是计数器寄存器（TIMx_CNT）、预分频器寄存器（TIMx_PSC）和自动重装载寄存器（TIMx_ARR）。

TIMx_PSC 有影子寄存器，向 TIMx_PSC 写入新值，定时器不会马上将该新值更新到影子寄存器，而是要等到更新事件产生时才会将该值更新到影子寄存器，此时分频后的 CK_CNT 时钟才会发生改变。

TIMx_ARR 也有影子寄存器，但是可以通过 TIMx_CR1 的 ARPE 将影子寄存器设置为有效或无效。如果 ARPE 设置为 1，则影子寄存器有效，这种情况下，要等到更新事件产生时才把写入 TIMx_ARR 中的新值更新到影子寄存器；如果 ARPE 设置为 0，则影子寄存器无效，向 TIMx_ARR 写入新值之后，TIMx_ARR 立即更新。

由上述分析可知，定时器事件产生时间是由 TIMx_PSC 和 TIMx_ARR 两个寄存器决定的。计算分为两步：①根据公式 $f_{CK\_CNT}=f_{CK\_PSC}/(TIMx\_PSC+1)$，计算 CK_CNT 时钟频率；②根据公式定时器事件产生时间=$(1/f_{CK\_CNT})\times(TIMx\_ARR+1)$，计算定时器事件产生时间。

假设 TIM5 的时钟频率 f_{CK_PSC} 是 72MHz，对 TIM5 进行初始化配置时，向 TIMx_PSC 写入 71，向 TIMx_ARR 写入 999，计算定时器事件产生时间。

也分两步进行计算：①CK_CNT 时钟频率 $f_{CK\_CNT}=f_{CK\_PSC}/(TIMx\_PSC+1)=72MHz/(71+1)=1MHz$，因此，CK_CNT 的时钟周期就等于 1μs；②当 CNT 计数器的计数值与自动重装载寄存器的值相等时，产生事件，TIMx_ARR 等于 999，因此，定时器事件产生时间=$(1/f_{CK\_CNT})\times(TIMx\_ARR+1)=1μs\times1000=1ms$。

4. 输入通道

通用定时器的输入通道有 4 个，分别是 TI1、TI2、TI3 和 TI4。TI2、TI3 和 TI4 这 3 个通道分别对应于 TIMx_CH2、TIMx_CH3 和 TIMx_CH4 引脚，TI1 通道可以将 TIMx_CH1 引脚作为其信号源，也可以将 TIMx_CH1、TIMx_CH2 和 TIMx_CH3 引脚的异或结果作为其信号源。定时器对这 4 个通道对应引脚输入信号的上升沿或下降沿进行捕获。

5. 输入滤波器和边沿检测器

输入滤波器首先对输入信号 TIx 进行滤波处理，输入滤波器的参数由 TIMx_CR1 的 CKD[1:0]和 TIMx_CCMRx 的 ICxF[3:0]决定。其中，输入滤波器使用的采样频率 f_{DTS} 可以与 CK_INT 时钟频率 f_{CK_INT} 相等，也可以是 f_{CK_INT} 的 2 分频或 4 分频，由 CKD[1:0]决定。

边沿检测器实际上是一个事件计数器，该计数器对输入信号的边沿事件进行检测，当检测到 N 个事件后会产生一个输出的跳变，N 的值由 ICxF[3:0]决定。边沿检测器对输入信号的上升沿还是下降沿进行捕获，由 TIMx_CCER 的 CCxP 决定，当 CCxP 为 0 时，捕获发生在 TIx 的上升沿；当 CCxP 为 1 时，捕获发生在 TIx 的下降沿。

6. 捕获通道

通用定时器有 4 个捕获通道，分别是 IC1、IC2、IC3 和 IC4。捕获通道 ICx 用来捕获输入通道 TIx 通过输入滤波器和边沿检测器输出的信号 TIxFPx 或 TRC，每个捕获输入通道 TIx 经过输入滤波器和边沿检测器输出的信号 TIxFPx 可以同时作为两个捕获通道的输入。每个捕获通道是选择 TI1FP1、TI1FP2、TI2FP1、TI2FP2、TI3FP3、TI3FP4、TI4FP3 或 TI4FP4 作为输入，还是选择 TRC 作为输入，由 TIMx_CCMRx 的 CCxS[1:0]决定。

7．预分频器

如果 ICx 直接输入捕获/比较寄存器（TIMx_CCRx），那么就只能连续捕获每一个边沿，而无法实现边沿的间隔捕获，如每 4 个边沿捕捉一次。ST 公司在设计通用定时器和高级定时器时，增加了一个预分频器，ICx 经过预分频器之后才会输入 TIMx_CCRx，这样，不仅可以实现边沿的连续捕获，还可以实现边沿的间隔捕获。多少个边沿捕获一次，由捕获/比较模式寄存器（TIMx_CCMRx）的 ICxPSC[1:0]决定，如果希望连续捕获每一个事件，将 ICxPSC[1:0]配置为 00 即可，如果希望每 4 个事件触发一次捕获，将 ICxPSC[1:0]配置为 10 即可。

8．捕获/比较寄存器

捕获/比较寄存器（TIMx_CCRx）既是捕获输入的寄存器，又是比较输出的寄存器。TIMx_CCRx 有预装载寄存器，可以通过 TIMx_CCMRx 的 CCxPE 决定开启或禁止 TIMx_CCRx 的预装载功能。将 CCxPE 设置为 1，开启预装载寄存器，这种情况下，写该寄存器要等到更新事件产生时才将 TIMx_CCRx 预装载寄存器的值传送至影子寄存器，读取该寄存器实际上是读取 TIMx_CCRx 预装载寄存器的值。将 CCxPE 设置为 0，禁止预装载寄存器，这种情况下只有一个寄存器，不存在预装载寄存器和影子寄存器的概念，因此，读该寄存器实际上就是读取 TIMx_CCRx 中的值，写该寄存器实际上就是写 TIMx_ CCRx。

TIMx_CCER 的 CCxE 决定禁止或使能输入捕获/输出比较功能。在 CCx 通道配置为输入的情况下，当 CCxE 为 0 时，禁止捕获；当 CCxE 为 1 时，使能捕获。在 CCx 通道配置为输出的情况下，当 CCxE 为 0 时，OCx 禁止输出；当 CCxE 为 1 时，OCx 信号输出到对应的输出引脚。下面分别对输入捕获和输出比较的工作流程进行说明。

1）输入捕获

预分频器的输出是 ICxPS，该信号作为捕获输入的输入信号，当第 1 次捕获到边沿事件时，计数器 CNT 的值会被锁存到 TIMx_CCRx，同时，TIMx_SR 的中断标志 CCxIF 会被置 1，如果 TIMx_DIER 的 CCxIE 为 1，则产生 CCxI 中断。CCxIF 可以由软件清零，也可以通过读取 TIMx_CCRx 清零。当第 2 次捕获到边沿事件（CCxIF 依然为 1）时，TIMx_SR 的重复捕获标志 CCxOF 会被置 1，与 CCxIF 不同的是，CCxOF 只能由软件清零。

2）输出比较

输出比较有 8 种模式，分别是冻结、匹配时设置输出为有效电平、匹配时设置输出为无效电平、翻转、强制为无效电平、强制为有效电平、PWM 模式 1 和 PWM 模式 2。通过 TIMx_CCMR1 的 OCxM 选择输出比较模式。

当输出比较配置为 PWM 模式 1，在向上计数时，一旦 TIMx_CNT<TIMx_CCRx，输出的参考信号 OCxREF 为有效电平，否则为无效电平；在向下计数时，一旦 TIMx_CNT>TIMx_CCRx，输出的参考信号 OCxREF 为无效电平，否则为有效电平。当输出比较配置为 PWM 模式 2，在向上计数时，一旦 TIMx_CNT<TIMx_CCRx，输出的参考信号 OCxREF 为无效电平，否则为有效电平；在向下计数时，一旦 TIMx_CNT>TIMx_CCRx，输出的参考信号 OCxREF 为有效电平，否则为无效电平。当 TIMx_CCER 的 CCxP 为 0 时，OCxREF 高电平有效；当 CCxP 为 1 时，OCxREF 低电平有效。

9．输出控制和输出引脚

参考信号 OCxREF 经过输出控制之后会产生 OCx 信号，该信号最终通过通用定时器的外部引脚输出，外部引脚包括 TIMx_CH1、TIMx_CH2、TIMx_CH3 和 TIMx_CH4。

5.2.6　通用定时器部分寄存器

本实验涉及的通用定时器寄存器包括控制寄存器 1（TIMx_CR1）、控制寄存器 2（TIMx_CR2）、DMA/中断使能寄存器（TIMx_DIER）、状态寄存器（TIMx_SR）、事件产生寄存器（TIMx_EGR）、计数器（TIMx_CNT）、预分频器（TIMx_PSC）和自动重装载寄存器（TIMx_ARR）。

1．控制寄存器 1（TIMx_CR1）

TIMx_CR1 的结构、偏移地址和复位值如图 5-9 所示，对部分位的解释说明如表 5-1 所示。

偏移地址：0x00
复位值：0x0000

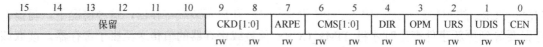

15	14	13	12	11	10	9	8	7	6	5	4	3	2	1	0
			保留			CKD[1:0]		ARPE	CMS[1:0]		DIR	OPM	URS	UDIS	CEN
						rw	rw	rw	rw	rw	rw	rw	rw	rw	rw

图 5-9　TIMx_CR1 的结构、偏移地址和复位值

表 5-1　TIMx_CR1 部分位的解释说明

位 9:8	CKD[1:0]：时钟分频系数（Clock division）。 定义在定时器时钟（CK_INT）频率与数字滤波器（ETR，TIx）使用的采样频率之间的分频比例。 00：tDTS=tCK_INT； 01：tDTS=2×tCK_INT； 10：tDTS=4×tCK_INT； 11：保留
位 7	ARPE：自动重装载预装载允许位（Auto-reload preload enable）。 0：TIMx_ARR 没有缓冲； 1：TIMx_ARR 被装入缓冲器
位 6:5	CMS[1:0]：选择中央对齐模式（Center-aligned mode selection）。 00：边沿对齐模式，计数器依据方向位（DIR）递增或递减计数。 01：中央对齐模式 1，计数器交替地递增和递减计数。配置为输出模式的通道（TIMx_CCMRx 中 CCxS=00）的输出比较中断标志位，只在计数器递减计数时被设置。 10：中央对齐模式 2，计数器交替地递增和递减计数。配置为输出模式的通道（TIMx_CCMRx 中 CCxS=00）的输出比较中断标志位，只在计数器递增计数时被设置。 11：中央对齐模式 3，计数器交替地递增和递减计数。配置为输出模式的通道（TIMx_CCMRx 中 CCxS=00）的输出比较中断标志位，在计数器递增和递减计数时均被设置。 注意，计数器开启时（CEN=1），不允许从边沿对齐模式转换到中央对齐模式
位 4	DIR：方向（Direction）。 0：计数器递增计数； 1：计数器递减计数。 注意，当定时器配置为中心对齐模式或编码器模式时，该位为只读状态
位 0	CEN：使能计数器。 0：除能计数器； 1：使能计数器。 注意，在软件设置了 CEN 位后，外部时钟、门控模式和编码器模式才能工作。触发模式可以自动地通过硬件设置 CEN 位。 在单脉冲模式下，当发生更新事件时，CEN 被自动清除

2．控制寄存器 2（TIMx_CR2）

TIMx_CR2 的结构、偏移地址和复位值如图 5-10 所示，对部分位的解释说明如表 5-2 所示。

偏移地址：0x04
复位值：0x0000

15	14	13	12	11	10	9	8	7	6	5	4	3	2	1	0
保留								TI1S	MMS[2:0]			CCDS	保留		
								rw	rw	rw	rw	rw			

图 5-10 TIMx_CR2 的结构、偏移地址和复位值

表 5-2 TIMx_CR2 部分位的解释说明

位 6:4	MMS[2:0]：主模式选择（Master mode selection）。 这 3 位用于选择在主模式下送到从定时器的同步信息（TRGO）。可能的组合如下： 000：复位——TIMx_EGR 的 UG 位被用于作为触发输出（TRGO）。如果是触发输入产生的复位（从模式控制器处于复位模式），则 TRGO 上的信号相对实际复位会有一个延迟。 001：使能——计数器使能信号 CNT_EN 被用于作为触发输出（TRGO）。有时需要在同一时间启动多个定时器或控制在一段时间内使能从定时器。计数器使能信号是通过 CEN 控制位和门控模式下的触发输入信号的逻辑或产生的。当计数器使能信号受控于触发输入时，TRGO 上会有一个延迟，除非选择了主/从模式（参见 TIMx_SMCR 中 MSM 位的描述）。 010：更新——更新事件被选为触发输出（TRGO）。例如，一个主定时器的时钟可用作一个从定时器的预分频器。 011：比较脉冲——在发生一次捕获或一次比较成功后，当要设置 CC1IF 标志时（即使它已经为高），触发输出送出一个正脉冲（TRGO）。 100：比较——OC1REF 信号被用作触发输出（TRGO）。 101：比较——OC2REF 信号被用作触发输出（TRGO）。 110：比较——OC3REF 信号被用作触发输出（TRGO）。 111：比较——OC4REF 信号被用作触发输出（TRGO）

3．DMA/中断使能寄存器（TIMx_DIER）

TIMx_DIER 的结构、偏移地址和复位值如图 5-11 所示，对部分位的解释说明如表 5-3 所示。

偏移地址：0x0C
复位值：0x0000

15	14	13	12	11	10	9	8	7	6	5	4	3	2	1	0
保留	TDE	保留	CC4DE	CC3DE	CC2DE	CC1DE	UDE	保留	TIE	保留	CC4IE	CC3IE	CC2IE	CC1IE	UIE
	rw		rw	rw	rw	rw	rw		rw		rw	rw	rw	rw	rw

图 5-11 TIMx_DIER 的结构、偏移地址和复位值

表 5-3 TIMx_DIER 部分位的解释说明

位 1	CC1IE：允许捕获/比较 1 中断（Capture/Compare 1 interrupt enable）。 0：禁止捕获/比较 1 中断； 1：允许捕获/比较 1 中断
位 0	UIE：更新中断使能（Update interrupt enable）。 0：除能更新中断； 1：使能更新中断

4. 状态寄存器（TIMx_SR）

TIMx_SR 的结构、偏移地址和复位值如图 5-12 所示，对部分位的解释说明如表 5-4 所示。

偏移地址：0x10

复位值：0x0000

图 5-12　TIMx_SR 的结构、偏移地址和复位值

表 5-4　TIMx_SR 部分位的解释说明

位 1	CC1IF：捕获/比较 1 中断标志（Capture/Compare 1 interrupt flag）。 如果通道 CC1 配置为输出模式： 当计数器值与比较值匹配时该位由硬件置为 1，但在中心对称模式下除外（参见 TIMx_CR1 的 CMS 位）。它由软件清零。 0：无匹配发生；1：TIMx_CNT 的值与 TIMx_CCR1 的值匹配。 如果通道 CC1 配置为输入模式： 当捕获事件发生时该位由硬件置为 1，它由软件清零或通过读 TIMx_CCR1 清零。 0：无输入捕获产生；1：计数器值已被捕获（复制）至 TIMx_CCR1（在 IC1 上检测到与所选极性相同的边沿）
位 0	UIF：更新中断标志（Update interrupt flag）。 当产生更新事件时该位由硬件置为 1，由软件清零。 0：无更新事件产生；1：更新中断等待响应。 当寄存器被更新时该位由硬件置为 1： 若 TIMx_CR1 的 UDIS=0、URS=0，当 TIMx_EGR 的 UG=1 时，产生更新事件（软件对计数器 CNT 重新初始化）； 若 TIMx_CR1 的 UDIS=0、URS=0，当计数器 CNT 被触发事件重新初始化时，产生更新事件

5. 事件产生寄存器（TIMx_EGR）

TIMx_EGR 的结构、偏移地址和复位值如图 5-13 所示，对部分位的解释说明如表 5-5 所示。

偏移地址：0x14

复位值：0x0000

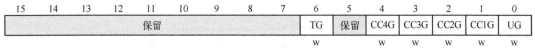

图 5-13　TIMx_EGR 的结构、偏移地址和复位值

表 5-5　TIMx_EGR 部分位的解释说明

位 0	UG：产生更新事件（Update generation）。 该位由软件置为 1，由硬件自动清零。 0：无动作； 1：重新初始化计数器，并产生一个更新事件。注意，预分频器的计数器也被清零（但是预分频系数不变）。若在中心对称模式下或 DIR=0（递增计数），则计数器被清零；若 DIR=1（递减计数），则计数器取 TIMx_ARR 的值

6. 计数器（TIMx_CNT）

TIMx_CNT 的结构、偏移地址和复位值如图 5-14 所示，对部分位的解释说明如表 5-6 所示。

偏移地址：0x24
复位值：0x0000

15	14	13	12	11	10	9	8	7	6	5	4	3	2	1	0
						CNT	[15:0]								
rw	rw	rw	rw	rw	rw	rw	rw	rw	rw	rw	rw	rw	rw	rw	rw

图 5-14　TIMx_CNT 的结构、偏移地址和复位值

表 5-6　TIMx_CNT 部分位的解释说明

位 15:0	CNT[15:0]：计数器的值（Counter value）

7. 预分频器（TIMx_PSC）

TIMx_PSC 的结构、偏移地址和复位值如图 5-15 所示，对部分位的解释说明如表 5-7 所示。

偏移地址：0x28
复位值：0x0000

15	14	13	12	11	10	9	8	7	6	5	4	3	2	1	0
						PSC	[15:0]								
rw	rw	rw	rw	rw	rw	rw	rw	rw	rw	rw	rw	rw	rw	rw	rw

图 5-15　TIMx_PSC 的结构、偏移地址和复位值

表 5-7　TIMx_PSC 部分位的解释说明

位 15:0	PSC[15:0]：预分频器的值（Prescaler value）。 计数器的时钟频率 CK_CNT=f_{CK_PSC}/(PSC[15:0]+1)。 PSC 包含了当更新事件产生时装入当前预分频器寄存器的值

8. 自动重装载寄存器（TIMx_ARR）

TIMx_ARR 的结构、偏移地址和复位值如图 5-16 所示，对部分位的解释说明如表 5-8 所示。

偏移地址：0x2C
复位值：0x0000

15	14	13	12	11	10	9	8	7	6	5	4	3	2	1	0
						ARR	[15:0]								
rw	rw	rw	rw	rw	rw	rw	rw	rw	rw	rw	rw	rw	rw	rw	rw

图 5-16　TIMx_ARR 的结构、偏移地址和复位值

表 5-8　TIMx_ARR 部分位的解释说明

位 15:0	ARR[15:0]：自动重装载的值（Auto reload value）。 ARR 包含了将要传送至实际的自动重装载寄存器的数值。 当自动重装载的值为空时，计数器不工作

5.2.7　通用定时器部分固件库函数

本实验涉及的通用定时器固件库函数包括 TIM_TimeBaseInit、TIM_Cmd、TIM_ITConfig、TIM_ClearITPendingBit、TIM_GetITStatus、TIM_SelectOutputTrigger。这些函数在 stm32f10x_tim.h 文件中声明，在 stm32f10x_tim.c 文件中实现。

1. TIM_TimeBaseInit

TIM_TimeBaseInit 函数的功能是根据结构体 TIM_TimeBaseInitStruct 的值配置通用定时器，通过向 TIMx→CR1、TIMx→ARR、TIMx→PSC 和 TIMx→EGR 写入参数来实现。具体描述如表 5-9 所示。

表 5-9　TIM_TimeBaseInit 函数的描述

函数名	TIM_TimeBaseInit
函数原型	void TIM_TimeBaseInit(TIM_TypeDef* TIMx, TIM_TimeBaseInitTypeDef* TIM_TimeBaseInitStruct)
功能描述	根据 TIM_TimeBaseInitStruct 中指定的参数初始化 TIMx 的时间基数单位
输入参数 1	TIMx：x 可以是 1、2、3、4、5、6、7 或 8，用于选择 TIM 外设
输入参数 2	TIM_TimeBaseInitStruct：指向结构体 TIM_TimeBaseInitTypeDef 的指针，包含 TIMx 时间基数单位的配置信息
输出参数	无
返回值	void
先决条件	无

2. TIM_Cmd

TIM_Cmd 函数的功能是使能或除能某一定时器，通过向 TIMx→CR1 写入参数来实现。具体描述如表 5-10 所示。

表 5-10　TIM_Cmd 函数的描述

函数名	TIM_Cmd
函数原型	void TIM_Cmd(TIM_TypeDef* TIMx, FunctionalState NewState)
功能描述	使能或除能 TIMx 外设
输入参数 1	TIMx：x 可以是 1、2、3、4、5、6、7 或 8，用于选择 TIM 外设
输入参数 2	NewState：定时器新的状态，可以是 ENABLE 或 DISABLE
输出参数	无
返回值	void

3. TIM_ITConfig

TIM_ITConfig 函数的功能是开启或关闭定时器中断，通过向 TIMx→DIER 写入参数来实现。具体描述如表 5-11 所示。

表 5-11　TIM_ITConfig 函数的描述

函数名	TIM_ITConfig
函数原型	void TIM_ITConfig(TIM_TypeDef* TIMx, uint16_t TIM_IT, FunctionalState NewState)
功能描述	使能或除能指定的 TIM 中断
输入参数 1	TIMx：x 可以是 1、2、3、4、5、6、7 或 8，用于选择 TIM 外设
输入参数 2	TIM_IT：待使能或除能的 TIM 中断源
输入参数 3	NewState：TIMx 中断的新状态，可以取 ENABLE 或 DISABLE
输出参数	无
返回值	void

4．TIM_ClearITPendingBit

TIM_ClearITPendingBit 函数的功能是清除定时器中断待处理位，当检测到中断时该位会由硬件置为 1，完成中断任务之后由软件将该位清零，通过向 TIMx→SR 写入参数来实现。具体描述如表 5-12 所示。

表 5-12　TIM_ClearITPendingBit 函数的描述

函数名	TIM_ClearITPendingBit
函数原型	void TIM_ClearITPendingBit(TIM_TypeDef* TIMx, uint16_t TIM_IT)
功能描述	清除 TIMx 的中断待处理位
输入参数 1	TIMx：x 可以是 1、2、3、4、5、6、7 或 8，用于选择 TIM 外设
输入参数 2	TIM_IT：待检查的 TIM 中断待处理位
输出参数	无
返回值	void

5．TIM_GetITStatus

TIM_GetITStatus 函数的功能是检查中断是否发生，通过读取 TIMx→SR 和 TIMx→DIER 来实现。具体描述如表 5-13 所示。

表 5-13　TIM_GetITStatus 函数的描述

函数名	TIM_GetITStatus
函数原型	ITStatus TIM_GetITStatus(TIM_TypeDef* TIMx, uint16_t TIM_IT)
功能描述	检查指定的 TIM 中断发生与否
输入参数 1	TIMx：x 可以是 1、2、3、4、5、6、7 或 8，用于选择 TIM 外设
输入参数 2	TIM_IT：待检查的 TIM 中断源
输出参数	无
返回值	TIM_IT 的新状态

6．TIM_SelectOutputTrigger

TIM_SelectOutputTrigger 函数的功能是选择 TIMx 触发输出模式，通过向 TIMx→CR2 写入参数来实现。具体描述如表 5-14 所示。

表 5-14　TIM_SelectOutputTrigger 函数的描述

函数名	TIM_SelectOutputTrigger
函数原型	void TIM_SelectOutputTrigger(TIM_TypeDef* TIMx, uint16_t TIM_TRGOSource)
功能描述	选择 TIMx 触发输出模式
输入参数 1	TIMx：x 可以是 1、2、3、4、5、6、7 或 8，用于选择 TIM 外设
输入参数 2	TIM_TRGOSource：触发输出模式
输出参数	无
返回值	void

参数 TIM_TRGOSource 用于选择 TIM 触发输出源，可取值如表 5-15 所示。

表 5-15　参数 TIM_TRGOSource 的可取值

可 取 值	实 际 值	功 能 描 述
TIM_TRGOSource_Reset	0x0000	使用 TIM_EGR 的 UG 位作为触发输出（TRGO）
TIM_TRGOSource_Enable	0x0010	使用计数器使能 CEN 作为触发输出（TRGO）
TIM_TRGOSource_Update	0x0020	使用更新事件作为触发输出（TRGO）
TIM_TRGOSource_OC1	0x0030	一旦捕获或比较匹配发生，当标志位 CC1F 被设置时触发输出发送一个肯定脉冲（TRGO）
TIM_TRGOSource_OC1Ref	0x0040	使用 OC1REF 作为触发输出（TRGO）
TIM_TRGOSource_OC2Ref	0x0050	使用 OC2REF 作为触发输出（TRGO）
TIM_TRGOSource_OC3Ref	0x0060	使用 OC3REF 作为触发输出（TRGO）
TIM_TRGOSource_OC4Ref	0x0070	使用 OC4REF 作为触发输出（TRGO）

例如，选择更新事件作为 TIM6 的输出触发模式，代码如下：

```
TIM_SelectOutputTrigger(TIM6, TIM_TRGOSource_Update);
```

5.2.8　RCC 部分寄存器

本实验涉及的 RCC 寄存器只有 APB1 外设时钟使能寄存器（RCC_APB1ENR），RCC_APB1ENR 的结构、偏移地址和复位值如图 5-17 所示，对部分位的解释说明如表 5-16 所示。

偏移地址：0x1C

复位值：0x0000 0000

31	30	29	28	27	26	25	24	23	22	21	20	19	18	17	16
保留		DAC EN	PWR EN	BKP EN	保留	CAN EN	保留	USB EN	I2C2 EN	I2C1 EN	UART5 EN	UART4 EN	USART3 EN	USART2 EN	保留
		rw	rw	rw		rw		rw	rw	rw	rw	rw	rw	rw	

15	14	13	12	11	10	9	8	7	6	5	4	3	2	1	0
SPI3 EN	SPI2 EN	保留		WWDG EN	保留					TIM7 EN	TIM6 EN	TIM5 EN	TIM4 EN	TIM3 EN	TIM2 EN
rw	rw			rw						rw	rw	rw	rw	rw	rw

图 5-17　RCC_APB1ENR 的结构、偏移地址和复位值

表 5-16　RCC_APB1ENR 部分位的解释说明

位 3	TIM5EN：定时器 5 时钟使能（Timer 5 clock enable）。 由软件置为 1 或清零。 0：定时器 5 时钟关闭； 1：定时器 5 时钟开启
位 0	TIM2EN：定时器 2 时钟使能（Timer 2 clock enable）。 由软件置为 1 或清零。 0：定时器 2 时钟关闭； 1：定时器 2 时钟开启

5.2.9　RCC 部分固件库函数

本实验涉及的 RCC 固件库函数只有 RCC_APB1PeriphClockCmd，该函数的功能是打开或关闭 APB1 外设时钟，通过向 RCC→APB1ENR 写入参数来实现。具体描述如表 5-17 所示。

表 5-17　RCC_APB1PeriphClockCmd 函数的描述

函数名	RCC_APB1PeriphClockCmd
函数原型	void RCC_APB1PeriphClockCmd(uint32_t RCC_APB1Periph, FunctionalState NewState)
功能描述	使能或除能 APB1 外设时钟
输入参数 1	RCC_APB1Periph：门控 APB1 外设时钟
输入参数 2	NewState：指定外设时钟的新状态，可以取 ENABLE 或 DISABLE
输出参数	无
返回值	void

5.2.10　PWM 相关寄存器

与 PWM 输出实验相关的寄存器有 6 个，包括控制寄存器 2（TIMx_CR2）、事件产生寄存器（TIMx_EGR）、捕获/比较模式寄存器 1（TIMx_CCMR1）、捕获/比较使能寄存器（TIMx_CCER）、捕获/比较寄存器 1（TIMx_CCR1）、捕获/比较寄存器 2（TIMx_CCR2）。其中，控制寄存器 2（TIMx_CR2）、事件产生寄存器（TIMx_EGR）为通用寄存器。

1．捕获/比较模式寄存器 1（TIMx_CCMR1）

TIMx_CCMR1 的结构、偏移地址和复位值如图 5-18 所示，对部分位的解释说明如表 5-18 所示。

偏移地址：0x18
复位值：0x0000

15	14	13	12	11	10	9	8	7	6	5	4	3	2	1	0
OC2CE	OC2M[2:0]			OC2PE	OC2FE	CC2S[1:0]		OC1CE	OC1M[2:0]			OC1PE	OC1FE	CC1S[1:0]	
	IC2F[3:0]			IC2PSC[1:0]					IC1F[3:0]			IC1PSC[1:0]			
rw	rw	rw	rw	rw	rw	rw	rw	rw	rw	rw	rw	rw	rw	rw	rw

图 5-18　TIMx_CCMR1 的结构、偏移地址和复位值

表 5-18　TIMx_CCMR1 部分位的解释说明

位[14:12]	OC2M[2:0]：输出比较 2 模式（Output Compare 2 mode）。 这 3 位定义了输出参考信号 OC2REF 的动作，而 OC2REF 决定了 OC2、OC2N 的值。OC2REF 是高电平有效，OC2、OC2N 的有效电平取决于 CC2P、CC2NP 位。 000：冻结。输出比较寄存器 TIMx_CCR2 与计数器 TIMx_CNT 的比较对 OC2REF 不起作用。 001：匹配时设置通道 2 为有效电平。当计数器 TIMx_CNT 的值与捕获/比较寄存器 2（TIMx_CCR2）相同时，强制 OC2REF 为高。 010：匹配时设置通道 2 为无效电平。当计数器 TIMx_CNT 的值与捕获/比较寄存器 2（TIMx_CCR2）相同时，强制 OC2REF 为低。 011：翻转。当 TIMx_CCR2=TIMx_CNT 时，翻转 OC2REF 的电平。 100：强制为无效电平。强制 OC2REF 为低。 101：强制为有效电平。强制 OC2REF 为高。 110：PWM 模式 1——在递增计数时，一旦 TIMx_CNT<TIMx_CCR2，通道 2 为有效电平，否则为无效电平；在递减计数时，一旦 TIMx_CNT>TIMx_CCR2，通道 2 为无效电平（OC2REF=0），否则为有效电平（OC2REF=1）。

位[14:12]	111：PWM 模式 2——在递增计数时，一旦 TIMx_CNT<TIMx_CCR2，通道 2 为无效电平，否则为有效电平；在递减计数时，一旦 TIMx_CNT>TIMx_CCR2，通道 2 为有效电平，否则为无效电平。 注意：① 若 LOCK 级别设为 3（TIMx_BDTR 中的 LOCK 位）并且 CC2S=00（该通道配置成输出），则该位不能被修改。 ② 在 PWM 模式 1 或 PWM 模式 2 中，只有当比较结果改变了或在输出比较模式中从冻结模式切换到 PWM 模式时，OC2REF 电平才改变
位[11]	OC2PE：输出比较 2 预装载使能（Output compare 2 preload enable）。 0：禁止 TIMx_CCR2 的预装载功能，可随时写入 TIMx_CCR2，并且新写入的数值立即起作用。 1：开启 TIMx_CCR2 的预装载功能，读/写操作仅对预装载寄存器操作，TIMx_CCR2 的预装载值在更新事件到来时被传送到当前寄存器中。 注意：① 若 LOCK 级别设为 3（TIMx_BDTR 中的 LOCK 位）并且 CC1S=00（该通道配置成输出），则该位不能被修改。 ② 仅在单脉冲模式下（TIMx_CR1 的 OPM=1），可以在未确认预装载寄存器的情况下使用 PWM 模式，否则其动作不确定
位[9:8]	CC2S[1:0]：捕获/比较 2 选择（Capture/Compare 2 selection）。 该位定义通道的方向（输入/输出），以及输入引脚的选择： 00：CC2 通道被配置为输出； 01：CC2 通道被配置为输入，IC2 映射在 TI2 上； 10：CC2 通道被配置为输入，IC2 映射在 TI1 上； 11：CC2 通道被配置为输入，IC2 映射在 TRC 上。此模式仅工作在内部触发器输入被选中时（由 TIMx_SMCR 的 TS 位选择）。 注意，CC2S 仅在通道关闭时（TIMx_CCER 的 CC2E=0）才是可写的

2. 捕获/比较使能寄存器（TIMx_CCER）

TIMx_CCER 的结构、偏移地址和复位值如图 5-19 所示，对部分位的解释说明如表 5-19 所示。

偏移地址：0x20
复位值：0x0000

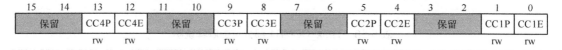

15	14	13	12	11	10	9	8	7	6	5	4	3	2	1	0
保留		CC4P	CC4E	保留		CC3P	CC3E	保留		CC2P	CC2E	保留		CC1P	CC1E
		rw	rw			rw	rw			rw	rw			rw	rw

图 5-19　TIMx_CCER 的结构、偏移地址和复位值

表 5-19　TIMx_CCER 部分位的解释说明

位 5	CC2P：输入/捕获 2 输出极性（Capture/Compare 2 output polarity）。 CC2 通道配置为输出： 0：OC2 高电平有效； 1：OC2 低电平有效。 CC2 通道配置为输入： 该位选择是 IC2 还是 IC2 的反相信号作为触发或捕获信号。 0：不反相——捕获发生在 IC2 的上升沿；当用作外部触发器时，IC2 不反相。 1：反相——捕获发生在 IC2 的下降沿；当用作外部触发器时，IC2 反相

位 4	CC2E：输入/捕获 2 输出使能（Capture/Compare 2 output enable）。 CC2 通道配置为输出： 0：关闭——OC2 禁止输出； 1：开启——OC2 信号输出到对应的输出引脚。 CC2 通道配置为输入： 该位决定了计数器的值是否能捕获入 TIMx_CCR2。 0：捕获除能； 1：捕获使能

3．捕获/比较寄存器 1（TIMx_CCR1）

TIMx_CCR1 的结构、偏移地址和复位值如图 5-20 所示，对部分位的解释说明如表 5-20 所示。

偏移地址:0x34

复位值：0x0000

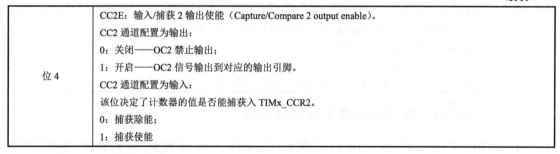

图 5-20　TIMx_CCR1 的结构、偏移地址和复位值

表 5-20　TIMx_CCR1 部分位的解释说明

位[15:0]	CCR1[15:0]：捕获/比较 1 的值（Capture/Compare 1 value）。 若 CC1 通道配置为输出： CCR1 包含了装入当前捕获/比较 1 寄存器的值（预装载值）。 如果在 TIMx_CCMR1（OC1PE 位）中未选择预装载特性，写入的数值会被立即传输至当前寄存器中；否则只有当更新事件发生时，此预装载值才传输至当前捕获/比较 1 寄存器中。 当前捕获/比较寄存器参与同计数器 TIMx_CNT 的比较，并在 OC1 端口上产生输出信号。 若 CC1 通道配置为输入： CCR1 包含了由上一次输入捕获 1 事件（IC1）传输的计数器值

4．捕获/比较寄存器 2（TIMx_CCR2）

TIMx_CCR2 的结构、偏移地址和复位值如图 5-21 所示，对部分位的解释说明如表 5-21 所示。

偏移地址：0x38

复位值：0x0000

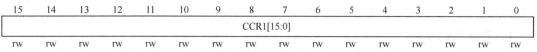

图 5-21　TIMx_CCR2 的结构、偏移地址和复位值

表 5-21　TIMx_CCR2 部分位的解释说明

位[15:0]	CCR2[15:0]：捕获/比较 2 的值（Capture/Compare 2 value）。 若 CC2 通道配置为输出： CCR2 包含了装入当前捕获/比较 2 寄存器的值（预装载值）。

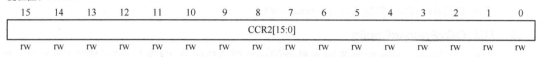

位[15:0]	如果在 TIMx_CCMR2（OC2PE 位）中未选择预装载特性，写入的数值会被立即传输至当前寄存器中；否则只有当更新事件发生时，此预装载值才传输至当前捕获/比较 2 寄存器中。 当前捕获/比较寄存器参与同计数器 TIMx_CNT 的比较，并在 OC2 端口上产生输出信号。 若 CC2 通道配置为输入： CCR2 包含了由上一次输入捕获 2 事件（IC2）传输的计数器值

5.2.11　PWM 输出实验相关的固件库函数

与 PWM 输出实验相关的固件库函数包括：改变指定引脚的映射的函数 GPIO_PinRemapConfig、根据参数初始化定时器 TIMx 通道 2 函数 TIM_OC2Init、设置 TIMx 捕获比较 2 寄存器值函数 TIM_SetCompare2、使能或除能 TIMx 在 CCR2 上的预装载寄存器函数 TIM_OC2PreloadConfig。GPIO_PinRemapConfig 函数在固件库的 stm32f10x_gpio.h 文件中声明，在 stm32f10x_gpio.c 文件中实现。TIM_OC2Init、TIM_SetCompare2、TIM_OC2PreloadConfig 函数均在固件库的 stm32f10x_tim.h 文件中声明，在 stm32f10x_tim.c 文件中实现。

1. TIM_OC2Init

TIM_OC2Init 函数可以配置定时器通道 2 的输出模式，通过向 TIMx→CCER、TIMx→CR2、TIMx→CCMR1 和 TIMx→CCR2 写入参数来实现。具体描述如表 5-22 所示。

表 5-22　TIM_OC2Init 函数的描述

函数名	TIM_OC2Init
函数原型	void TIM_OC2Init(TIM_TypeDef* TIMx, TIM_OCInitTypeDef* TIM_OCInitStruct)
功能描述	配置定时器通道 2 的输出模式
输入参数 1	TIMx: x 可以是 1、2、3、4、5 或 8，用于选择 TIM 外设
输入参数 2	TIM_OCInitStruct: 指向结构体 TIM_OCInitTypeDef 的指针，包含了输出模式信息
输出参数	无
返回值	void

例如，配置 TIM3 第 2 通道为 PWM2 模式，OC2 低电平有效，使能比较输出，代码如下：

```
TIM_OCInitTypeDef  TIM_OCInitStructure;
TIM_OCInitStructure.TIM_OCMode       = TIM_OCMode_PWM2;
TIM_OCInitStructure.TIM_OutputState = TIM_OutputState_Enable;
TIM_OCInitStructure.TIM_OCPolarity  = TIM_OCPolarity_Low;
TIM_OC2Init(TIM3, &TIM_OCInitStructure);
```

2. TIM_OC2PreloadConfig

TIM_OC2PreloadConfig 函数的功能是使能或除能 TIMx 在 CCR2 上的预装载寄存器，通过向 TIMx→CCMR1 写入参数来实现。具体描述如表 5-23 所示。

表 5-23　TIM_OC2PreloadConfig 函数的描述

函数名	TIM_OC2PreloadConfig
函数原型	void TIM_OC2PreloadConfig(TIM_TypeDef* TIMx, uint16_t TIM_OCPreload)
功能描述	使能或除能 TIMx 在 CCR2 上的预装载寄存器

续表

输入参数 1	TIMx：x 可以是 1、2、3、4、5 或 8，用于选择 TIM 外设
输入参数 2	TIM_OCPreload：输出比较预装载状态
输出参数	无
返回值	void

参数 TIM_OCPreload 用于使能或除能输出比较预装载状态，可取值如表 5-24 所示。

表 5-24　参数 TIM_OCPreload 的可取值

可 取 值	实 际 值	描 述
TIM_OCPreload_Enable	0x0008	TIMx 在 CCR2 上的预装载寄存器使能
TIM_OCPreload_Disable	0x0000	TIMx 在 CCR2 上的预装载寄存器除能

例如，使能 TIM2 上的预装载寄存器，代码如下：

```
TIM_OC2PreloadConfig(TIM2, TIM_OCPreload_Enable);
```

5.3　实验步骤

步骤 1：复制并编译原始工程

首先，将"D:\STM32KeilTest\Material\03.电机驱动实验"文件夹复制到"D:\STM32KeilTest\Product"文件夹中。然后，双击运行"D:\STM32KeilTest\Product\03.电机驱动实验\Project"文件夹中的 STM32KeilPrj.uvprojx，参见 4.3 节步骤 1 验证原始工程，原始工程是正确的就可以进入下一步操作。

步骤 2：添加 Motor 和 PWM 文件对

首先，将"D:\STM32KeilTest\Product\03.电机驱动实验\App\Motor"文件夹中的 Motor.c 文件添加到 App 分组，再将"D:\STM32KeilTest\Product\03.电机驱动实验\HW\PWM"文件夹中的 PWM.c 文件添加到 HW 分组，具体操作可参见 3.3 节步骤 8。然后，分别将"D:\STM32KeilTest\Product\03.电机驱动实验\App\Motor"和"D:\STM32KeilTest\Product\03.电机驱动实验\HW\PWM"路径添加到 Include Paths 栏，具体操作可参见 3.3 节步骤 11。

步骤 3：完善 PWM.h 文件

首先，在 PWM.c 文件的"包含头文件"区，添加代码#include "PWM.h"，然后单击■按钮进行编译。编译结束后，在 Project 面板中，双击 PWM.c 下的 PWM.h。在 PWM.h 文件中，添加防止重编译处理代码，如程序清单 5-1 所示。

程序清单 5-1

```
#ifndef _PWM_H_
#define _PWM_H_


#endif
```

在 PWM.h 文件的"API 函数声明"区，添加如程序清单 5-2 所示的 API 函数声明代码。InitPWM 函数用于初始化 PWM 模块，放在 Main.c 文件的 InitHardware 函数中。

程序清单 5-2

```
void InitPWM(void);
```

步骤 4：完善 PWM.c 文件

在 PWM.c 文件的"包含头文件"区添加头文件，如程序清单 5-3 所示。

程序清单 5-3

```
#include <stm32f10x_conf.h>
```

在 PWM.c 文件的"内部函数声明"区添加内部函数，如程序清单 5-4 所示。

程序清单 5-4

```
static void ConfigMotorPWMGPIO(void); //配置 TIM4 通道 1 和通道 2 的 GPIO
static void ConfigMotorPWM(void);      //配置电机 PWM
```

在 PWM.c 文件的"内部函数实现"区，添加 ConfigMotorPWMGPIO 函数和 ConfigMotorPWM 函数的实现代码，如程序清单 5-5 所示。其中，ConfigMotorPWMGPIO 函数用于配置 TIM4 的 CH1 和 CH2，将 PB6 和 PB7 配置成复用推挽输出；ConfigMotorPWM 函数用于配置 TIM4 的 PWM 常规参数，具体解释说明如下。

（1）通过 GPIO_Init 函数将 PB6、PB7 配置为复用推挽输出模式。

（2）通过 TIM_OC1Init 和 TIM_OC2Init 函数初始化 TIM4 的 CH1 和 CH2，该函数涉及 TIMx_CCRM1 的 OC1M[2:0]、OC2M[2:0]和 CC1S[1:0]、CC2S[1:0]，以及 TIM4_CCER 的 CC1P、CC2P 和 CC1E、CC2E。OC1M[2:0]和 OC2M[2:0]用于设置输出参考信号 OC1REF 和 OC2REF 的动作，而 OC1REF 和 OC2REF 决定了 OC1 和 OC2 的值，CC1S[1:0]和 CC2S[1:0]用于设置通道的方向（输入/输出）及输入引脚，可参见图 5-18 和表 5-18。本实验中，TIM4 的 CH1 和 CH2 配置为 PWM 模式 1。CC1P 和 CC2P 用于设置比较输出 2 的输出极性，CC1E 和 CC2E 用于使能或除能比较输出 2，可参见图 5-19 和表 5-19。

（3）通过 TIM_OC1PreloadConfig 和 TIM_OC2PreloadConfig 函数使能 TIM4 的 OC1 和 OC2 预装载，该函数涉及 TIM4_CCMR1 的 OC1PE 和 OC2PE，可参见图 5-18 和表 5-18。

（4）通过 TIM_Cmd 函数使能 TIM4，该函数涉及 TIM4_CR1 的 CEN，可参见图 5-9 和表 5-1。

程序清单 5-5

```
void ConfigMotorPWMGPIO(void)
{
  GPIO_InitTypeDef GPIO_InitStructure;               //GPIO_InitStructure 用于存放 GPIO 的参数

  //使能 GPIO 外设
  RCC_APB2PeriphClockCmd(RCC_APB2Periph_GPIOB, ENABLE);   //使能 GPIOB 的时钟

  //PB6-TIME4_CH1,右侧 PWM
  GPIO_InitStructure.GPIO_Pin = GPIO_Pin_6;               //设置引脚
  GPIO_InitStructure.GPIO_Speed = GPIO_Speed_50MHz;       //设置 I/O 输出速度
  GPIO_InitStructure.GPIO_Mode = GPIO_Mode_AF_PP;         //设置输出类型
  GPIO_Init(GPIOB, &GPIO_InitStructure);                  //根据参数初始化 GPIO

  //PB7-TIM4_CH2,左侧 PWM
  GPIO_InitStructure.GPIO_Pin = GPIO_Pin_7;               //设置引脚
  GPIO_InitStructure.GPIO_Speed = GPIO_Speed_50MHz;       //设置 I/O 输出速度
  GPIO_InitStructure.GPIO_Mode = GPIO_Mode_AF_PP;         //设置输出类型
  GPIO_Init(GPIOB, &GPIO_InitStructure);                  //根据参数初始化 GPIO
}
```

```
static void ConfigMotorPWM(void)
{
  TIM_OCInitTypeDef   TIM_OCInitStructure;        //定义结构体 TIM_OCInitStructure, 配置 TIME4_CH1
                                                                            和 TIM4_CH2 的 PWM

  RCC_APB1PeriphClockCmd(RCC_APB1Periph_TIM4, ENABLE);           //使能定时器 4 时钟

  //配置 TIME4_CH1 的 PWM
  TIM_OCInitStructure.TIM_OCMode = TIM_OCMode_PWM1;              //选择定时器模式:TIM 脉冲宽度
                                                                            调制模式 1
  TIM_OCInitStructure.TIM_OutputState = TIM_OutputState_Enable;  //比较输出使能
  TIM_OCInitStructure.TIM_OCPolarity = TIM_OCPolarity_High;      //输出极性:TIM 输出比较极性高
  TIM_OCInitStructure.TIM_Pulse = 0;                            //设置占空比
  TIM_OC1Init(TIM4, &TIM_OCInitStructure);                      //根据指定的参数初始化外设 TIM4 OC1
  TIM_OC1PreloadConfig(TIM4, TIM_OCPreload_Enable);             //使能 TIM4 在 CCR2 上的预装载寄存器

  //配置 TIME4_CH2 的 PWM
  TIM_OCInitStructure.TIM_OCMode = TIM_OCMode_PWM1;              //选择定时器模式:TIM 脉冲宽度
                                                                            调制模式 1
  TIM_OCInitStructure.TIM_OutputState = TIM_OutputState_Enable;  //比较输出使能
  TIM_OCInitStructure.TIM_OCPolarity = TIM_OCPolarity_High;      //输出极性:TIM 输出比较极性高
  TIM_OCInitStructure.TIM_Pulse = 0;                            //设置占空比
  TIM_OC2Init(TIM4, &TIM_OCInitStructure);                      //根据指定的参数初始化外设 TIM4 OC2
  TIM_OC2PreloadConfig(TIM4, TIM_OCPreload_Enable);             //使能 TIM4 在 CCR2 上的预装载寄存器
  TIM_Cmd(TIM4, ENABLE);                                        //使能 TIM4
}
```

在 PWM.c 文件的"API 函数实现"区，添加 API 函数 InitPWM 的实现代码，如程序清单 5-6 所示，该函数被 Main.c 的 InitHardware 函数调用，用于配置 TIM4 的 PWM。InitPWM 函数通过调用 ConfigMotorPWMGPIO 函数和 ConfigMotorPWM 函数来配置 TIM4_CH1 和 TIM4_CH2 的 PWM。

程序清单 5-6

```
void InitPWM(void)
{
  ConfigMotorPWMGPIO();    //配置电机 GPIO
  ConfigMotorPWM();        //配置电机 PWM
}
```

步骤 5: 完善 Timer.c 文件

仅仅配置 TIM4 的 CH1、CH2 引脚和 PWM 是不够的，还需要对 TIM4 的自动重装值和时钟预分频数进行配置，为了统一管理，在此将 TIM4 常规参数初始化并放在 Timer.c 文件中。

在 Timer.c 文件的"内部函数声明"区，添加内部函数 ConfigTimer4 的声明，如程序清单 5-7 所示。

程序清单 5-7

```
static  void  ConfigTimer4(u16 arr, u16 psc);        //TIM4, 电机专用
```

在 Timer.c 文件的"内部函数定义"区，添加内部函数 ConfigTimer4 的实现代码，如程序清单 5-8 所示。PWM 输出是芯片自动输出波形，不需要中断服务函数，所以在这里并未配

置 TIM4 的中断。配置 Timer 模块在先,配置 PWM 模块在后,即 ConfigTimer4 函数先被执行,然后执行配置 TIM4 的 PWM 常规参数,因此这里先关闭 TIM4。下面将对其中的语句进行解释说明。

通过 TIM_TimeBaseInit 函数对 TIM4 进行配置,该函数涉及 TIM4_CR1 的 DIR、CMS[1:0]、CKD[1:0],TIM4_ARR,TIM4_PSC,以及 TIM4_EGR 的 UG。DIR 用于设置计数器计数方向,CMS[1:0]用于选择中央对齐模式,CKD[1:0]用于设置时钟分频因子,可参见图 5-9 和表 5-1。本实验中,TIM4 设置为边沿对齐模式,计数器递增计数。TIM4_ARR 和 TIM4_PSC 用于设置计数器的自动重装载值和预分频器的值,可参见图 5-16、图 5-15,以及表 5-8 和表 5-7。本实验中的这两个值由 ConfigTimer4 函数的参数 arr 和 psc 来决定。UG 用于产生更新事件,可参见图 5-13 和表 5-5,本实验中将该值设置为 1,用于重新初始化计数器,并产生一个更新事件。

程序清单 5-8

```
static void ConfigTimer4(u16 arr, u16 psc)
{
  TIM_TimeBaseInitTypeDef  TIM_TimeBaseStructure;      //定义结构体 TIM_TimeBaseStructure,配
                                                        置 TIM4 常规参数

  RCC_APB1PeriphClockCmd(RCC_APB1Periph_TIM4, ENABLE);  //TIM4 时钟使能

  //初始化 TIM4
  TIM_TimeBaseStructure.TIM_Period = arr;      //设置在下一个更新事件装入活动的自动重装载寄存
                                                器周期的值
  TIM_TimeBaseStructure.TIM_Prescaler = psc;   //设置用来作为 TIMx 时钟频率除数的预分频值
  TIM_TimeBaseStructure.TIM_ClockDivision = TIM_CKD_DIV1;    //设置时钟分割:TDTS = Tck_tim
  TIM_TimeBaseStructure.TIM_CounterMode = TIM_CounterMode_Up;  //TIM 向上计数模式
  TIM_TimeBaseInit(TIM4, &TIM_TimeBaseStructure);           //根据指定的参数初始化 TIMx 的
                                                            时间基数单位

  TIM_Cmd(TIM4, DISABLE);                                //先关闭 TIM4
}
```

最后,在 InitTimer 函数中添加 ConfigTimer 函数的调用,如程序清单 5-9 所示,如此便完成了 TIM4 的配置,在此将 TIM4 周期设置为 100Hz。

程序清单 5-9

```
void InitTimer(void)
{
  ConfigTimer2(999,    71);    //1MHz,计数到 999 为 1ms
  ConfigTimer4(7199,    99);    //10ms
}
```

步骤 6:完善 Motor.h 文件

首先,在 Motor.c 文件的"包含头文件"区添加代码#include "Motor.h",然后单击▦按钮进行编译。编译结束后,在 Project 面板中,双击 Motor.c 下的 Motor.h。在 Motor.h 文件中,添加防止重编译处理代码,如程序清单 5-10 所示。

程序清单 5-10

```
#ifndef _MOTOR_H_
#define _MOTOR_H_


#endif
```

在 Motor.h 文件的"API 函数声明"区，添加如程序清单 5-11 所示的 API 函数声明代码，这样其他模块就可以调用 Motor 模块中的 API 函数了。InitMotor 函数用于初始化 Motor 模块；DebugMotor 函数用于调试智能小车电机，放在 DbgCar 调试组件中；CarRun 表示小车前进；CarBack 表示小车后退。

程序清单 5-11

```
void InitMotor(void);                      //初始化小车电机模块
void DebugMotor(int lSpeed, int rSpeed);   //小车速度调试
void CarRun(int lSpeed, int rSpeed);       //小车前进
void CarBack(int lSpeed, int rSpeed);      //小车后退
void CarLeft(int lSpeed, int rSpeed);      //小车左转
void CarRight(int lSpeed, int rSpeed);     //小车右转
void CarStop(void);                        //小车停止
```

步骤 7：完善 Motor.c 文件

在 Motor.c 文件的"包含头文件"区添加头文件，如程序清单 5-12 所示。

程序清单 5-12

```
#include <stm32f10x_conf.h>
```

在 Motor.c 文件的"宏定义"区，添加电机宏定义，如程序清单 5-13 所示。注意，因为 TIM4 的 ARR 配置为 7199，所以 PWM 输入最大不能超过 7200。由宏定义设置小车电机的前进、后退和停止。下面按照顺序对左侧电机的宏定义进行解释说明。

（1）LEFT_FRONT_MOTOR_SET 宏定义用于将 PC5 拉高，对应原理图上的 F_L 网络，使能左侧电机向前转动。

（2）LEFT_FRONT_MOTOR_RESET 宏定义用于将 PC5 拉低，禁止左侧电机向前转动。

（3）LEFT_BEHIND_MOTOR_SET 宏定义用于将 PA6 拉高，对应原理图上的 B_L 网络，使能左侧电机向后转动。

（4）LEFT_BEHIND_MOTOR_RESET 宏定义用于将 PA6 拉低，禁止左侧电机向后转动。

（5）LEFT_MOTOR_GO()宏定义用于控制左侧电机向前转动，使用该宏定义时 PC5 被拉高，使能电机向前转动，而 PA6 被拉低，禁止电机向后转动，如此电机向前转动的开关就打开了。

（6）LEFT_MOTOR_BACK()和 LEFT_MOTOR_STOP()宏定义与 LEFT_MOTOR_GO()类似，都是通过调整 PC5 和 PA6 的输出控制电机向后和停止转动。

（7）LEFT_MOTOR_PWM(Speed)宏定义通过调用 TIM_SetCompare2 设置 TIM4→CH2 的 PWM 占空比，输出到 PWM_L 网络来控制电机转动的速度。

智能小车电机需要控制 I/O 和 PWM 波协同工作才能正常工作，在使用这些宏定义时，只需调用左电机宏定义、右电机宏定义及左右 PWM 宏定义即可。

程序清单 5-13

```
//左边朝前
#define  LEFT_FRONT_MOTOR_SET       GPIO_SetBits(  GPIOC, GPIO_Pin_5)
#define  LEFT_FRONT_MOTOR_RESET     GPIO_ResetBits(GPIOC, GPIO_Pin_5)

//左边朝后
#define  LEFT_BEHIND_MOTOR_SET      GPIO_SetBits(  GPIOA, GPIO_Pin_6)
#define  LEFT_BEHIND_MOTOR_RESET    GPIO_ResetBits(GPIOA, GPIO_Pin_6)
```

```
//右边朝前
#define   RIGHT_FROND_MOTOR_SET          GPIO_SetBits(  GPIOB, GPIO_Pin_8)
#define   RIGHT_FROND_MOTOR_RESET        GPIO_ResetBits(GPIOB, GPIO_Pin_8)

//右边朝后
#define   RIGHT_BEHIND_MOTOR_SET         GPIO_SetBits(  GPIOB, GPIO_Pin_9)
#define   RIGHT_BEHIND_MOTOR_RESET       GPIO_ResetBits(GPIOB, GPIO_Pin_9)

//左电机宏定义
#define   LEFT_MOTOR_GO()      {LEFT_FRONT_MOTOR_SET  ; LEFT_BEHIND_MOTOR_RESET;}
#define   LEFT_MOTOR_BACK()    {LEFT_FRONT_MOTOR_RESET; LEFT_BEHIND_MOTOR_SET  ;}
#define   LEFT_MOTOR_STOP()    {LEFT_FRONT_MOTOR_RESET; LEFT_BEHIND_MOTOR_RESET;}

//右电机宏定义
#define   RIGHT_MOTOR_GO()     {RIGHT_FROND_MOTOR_SET  ; RIGHT_BEHIND_MOTOR_RESET;}
#define   RIGHT_MOTOR_BACK()   {RIGHT_FROND_MOTOR_RESET; RIGHT_BEHIND_MOTOR_SET  ;}
#define   RIGHT_MOTOR_STOP()   {RIGHT_FROND_MOTOR_RESET; RIGHT_BEHIND_MOTOR_RESET;}

//左右 PWM 宏定义
#define   LEFT_MOTOR_PWM(Speed)   TIM_SetCompare2(TIM4, Speed);
#define   RIGHT_MOTOR_PWM(Speed)  TIM_SetCompare1(TIM4, Speed);
```

　　在 Motor.c 文件的"内部函数声明"区，添加内部函数 ConfigMotorGPIO 的声明，如程序清单 5-14 所示。

程序清单 5-14

```
static void ConfigMotorGPIO(void);              //配置电机的 GPIO
```

　　在 Motor.c 文件的"内部函数定义"区，添加内部函数 ConfigMotorGPIO 的实现代码，如程序清单 5-15 所示。ConfigMotorGPIO 函数用于配置电机前进后退的 GPIO，电机 PWM 的GPIO 在 PWM.c 文件中已有定义，在这里只需将电机前进后退的 GPIO 配置成通用推挽输出。

程序清单 5-15

```
static void ConfigMotorGPIO(void)
{
  GPIO_InitTypeDef GPIO_InitStructure;                      //GPIO_InitStructure 用于存放 GPIO 的参数

  RCC_APB2PeriphClockCmd(RCC_APB2Periph_GPIOA, ENABLE);     //使能 GPIOA 时钟
  RCC_APB2PeriphClockCmd(RCC_APB2Periph_GPIOB, ENABLE);     //使能 GPIOB 时钟
  RCC_APB2PeriphClockCmd(RCC_APB2Periph_GPIOC, ENABLE);     //使能 GPIOC 时钟

  //左边朝前
  GPIO_InitStructure.GPIO_Pin = GPIO_Pin_5;                //设置引脚
  GPIO_InitStructure.GPIO_Mode = GPIO_Mode_Out_PP;         //设置输出类型
  GPIO_InitStructure.GPIO_Speed = GPIO_Speed_50MHz;        //设置 I/O 输出速度
  GPIO_Init(GPIOC, &GPIO_InitStructure);                   //根据参数初始化 GPIO

  //左边朝后
  GPIO_InitStructure.GPIO_Pin = GPIO_Pin_6;                //设置引脚
  GPIO_InitStructure.GPIO_Mode = GPIO_Mode_Out_PP;         //设置输出类型
  GPIO_InitStructure.GPIO_Speed = GPIO_Speed_50MHz;        //设置 I/O 输出速度
  GPIO_Init(GPIOA, &GPIO_InitStructure);                   //根据参数初始化 GPIO
```

```
//右边朝前
GPIO_InitStructure.GPIO_Pin = GPIO_Pin_8;              //设置引脚
GPIO_InitStructure.GPIO_Mode = GPIO_Mode_Out_PP;       //设置输出类型
GPIO_InitStructure.GPIO_Speed = GPIO_Speed_50MHz;      //设置 I/O 输出速度
GPIO_Init(GPIOB, &GPIO_InitStructure);                 //根据参数初始化 GPIO

//右边朝后
GPIO_InitStructure.GPIO_Pin = GPIO_Pin_9;              //设置引脚
GPIO_InitStructure.GPIO_Mode = GPIO_Mode_Out_PP;       //设置输出类型
GPIO_InitStructure.GPIO_Speed = GPIO_Speed_50MHz;      //设置 I/O 输出速度
GPIO_Init(GPIOB, &GPIO_InitStructure);                 //根据参数初始化 GPIO

GPIO_ResetBits(GPIOC, GPIO_Pin_5);                     //设置 PC5 默认状态为低电平
GPIO_ResetBits(GPIOA, GPIO_Pin_6);                     //设置 PA6 默认状态为低电平
GPIO_ResetBits(GPIOB, GPIO_Pin_8);                     //设置 PB8 默认状态为低电平
GPIO_ResetBits(GPIOB, GPIO_Pin_9);                     //设置 PB9 默认状态为低电平
}
```

在 Motor.c 文件的"API 函数实现"区，添加 Motor 模块 API 函数的实现代码，如程序清单 5-16 所示。其中 DebugMotor 函数用于 DbgCar 调试，参数规定正数代表前进，负数代表后退。小车速度范围是 0～7200，当然也可以设置成百分比。

程序清单 5-16

```
void InitMotor(void)
{
  ConfigMotorGPIO(); //配置电机的 GPIO
  CarStop();             //小车停止
}

void DebugMotor(int lSpeed, int rSpeed)
{

  if(lSpeed > 0 )        //左侧前进
  {
    LEFT_MOTOR_GO();
  }
  else if (lSpeed < 0) //左侧后退
  {
    lSpeed = -lSpeed;
    LEFT_MOTOR_BACK();
  }
  else
  {
    LEFT_MOTOR_STOP();
  }

  if(rSpeed > 0)         //右侧前进
  {
    RIGHT_MOTOR_GO();
  }
  else if(rSpeed < 0)  //右侧后退
  {
    rSpeed = -rSpeed;
    RIGHT_MOTOR_BACK();
```

```
    }
    else
    {
      RIGHT_MOTOR_STOP();
    }

    //左侧 PWM 输出
    if (lSpeed > 7200)
    {
      LEFT_MOTOR_PWM(7200);
    }
    else
    {
      LEFT_MOTOR_PWM(lSpeed);
    }

    //右侧 PWM 输出
    if (rSpeed > 7200)
    {
      RIGHT_MOTOR_PWM(7200);
    }
    else
    {
      RIGHT_MOTOR_PWM(rSpeed);
    }

}
void CarRun(int lSpeed, int rSpeed)
{
    LEFT_MOTOR_GO();   //小车左侧前进
    RIGHT_MOTOR_GO();  //小车右侧前进

    //左侧 PWM 输出
    if (lSpeed > 7200)
    {
      LEFT_MOTOR_PWM(7200);
    }
    else
    {
      LEFT_MOTOR_PWM(lSpeed);
    }

    //右侧 PWM 输出
    if (rSpeed > 7200)
    {
      RIGHT_MOTOR_PWM(7200);
    }
    else
    {
      RIGHT_MOTOR_PWM(rSpeed);
    }
}
```

```c
void CarBack(int lSpeed, int rSpeed)
{
  LEFT_MOTOR_BACK();    //左侧后退
  RIGHT_MOTOR_BACK();   //右侧后退

  //左侧 PWM 输出
  if (lSpeed > 7200)
  {
    LEFT_MOTOR_PWM(7200);
  }
  else
  {
    LEFT_MOTOR_PWM(lSpeed);
  }

  //右侧 PWM 输出
  if (rSpeed > 7200)
  {
    RIGHT_MOTOR_PWM(7200);
  }
  else
  {
    RIGHT_MOTOR_PWM(rSpeed);
  }
}

void CarLeft(int lSpeed, int rSpeed)
{
  LEFT_MOTOR_BACK(); //左侧后退
  RIGHT_MOTOR_GO();  //右侧前进

  //左侧 PWM 输出
  if (lSpeed > 7200)
  {
    LEFT_MOTOR_PWM(7200);
  }
  else
  {
    LEFT_MOTOR_PWM(lSpeed);
  }

  //右侧 PWM 输出
  if (rSpeed > 7200)
  {
    RIGHT_MOTOR_PWM(7200);
  }
  else
  {
    RIGHT_MOTOR_PWM(rSpeed);
  }
}

void CarRight(int lSpeed, int rSpeed)
{
```

```
  LEFT_MOTOR_GO();        //左侧前进
  RIGHT_MOTOR_BACK();     //右侧后退

  //左侧 PWM 输出
  if (lSpeed > 7200)
  {
    LEFT_MOTOR_PWM(7200);
  }
  else
  {
    LEFT_MOTOR_PWM(lSpeed);
  }

  //右侧 PWM 输出
  if (rSpeed > 7200)
  {
    RIGHT_MOTOR_PWM(7200);
  }
  else
  {
    RIGHT_MOTOR_PWM(rSpeed);
  }
}

void CarStop(void)
{
  LEFT_MOTOR_STOP();   //左侧停止
  RIGHT_MOTOR_STOP();  //右侧停止

  LEFT_MOTOR_PWM(0);   //左侧 PWM 输出为 0
  RIGHT_MOTOR_PWM(0);  //右侧 PWM 输出为 0
}
```

步骤 8：完善电机驱动应用层

在 DbgCar.c 文件的"包含头文件"区添加头文件，如程序清单 5-17 所示，如此便可以在 DbgCar.c 文件中调用电机调试函数 DebugMotor。

程序清单 5-17

```
#include "Motor.h"
```

在 DbgCar.c 文件的"内部变量"区，添加电机调试任务到调试任务列表 s_arrDbgCarProc 中，如程序清单 5-18 所示，这样便可以通过 DbgCar 调试组件调用 DebugMotor 函数，用以验证电机驱动模块。

程序清单 5-18

```
//调试任务列表
static StructDbgCar s_arrDbgCarProc[] =
{
  {LEDSetOne,     1,  "LEDSetOne(led)"},              //LED 调试任务
  {Beep,          1,  "Beep(state)"},                 //蜂鸣器调试
  {DebugMotor,    2,  "DebugMotor(lSpeed, rSpeed)"}   //电机调试任务
};
```

在 ProcKeyOne.c 文件的"包含头文件"区添加头文件，如程序清单 5-19 所示。

程序清单 5-19

```
#include "Motor.h"
```

在 ProcKeyOne.c 文件的"API 函数实现"区，向 ScanKey 函数中添加电机控制函数 CarStop，如程序清单 5-20 所示。这样在切换模式时可以使小车处于停车状态。

程序清单 5-20

```
void ScanKey(void)          //按键扫描
{
  ScanKeyOne(KEY_NAME_MODE_KEY, CarStop,      ProcKeyDownModeKey);      //按键扫描函数的调用
  ScanKeyOne(KEY_NAME_INC_KEY,  ProcNullFunc, ProcKeyDownIncKey);
  ScanKeyOne(KEY_NAME_DEC_KEY,  ProcNullFunc, ProcKeyDownDecKey);
}
```

在 Main.c 文件的"包含头文件"区添加头文件，如程序清单 5-21 所示，这样便可在 Main.c 文件中调用 PWM 模块和 Motor 模块的初始化函数。

程序清单 5-21

```
#include "PWM.h"
#include "Motor.h"
```

在 Main.c 文件的 InitHardware 函数中添加 PWM 模块初始化函数，然后在 InitSoftware 函数中添加 Motor 模块的初始化函数，如程序清单 5-22 所示。

程序清单 5-22

```
static  void  InitSoftware(void)
{
  InitLED();                //初始化 LED 模块
  InitSystemStatus();       //初始化 SystemStatus 模块
  InitTask();               //初始化 Task 模块
  InitDbgCar();             //初始化 DbgCar 模块
  InitOLED();               //初始化 OLED 模块
  InitKeyOne();             //初始化 KeyOne 模块
  InitProcKeyOne();         //初始化 ProcKeyOne 模块
  InitBeep();               //初始化 Beep 模块
  InitMotor();              //初始化 Motor 模块
}


static  void  InitHardware(void)
{
  SystemInit();             //初始化系统
  InitRCC();                //初始化 RCC 模块
  InitNVIC();               //初始化 NVIC 模块
  InitSysTick();            //初始化 SysTick 模块
  InitTimer();              //初始化 Timer 模块
  InitUART();               //初始化 UART 模块
  InitPWM();                //初始化 PWM 模块
}
```

步骤 9：编译及下载验证

代码编写完成并编译成功后，将程序下载到 STM32 微控制器中。在验证程序之前，建议用铜柱将小车架空，确保小车安全后再验证。通过串口助手发送命令"2:1800,1800"，可以看到电机向前转动，通过输入参数的正负可以控制电机前后转动，若小车电机正常转动，则验证通过。

本 章 任 务

　　通过修改 TIM4 的 PSC 来改变 PWM 波的周期，用示波器观察 PWM 波形，然后利用 DbgCar 调试组件调试电机，观察并记录实验现象。

本 章 习 题

　　1. TIM_CounterMode 有哪些计数模式？

　　2. 简述 PWM 控制电机转动的原理。

　　3. 根据代码中的配置参数，计算 PWM 波形的周期，并与示波器中测量的周期进行对比。

　　4. STM32F103RCT6 芯片还有哪些引脚可以用作实现 PWM 输出功能？

6 实验4——舵机控制实验

STM32F103RCT6 芯片的高级定时器有 TIM1 和 TIM8。高级定时器由一个 16 位自动装载计数器组成，由一个可编程的预分频器驱动。高级定时器和通用定时器之间是完全独立的，它们不共享任何资源，可以同步操作。高级定时器不仅具有通用定时器的输入捕获、定时和产生 PWM 等功能，还具有独特的死区插入、互补 PWM 输出等功能，这使得高级定时器特别适用于电机驱动和舵机控制。本章首先介绍 STM32 微控制器高级定时器，以及相关寄存器和固件库，然后编写智能小车舵机控制驱动，帮助读者掌握高级定时器的配置和使用方法。

6.1 实验简介

通过学习智能小车核心板上的舵机接口电路原理图、STM32 微控制器高级定时器的功能、寄存器及 STM32 固件库函数，编写舵机驱动，并利用 DbgCar 调试组件测试舵机驱动程序。

6.2 实验原理

6.2.1 舵机介绍

1. 舵机功能简介

舵机位于智能小车正前方，搭载有超声测距模块，其实物图如图 6-1 所示。超声测距模块可以检测出小车与障碍物的距离，但只能检测它正前方的距离。为了获得小车与各个方向障碍物的距离，需要一个装置来转动超声测距模块，使它可以朝向不同的方向。小车前方的舵机就是用于转动超声测距模块的，只需要提供特定周期和占空比的 PWM 信号即可轻松控制转向。

图 6-1　舵机实物图

2. 舵机规格简介

厂商所提供的舵机规格包含外形尺寸（mm）、扭力（kg/cm）、速度（s/60°）、测试电压（V）及质量（g）等基本内容。扭力定义为在摆臂长度 1cm 处，能吊起的物体的质量（kg），摆臂长度越长，则扭力越小。速度定义为舵机转动 60° 所需要的时间。

3. TS90A 舵机参数

TS90A 舵机搭载有智能小车超声测距模块。通过舵机可以控制超声测距模块左右转动，以获取不同方向障碍物的距离。TS90A 舵机参数如表 6-1 所示。

表 6-1　TS90A 舵机参数

参　数	取　值	参　数	取　值
舵机型号	TS90A	质量	9g
尺寸	23mm×12.2mm×29mm	传感器类型	电位器式传感器
工作电压	4.8V	死区	10μs
工作温度	0～55℃	输出齿尺寸	20T(4.8mm)
静态电流	5mA	扭矩	1.5kg/cm
空载电流	60mA	控制信号	PWM 50Hz(0.5～2.5ms)
堵转电流	750mA	空载速度	0.3s/60°（4.8V）

TS90A 舵机信号线有灰色、红色和橙黄色 3 种颜色，定义如表 6-2 所示。

表 6-2　TS90A 舵机信号线定义

颜色	灰色	红色	橙黄色
定义	GND	VCC: 4.8～7.2V	PWM 脉冲输入

6.2.2　舵机控制原理

　　TS90A 是通过调节 PWM 信号的占空比来控制舵机转动的角度。舵机的控制需要一个周期为 20ms 的时基脉冲，脉冲的高电平部分一般为 0.5～2.5ms。以 180° 侍服舵机为例，0.5～2.5ms 对应 0° 到 180°，高电平宽度与舵机角度呈线性关系，具体如图 6-2 和表 6-3 所示。这个脉冲既可以是定时器产生的 PWM 波，也可以用 I/O 模拟输出，调节占空比即可控制舵机转动的角度。

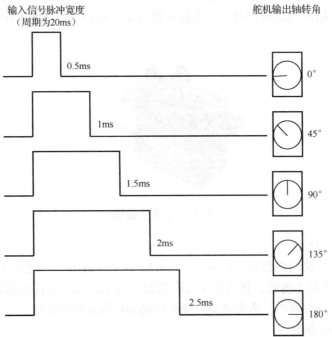

图 6-2　舵机 PWM 信号控制

表6-3 舵机控制时间与角度关系

时间	0.5ms	1.0ms	1.5ms	2.0ms	2.5ms
角度	0°	45°	90°	135°	180°

舵机控制原理示意图如图6-3所示,只需要输出特定波形信号就可以控制舵机转动的角度。

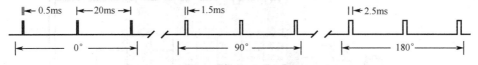

图6-3 舵机控制原理示意图

6.2.3 舵机接口电路原理图

智能小车上共有3个舵机模块接口,本实验只使用 J_1 接口,舵机接口电路原理图如图6-4所示,其中PC6、PC7和PC8对应TIM8的CH1、CH2和CH3。所以只需要TIM8将特定的PWM波输出到PC6、PC7和PC8中就能控制舵机转向不同的角度。

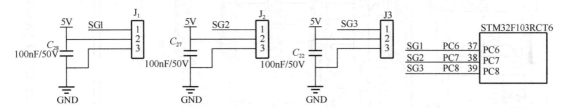

图6-4 舵机接口电路原理图

6.2.4 高级定时器 TIM1 和 TIM8 简介

高级定时器 TIM1 和 TIM8 在通用定时器的基础上增加了重复计数器、死区插入、互补输出等功能,这使得 TIM1 和 TIM8 特别适用于电机驱动和舵机控制,其功能框架如图6-5所示。通用定时器部分可参考5.2节的介绍,本实验仅介绍重复计数器、互补输出和死区插入功能。

1. 重复计数器

在高级定时器中,每 N 次计数递增溢出或递减溢出时,数据从预装载寄存器传输到影子寄存器(TIMx_ARR 自动重载入寄存器、TIMx_PSC 预装载寄存器,以及在比较模式下的捕获/比较寄存器 TIMx_CCRx), N 为 TIMx_RCR 重复计数寄存器中的值。

重复计数器在下述任一条件成立时递减:

① 递增计数模式下每次计数器溢出时;

② 递减计数模式下每次计数器溢出时;

③ 中央对齐模式下每次递增溢出和递减溢出时。虽然这样限制了 PWM 的最大循环周期为128,但它能够在每个 PWM 周期内2次更新占空比。在中央对齐模式下,由于波形对称,如果每个 PWM 周期中仅刷新一次比较寄存器,则最大的分辨率为 $2 \times T_{ck}$。

重复计数器是自动加载的,重复速率由 TIMx_RCR 寄存器的值定义,如图6-6所示。当更新事件由软件产生(通过设置 TIMx_EGR 中的 UG 位)或通过硬件的从模式控制器产生时,无论重复计数器的值为多少,立即发生更新事件,且 TIMx_RCR 寄存器中的内容被重载入到重复计数器。

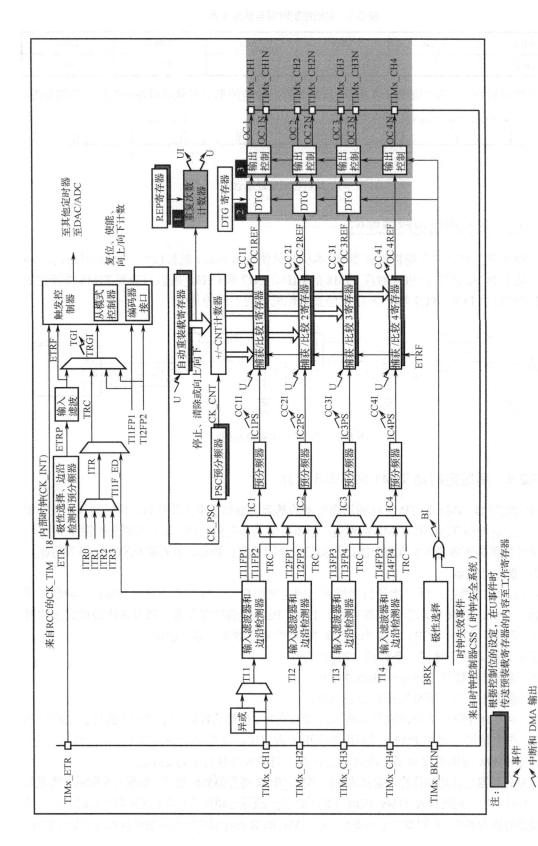

图 6-5　高级定时器功能框架

注：
事件

中断和 DMA 输出

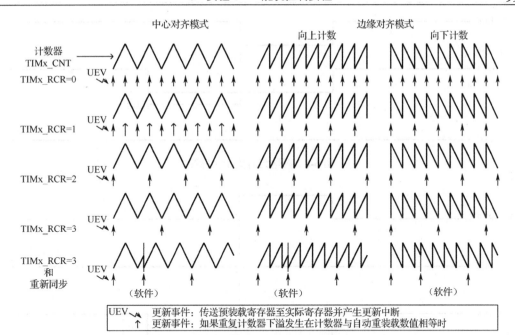

图 6-6 高级定时器不同模式下的更新速率

2. 互补输出和死区插入

高级控制定时器（TIM1 和 TIM8）能够输出两路互补信号，并且能够管理输出的瞬时关断和接通。这段时间通常被称为死区，用户应该根据连接的输出器件及其特性（电平转换的延时、电源开关的延时等）来调整死区时间。

配置 TIMx_CCER 寄存器中的 CCxP 和 CCxNP 位，可以为每一个输出独立地选择极性（主输出 OCx 或互补输出 OCxN）。互补信号 OCx 和 OCxN 通过下列控制位的组合进行控制：TIMx_CCER 寄存器的 CCxE 和 CCxNE 位，TIMx_BDTR 和 TIMx_CR2 寄存器中的 MOE、OISx、OISxN、OSSI 和 OSSR 位。特别是在转换到 IDLE 状态时（MOE 下降到 0）死区被激活。同时设置 CCxE 和 CCxNE 位将插入死区，如果存在刹车电路，则还要设置 MOE 位。每一个通道都有一个 10 位的死区发生器。参考信号 OCxREF 可以产生 2 路输出 OCx 和 OCxN。如果 OCx 和 OCxN 为高电平有效：

① OCx 输出信号与参考信号相同，只是它的上升沿相对于参考信号的上升沿有延时。

② OCxN 输出信号与参考信号相反，只是它的上升沿相对于参考信号的下降沿有延时。

如果延时大于当前有效的输出宽度（OCx 或 OCxN），则不会产生相应的脉冲。图 6-7～图 6-9 显示了死区发生器的输出信号与当前参考信号 OCxREF 之间的关系。（假设 CCxP=0、CCxNP=0、MOE=1、CCxE=1 且 CCxNE=1）。

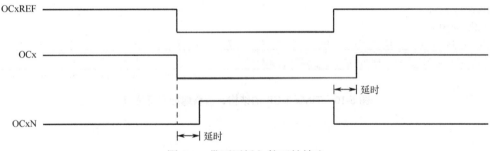

图 6-7 带死区插入的互补输出

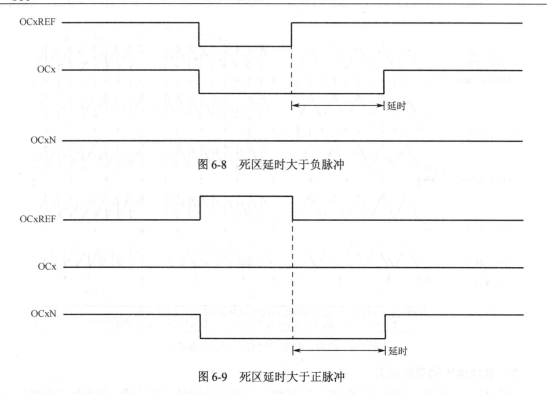

图 6-8　死区延时大于负脉冲

图 6-9　死区延时大于正脉冲

每一个通道的死区延时都是相同的，由 TIMx_BDTR 寄存器中的 DTG 位编程配置。

3. 重定向 OCxREF 到 OCx 或 OCxN

在输出模式下（强置、输出比较或 PWM），通过配置 TIMx_CCER 寄存器的 CCxE 和 CCxNE 位，OCxREF 可以被重定向到 OCx 或 OCxN 的输出。此功能可以在互补输出处于无效电平时，在某个输出上送出一个特殊的波形（如 PWM 或静态有效电平）。此外，可以让两个输出同时处于无效电平，或处于有效电平和带死区的互补输出。

注意，当只使能 OCxN（CCxE=0、CCxNE=1）时，它不会反相，当 OCxREF 有效时立即变高。例如，如果 CCxNP=0，则 OCxN=OCxREF。另一方面，当 OCx 和 OCxN 都被使能时（CCxE=CCxNE=1），当 OCxREF 为高时 OCx 有效；而 OCxN 相反，当 OCxREF 为低时 OCxN 有效。

6.2.5　高级定时器部分寄存器

1. TIM1 和 TIM8 重复计数寄存器（TIMx_RCR）

TIMx_RCR 的结构、偏移地址和复位值如图 6-10 所示，对部分位的解释说明如表 6-4 所示。

偏移地址：0x30
复位值：0x0000

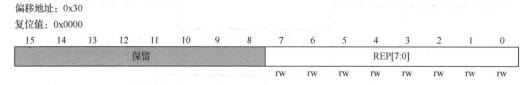

图 6-10　TIMx_RCR 的结构、偏移地址和复位值

表 6-4 TIMx_RCR 部分位的解释说明

位 15:8	保留，始终读为 0
位 7:0	REP[7:0]: 重复计数器的值（Repetition counter value）。 开启了预装载功能后，这些位允许用户设置比较寄存器的更新速率（即周期性地从预装载寄存器传输到当前寄存器）；如果允许产生更新中断，则会同时影响产生更新中断的速率。每次递减计数器 REP_CNT 达到 0，会产生一个更新事件，并且计数器 REP_CNT 重新从 REP 值开始计数。由于 REP_CNT 只有在周期更新事件 U_RC 发生时才重载 REP 值，因此对 TIMx_RCR 寄存器写入的新值只在下次周期更新事件发生时才起作用。这意味着在 PWM 模式中，（REP+1）对应着： 在边沿对齐模式下，PWM 周期的数目； 在中心对称模式下，PWM 半周期的数目

2. TIM1 和 TIM8 刹车和死区寄存器（TIMx_BDTR）

TIMx_BDTR 的结构、偏移地址和复位值如图 6-11 所示，对部分位的解释说明如表 6-5 所示。

偏移地址：0x44

复位值：0x0000

图 6-11　TIMx_BDTR 的结构、偏移地址和复位值

表 6-5 TIMx_BDTR 部分位的解释说明

位 15	MOE：主输出使能（Main output enable）。 一旦刹车输入有效，该位被硬件异步清零。根据 AOE 位的设置值，该位可以由软件清零或被自动置 1。它仅对配置为输出的通道有效。 0：禁止 OC 和 OCN 输出或强制为空闲状态； 1：如果设置了相应的使能位（TIMx_CCER 寄存器的 CCxE、CCxNE 位），则开启 OC 和 OCN 输出
位 14	AOE：自动输出使能（Automatic output enable）。 0：MOE 只能被软件置 1； 1：MOE 能被软件置 1 或在下一个更新事件被自动置 1（如果刹车输入无效）。 注意，一旦 LOCK 级别（TIMx_BDTR 寄存器中的 LOCK 位）设为 1，则该位不能被修改。
位 13	BKP：刹车输入极性（Break polarity）。 0：刹车输入低电平有效； 1：刹车输入高电平有效。 注意，一旦 LOCK 级别（TIMx_BDTR 寄存器中的 LOCK 位）设为 1，则该位不能被修改；任何对该位的写操作都需要一个 APB 时钟的延迟以后才能起作用
位 12	BKE：刹车功能使能（Break enable）。 0：关闭刹车输入（BRK 及 CCS 时钟失效事件）； 1：开启刹车输入（BRK 及 CCS 时钟失效事件）。 注意，当设置了 LOCK 级别 1 时（TIMx_BDTR 寄存器中的 LOCK 位），该位不能被修改；任何对该位的写操作都需要一个 APB 时钟的延迟以后才能起作用

注意，根据锁定设置，AOE、BKP、BKE、OSSI、OSSR 和 DTG[7:0]位均可被写保护，有必要在第一次写入 TIMx_BDTR 寄存器时对它们进行配置。

6.2.6　高级定时器固件库函数

TIM_ARRPreloadConfig 函数可以使能或除能 TIMx 在 ARR 上的预装载寄存器，通过向 TIMx→CR1 写入参数来实现。具体描述如表 6-6 所示。

表 6-6　TIM_ARRPreloadConfig 函数的描述

函数名	TIM_ARRPreloadConfig
函数原型	void TIM_ARRPreloadConfig(TIM_TypeDef* TIMx, FunctionalState Newstate)
功能描述	使能或者除能 TIMx 在 ARR 上的预装载寄存器
输入参数 1	TIMx: x 可以是 1、2、3、4、5、6、7 或 8，用于选择 TIM 外设
输入参数 2	NewState: TIM_CR1 寄存器 ARPE 位的新状态 可以取 ENABLE 或 DISABLE
输出参数	无
返回值	无
先决条件	无
被调用函数	无

例如，使能 TIM8 在 ARR 上的预装载寄存器的代码如下：

```
TIM_ARRPreloadConfig(TIM8, ENABLE);
```

6.3　实验步骤

步骤 1：复制并编译原始工程

首先，将"D:\STM32KeilTest\Material\04.舵机控制实验"文件夹复制到"D:\STM32KeilTest\ Product"文件夹中。然后，双击运行"D:\STM32KeilTest\Product\04.舵机控制实验\Project"文件夹中的 STM32KeilPrj.uvprojx，参见 4.3 节步骤 1 验证原始工程，如果原始工程正确，即可进入下一步操作。

步骤 2：添加 Servo 文件对

首先，将"D:\STM32KeilTest\Product\04.舵机控制实验\App\Servo"文件夹中的 Servo.c 添加到 App 分组，可参见 3.3 节步骤 8。然后，将"D:\STM32KeilTest\Product\04.舵机控制实验\App\Servo"路径添加到 Include Paths 栏，具体操作可参见 3.3 节步骤 11。

步骤 3：完善 Timer.c 文件

TIM8 的初始化在 Timer.c 文件中实现，定时器的初始化均在这里实现。在 Timer.c 文件的"内部函数声明"区，添加内部函数 ConfigTimer8 的声明，如程序清单 6-1 所示。该函数用于配置 TIM8 的常规参数。

程序清单 6-1

```
static void ConfigTimer8(u16 arr, u16 psc);        //TIM8，舵机专用
```

在 Timer.c 文件的"内部函数实现"区，添加内部函数 ConfigTimer8 的实现代码，如程序清单 6-2 所示。此处需要注意参数 TIM_RepetitionCounter，单击参数 TIM_TimeBaseInitTypeDef 查看定义，可以看到 TIM_RepetitionCounter 为 TIM1 和 TIM8 所特有的，代表 TIMx>CNT 从 0 到 arr 需要重复几次才会产生中断，因为不需要使用 TIM8 中断，所以 TIM_RepetitionCounter

的取值在这里无意义。如果需要使用 TIM8 定时器中断，可根据具体情况配置。

程序清单 6-2

```
static  void ConfigTimer8(u16 arr, u16 psc)
{
  TIM_TimeBaseInitTypeDef  TIM_TimeBaseStructure;          //定义结构体 TIM_TimeBaseStructure，配
                                                              置 TIM8 常规参数

  RCC_APB2PeriphClockCmd(RCC_APB2Periph_TIM8, ENABLE);    //TIM8 时钟使能

  TIM_DeInit(TIM8);
  TIM_TimeBaseStructure.TIM_Period = arr;          //设置在下一个更新事件装入活动的自动重装载寄存
                                                      器周期的值
  TIM_TimeBaseStructure.TIM_Prescaler = psc;     //设置用来作为 TIMx 时钟频率除数的预分频值
  TIM_TimeBaseStructure.TIM_ClockDivision = 0;            //设置时钟分割:TDTS = Tck_tim
  TIM_TimeBaseStructure.TIM_CounterMode = TIM_CounterMode_Up;   //TIM 向上计数模式
  TIM_TimeBaseStructure.TIM_RepetitionCounter = 0;       //重复计数寄存器为 0
  TIM_TimeBaseInit(TIM8, &TIM_TimeBaseStructure);        //根据指定的参数初始化 TIMx 的
                                                            时间基数单位

  TIM_Cmd(TIM8, DISABLE);                                  //先关闭 TIM8
}
```

在 InitTimer 函数中添加 TIM8 的初始化，如程序清单 6-3 所示。在这里配置 TIM8 的 arr 为 1799，psc 为 799，那么 TIM8 的 PWM 输出周期为$(1799 + 1) \times (799+1)/72M=20ms$，正好是舵机需要的频率。0.5ms 对应的 TIM8→CNT 为 45（45 + 0）；2.5ms 对应的 TIM8→CNT 为 225（45 + 180）。控制 PWM 占空比时可以用 TIM_SetCompareX(45 +角度)来实现。

程序清单 6-3

```
void InitTimer(void)
{
  ConfigTimer2(999,    71);    //1MHz，计数到 999 为 1ms
  ConfigTimer4(7199,   99);    //10ms
  ConfigTimer8(1799,  799);    //1800*800/72M = 20ms
}
```

步骤 4：完善 PWM.c 文件

TIM8 的 PWM 配置在 PWM.c 文件中实现，方便管理和移植。在 PWM.c 文件的"内部函数"区，添加内部函数 ConfigServoPWMGPIO 函数和 ConfigServoPWM 函数的声明，如程序清单 6-4 所示。

程序清单 6-4

```
static void ConfigServoPWMGPIO(void); //配置 TIM8 通道 1、通道 2 和通道 3 的 GPIO
static void ConfigServoPWM(void);        //配置舵机 PWM
```

在 PWM.c 文件的"内部函数实现"区，添加内部函数 ConfigServoPWMGPIO 函数和 ConfigServoPWM 函数的实现代码，如程序清单 6-5 所示。其中 ConfigServoPWMGPIO 函数用于配置 TIM8 的 CH1、CH2 和 CH3 的 GPIO；ConfigServoPWM 函数用于配置 TIM8 的 CH1、CH2 和 CH3 的 PWM 常规参数，包括 TIM8 互补输出、死区和刹车配置。注意，高级定时器需要通过执行 TIM_CtrlPWMOutputs 函数才会输出 PWM，除能 TIM8 在 CCR2 上的预装载寄存器是为了能随时改变 PWM 的占空比。

程序清单 6-5

```
static void ConfigServoPWMGPIO(void)
{
  GPIO_InitTypeDef GPIO_InitStructure;                         //GPIO_InitStructure 用于存放 GPIO 的参数

  RCC_APB2PeriphClockCmd(RCC_APB2Periph_GPIOC, ENABLE); //使能 GPIOC 外设

  GPIO_InitStructure.GPIO_Pin = GPIO_Pin_6;                    //设置引脚
  GPIO_InitStructure.GPIO_Speed = GPIO_Speed_50MHz;           //设置 I/O 输出速度
  GPIO_InitStructure.GPIO_Mode = GPIO_Mode_AF_PP;             //设置输出类型
  GPIO_Init(GPIOC, &GPIO_InitStructure);                      //根据参数初始化 GPIO

  GPIO_InitStructure.GPIO_Pin = GPIO_Pin_7;                    //设置引脚
  GPIO_InitStructure.GPIO_Speed = GPIO_Speed_50MHz;           //设置 I/O 输出速度
  GPIO_InitStructure.GPIO_Mode = GPIO_Mode_AF_PP;             //设置输出类型
  GPIO_Init(GPIOC, &GPIO_InitStructure);                      //根据参数初始化 GPIO

  GPIO_InitStructure.GPIO_Pin = GPIO_Pin_8;                    //设置引脚
  GPIO_InitStructure.GPIO_Speed = GPIO_Speed_50MHz;           //设置 I/O 输出速度
  GPIO_InitStructure.GPIO_Mode = GPIO_Mode_AF_PP;             //设置输出类型
  GPIO_Init(GPIOC, &GPIO_InitStructure);                      //根据参数初始化 GPIO
}

static void ConfigServoPWM(void)
{
  TIM_OCInitTypeDef    TIM_OCInitStructure;                    //定义结构体 TIM_OCInitStructure,配置
                                                                 TIM8 的 PWM
  TIM_BDTRInitTypeDef TIM_BDTRInitStructure;                   //定义结构体 TIM_BDTRInitStructure,配
                                                                 置 TIM8 死区

  RCC_APB2PeriphClockCmd(RCC_APB2Periph_TIM8, ENABLE);   //TIM8 时钟使能

  //TIM8_CH1
  TIM_OCInitStructure.TIM_OCMode = TIM_OCMode_PWM1;                 //选择定时器模式:TIM 脉冲宽度
                                                                      调制模式 1
  TIM_OCInitStructure.TIM_OutputState = TIM_OutputState_Enable;    //比较输出使能
  TIM_OCInitStructure.TIM_OutputNState = TIM_OutputNState_Enable;  //互补比较输出使能
  TIM_OCInitStructure.TIM_Pulse = 0;                               //设置占空比
  TIM_OCInitStructure.TIM_OCPolarity = TIM_OCPolarity_High;        //输出极性:TIM 输出比较极性高
  TIM_OCInitStructure.TIM_OCNPolarity = TIM_OCNPolarity_High;      //比较输出极性: TIM 比较输出
                                                                      极性高
  TIM_OCInitStructure.TIM_OCIdleState = TIM_OCIdleState_Reset;     //死区后输出状态
  TIM_OCInitStructure.TIM_OCNIdleState = TIM_OCIdleState_Reset;    //死区后互补端输出状态
  TIM_OC1Init(TIM8, &TIM_OCInitStructure);                        //根据指定的参数初始化外设 TIM8 OC1
  TIM_OC1PreloadConfig(TIM8, TIM_OCPreload_Disable);              //失能 TIM8 在 CCR1 上的预装载寄存器

  //TIM8_CH2
  TIM_OCInitStructure.TIM_OCMode = TIM_OCMode_PWM1;                 //选择定时器模式:TIM 脉冲宽度
                                                                      调制模式 1
  TIM_OCInitStructure.TIM_OutputState = TIM_OutputState_Enable;    //比较输出使能
  TIM_OCInitStructure.TIM_OutputNState = TIM_OutputNState_Enable;  //互补比较输出使能
  TIM_OCInitStructure.TIM_Pulse = 0;                               //设置占空比
```

```
TIM_OCInitStructure.TIM_OCPolarity = TIM_OCPolarity_High;          //输出极性:TIM 输出比较极性高
TIM_OCInitStructure.TIM_OCNPolarity = TIM_OCNPolarity_High;        //比较输出极性：TIM 比较输出
                                                                        极性高

TIM_OCInitStructure.TIM_OCIdleState = TIM_OCIdleState_Reset;       //死区后输出状态
TIM_OCInitStructure.TIM_OCNIdleState = TIM_OCIdleState_Reset;      //死区后互补端输出状态
TIM_OC2Init(TIM8, &TIM_OCInitStructure);                           //根据指定的参数初始化外设 TIM8 OC2
TIM_OC2PreloadConfig(TIM8, TIM_OCPreload_Disable);                 //失能 TIM8 在 CCR2 上的预装载寄存器

//TIM8_CH3
TIM_OCInitStructure.TIM_OCMode = TIM_OCMode_PWM1;                  //选择定时器模式:TIM 脉冲宽度
                                                                        调制模式 1

TIM_OCInitStructure.TIM_OutputState = TIM_OutputState_Enable;     //比较输出使能
TIM_OCInitStructure.TIM_OutputNState = TIM_OutputNState_Enable;   //互补比较输出使能
TIM_OCInitStructure.TIM_Pulse = 0;                                //设置占空比
TIM_OCInitStructure.TIM_OCPolarity = TIM_OCPolarity_High;          //输出极性:TIM 输出比较极性高
TIM_OCInitStructure.TIM_OCNPolarity = TIM_OCNPolarity_High;        //比较输出极性：TIM 比较输出
                                                                        极性高

TIM_OCInitStructure.TIM_OCIdleState = TIM_OCIdleState_Reset;       //死区后输出状态
TIM_OCInitStructure.TIM_OCNIdleState = TIM_OCIdleState_Reset;      //死区后互补端输出状态
TIM_OC3Init(TIM8, &TIM_OCInitStructure);                           //根据指定的参数初始化外设 TIM8 OC3
TIM_OC3PreloadConfig(TIM8, TIM_OCPreload_Disable);                 //失能 TIM8 在 CCR3 上的预装载寄存器

//死区设置
TIM_BDTRInitStructure.TIM_OSSRState = TIM_OSSRState_Enable;            //运行模式下输出选择
TIM_BDTRInitStructure.TIM_OSSIState = TIM_OSSIState_Enable;            //空闲模式下输出选择
TIM_BDTRInitStructure.TIM_LOCKLevel = TIM_LOCKLevel_OFF;               //锁定设置
TIM_BDTRInitStructure.TIM_DeadTime = 0x50;                            //死区时间为 10μs
TIM_BDTRInitStructure.TIM_Break = TIM_Break_Disable;                  //刹车功能失能
TIM_BDTRInitStructure.TIM_BreakPolarity = TIM_BreakPolarity_High;     //刹车输入极性
TIM_BDTRInitStructure.TIM_AutomaticOutput = TIM_AutomaticOutput_Enable;//自动输出使能
TIM_BDTRConfig(TIM8, &TIM_BDTRInitStructure);

TIM_ARRPreloadConfig(TIM8, ENABLE);                                   //TIM8  ARPE 使能
TIM_Cmd(TIM8, ENABLE);                                                //使能 TIM8 外设

TIM_CtrlPWMOutputs(TIM8, ENABLE);                                     //使能高级定时器 PWM 输出
}
```

在 PWM.c 文件的"API 函数实现"区，向 InitPWM 函数中添加 TIM8 的 PWM 的初始化代码，如程序清单 6-6 所示。

程序清单 6-6

```
void InitPWM(void)
{
  ConfigMotorPWMGPIO();       //配置电机 GPIO
  ConfigMotorPWM();           //配置电机 PWM

  ConfigServoPWMGPIO();       //配置舵机 GPIO
  ConfigServoPWM();           //配置舵机 PWM
}
```

步骤 5：完善 Servo.h 文件

首先，在 Servo.c 文件的"包含头文件"区，添加代码#include "Servo.h"，然后单击▦按钮进行编译。编译结束后，在 Project 面板中，双击 Servo.c 下的 Servo.h。然后，在 Servo.h 文件中添加防止重编译处理代码，如程序清单 6-7 所示。

程序清单 6-7

```
#ifndef _SERVO_H_
#define _SERVO_H_

#endif
```

在 Servo.h 文件的"包含头文件"区添加头文件，如程序清单 6-8 所示。

程序清单 6-8

```
#include "DataType.h"
```

在 Servo.h 文件的"枚举结构体定义"区，添加 EnumServo 枚举的定义，如程序清单 6-9 所示。EnumServo 枚举用于描述舵机编号。

程序清单 6-9

```
//舵机枚举
typedef enum
{
  Servo1 = 1, //舵机 1
  Servo2 = 2, //舵机 2
  Servo3 = 3  //舵机 3
}EnumServo;
```

在 Servo.h 文件的"API 函数声明"区，添加舵机模块的 API 函数声明，如程序清单 6-10 所示。其中 InitServo 函数用于初始化舵机模块；Servo1Mid、Servo1TurnLeft 和 Servo1TurnRight 函数用于控制舵机 1，因为舵机 1 是使用最频繁的，拆分成 3 个函数是为了方便控制；ServoCtrol 函数可以实现对 3 个舵机的控制，将它放在 DbgCar 调试组件中用以验证舵机模块。

程序清单 6-10

```
void  InitServo(void);                    //LED 初始化
void  Servo1Mid(void);                    //舵机在中间位置
void  Servo1TurnLeft(void);               //舵机左转
void  Servo1TurnRight(void);              //舵机右转
void  ServoCtrol(u8 servo, int angle);    //3 路舵机控制
```

步骤 6：完善 Servo.c 文件

在 Servo.c 文件的"头文件"区添加头文件，如程序清单 6-11 所示。这样就可以调用官方库函数、延时函数，以及在 Servo.h 文件中定义的 EnumServo 枚举。

程序清单 6-11

```
#include <stm32f10x_conf.h>
#include "SysTick.h"
```

在 Servo.c 文件的"宏定义"区，添加舵机控制宏定义，用于控制舵机角度，如程序清单 6-12 所示。这些宏定义通过调用 TIM_SetCompareX 函数来设置 PWM 的占空比，输入参数 angle 为舵机想要转动的角度，范围为 0°～180°。

程序清单 6-12

```
#define  OFFSET  45  //偏移量
#define  STE_SERVO1_ANGLE(angle)  TIM_SetCompare1(TIM8, OFFSET + angle); //设置舵机 1 角度
#define  STE_SERVO2_ANGLE(angle)  TIM_SetCompare2(TIM8, OFFSET + angle); //设置舵机 2 角度
#define  STE_SERVO3_ANGLE(angle)  TIM_SetCompare3(TIM8, OFFSET + angle); //设置舵机 3 角度
```

Servo.c 文件中没有内部函数，在 Servo.c 文件的"API 函数实现"区，添加舵机模块的 API 函数实现，如程序清单 6-13 所示。这些函数通过调用前面定义的宏定义来达到控制舵机的目的。下面依次介绍这几个函数。

（1）InitServo 函数用于初始化舵机角度，注意不要让 3 个舵机同时转动，否则会引起过载电流过大，导致微控制器供电严重不足，引起复位。

（2）Servo1Mid、Servo1TurnLeft 和 Servo1TurnRight 函数在避障模式中使用，用于控制舵机 1 的居中、左转和右转。这 3 个函数均无输入参数。

（3）ServoCtrol 函数用于控制 3 个舵机，可在 DbgCar 调试组件中调用，用来验证舵机模块。

程序清单 6-13

```
void  InitServo(void)
{
  STE_SERVO1_ANGLE(90);
  DelayNms(300);
  STE_SERVO2_ANGLE(80);
  DelayNms(300);
  STE_SERVO3_ANGLE(105);
  DelayNms(300);
}

void  Servo1Mid(void)              //舵机在中间位置
{
  STE_SERVO1_ANGLE(90);
}

void  Servo1TurnLeft(void)         //舵机左转
{
  STE_SERVO1_ANGLE(135);
}

void  Servo1TurnRight(void)        //舵机右转
{
  STE_SERVO1_ANGLE(45);
}

void  ServoCtrol(u8 servo, int angle)
{
  if (angle > 180)
  {
    angle = 180;
  }

  switch (servo)
```

```
{
  case Servo1:
    STE_SERVO1_ANGLE(angle);    //舵机 1 转动
    break;
  case Servo2:
    STE_SERVO2_ANGLE(angle);    //舵机 2 转动
    break;
  case Servo3:
    STE_SERVO3_ANGLE(angle);    //舵机 3 转动
    break;
  default:
    break;
  }
}
```

步骤 7：完善舵机模块驱动应用层

在 DbgCar.c 文件的"包含头文件"区添加头文件，如程序清单 6-14 所示。

程序清单 6-14

```
#include "Servo.h"
```

在 DbgCar.c 文件的"内部变量"区，将舵机调试任务添加到调试任务列表 s_arrDbgCarProc 中，如程序清单 6-15 所示。这样就可以通过 DbgCar 调试组件调用 ServoCtrol 函数来验证舵机模块。

程序清单 6-15

```
//调试任务列表
static StructDbgCar s_arrDbgCarProc[] =
{
  {LEDSetOne,     1,   "LEDSetOne(led)"},            //LED 调试任务
  {Beep,          1,   "Beep(state)"},              //蜂鸣器调试
  {DebugMotor,    2,   "DebugMotor(lSpeed, rSpeed)"}, //电机调试任务
  {ServoCtrol,    2,   "ServoCtrol(servo, angle)"}   //舵机调试任务
};
```

在 Main.c 文件的"包含头文件"区添加头文件，如程序清单 6-16 所示。用于在 Main.c 文件中调用舵机初始化函数。

程序清单 6-16

```
#include "Servo.h"
```

在 Main.c 文件的 InitSoftware 函数中添加舵机模块的初始化代码，如程序清单 6-17 所示。

程序清单 6-17

```
static  void  InitSoftware(void)
{
  InitLED();                //初始化 LED 模块
  InitSystemStatus();       //初始化 SystemStatus 模块
  InitTask();               //初始化 Task 模块
  InitDbgCar();             //初始化 DbgCar 模块
  InitOLED();               //初始化 OLED 模块
  InitKeyOne();             //初始化 KeyOne 模块
  InitProcKeyOne();         //初始化 ProcKeyOne 模块
  InitBeep();               //初始化 Beep 模块
```

```
    InitMotor();                //初始化 Motor 模块
    InitServo();                //初始化 Servo 模块
}
```

步骤 8：编译及下载验证

代码编写完成并编译成功后，将程序下载到 STM32 微控制器中。下载完成后通过串口助手发送命令"3:1,60"，可以看到舵机 1 转动，表示舵机模块驱动添加成功。由于程序是在理想状态下编写的，与实际有一定偏差，要实现舵机精确控制角度还需要进一步微调。

本 章 任 务

将 TIM5 配置成 100μs 发生一次中断，如此触发 200 次中断所需时间为 20ms。PC6、PC7 和 PC8 均配置成通用推挽输出，运用普通 I/O 模拟输出 PWM 信号来控制舵机。例如，如果舵机 1 需要转到 90°，则 PC6 在 0～1.5ms 这段时间内拉高，在 1.5～20ms 内拉低，循环进行，模拟 PWM 波，其余两个舵机控制也类似。

本 章 习 题

1. 高级定时器 TIM1 和 TIM8 与通用定时器有什么区别？
2. 简述舵机的控制方式。
3. 如何计算定时器 PWM 死区？
4. 比较定时器输出 PWM 信号和 I/O 模拟 PWM 信号之间的异同。

7 实验5——寻迹与避障实验

STM32 微控制器的 GPIO 既能作为输出端口使用，也能作为输入端口使用。第 4 章介绍了 GPIO 的输出功能，本章将通过寻迹与避障实验介绍 GPIO 的输入功能。

7.1 实验内容

根据智能小车核心板上的寻迹与避障电路原理图，利用 STM32 微控制器的 GPIO 功能，编写智能小车寻迹和避障驱动程序，并利用 DbgCar 调试组件测试驱动代码。

7.2 实验原理

7.2.1 寻迹模块简介

智能小车采用四路寻迹模块来收集寻迹信息，模块的实物图如图 7-1 所示，参数如表 7-1 所示。寻迹传感器可以发射和接收红外线，并将光信号转换为电信号，最终向微控制器传回高低电平，因此只需要读取对应 I/O 口的电平即可。寻迹模块不仅可以用于实现智能小车寻迹功能，还能检测智能小车是否踏空，在避障模式中可以有效防止智能小车跌落，起到保护作用。

图 7-1 四路寻迹模块实物图

表 7-1 四路寻迹模块参数

参　数	取　值	参　数	取　值
工作电压	3.3~5V	工作电流	10~50mA
工作温度	-10~50℃	检测距离	0.1~10cm 可调
安装孔径	M3 铜柱/螺丝	产品尺寸	70mm×29mm
输出电平	TTL 电平（可直接接微控制器 I/O 端口）	输出接口	6P 接口，1、2、3、4 引脚为 4 路信号输出端，+为正电源，-为负电源

寻迹模块采用 TCRT5000 型光电传感器模块发射和接收红外信号，TCRT5000 型光电传感器由高发射功率红外光二极管和高灵敏度光电三极管组成，具有一个红外发射管和一个红外接收管，其具体电路如图 7-2 所示。红外接收管接收到红外信号时，三极管导通时，输出

电平由高电平变为低电平。输出电压会根据红外光强的不同而有所差异，当接收到较强的红外光时，流经电阻 R_1 的电流较大，使得输出电压偏低；当接收到较弱的红外光时，流经电阻 R_2 的电流较小，输出电压偏大。由此可以得出，TCRT5000 型光电传感器的输出电压随接收到红外光强的增大而减小。

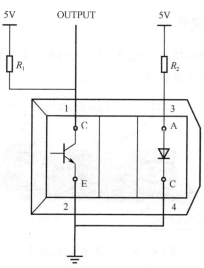

图 7-2　TCRT5000 型光电传感器电路

寻迹模块电路原理图如图 7-3 所示，其中 U_1 为简单的 4 通道运放，Px 为 TCRT5000 型光电传感器，SWx 为可调电阻。以通道 1 为例，通道 1 的 IN1+ 和 IN1-组成一个电压比较器，当检测到较弱的红外光时，IN1 电压较高，此时 IN1-的电压大于 IN1+的电压，X1 输出为低电平；当检测到较强的红外光时，IN1 电压较低，使得 IN1-的电压小于 IN1+的电压，X1 输出为高电平。

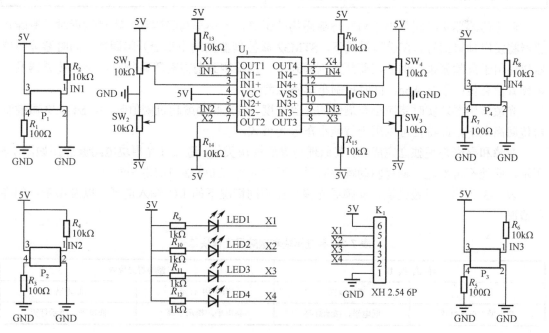

图 7-3　寻迹模块电路原理图

综上可得，当寻迹模块遇见黑线时，寻迹模块发射的红外光被黑线吸收，使得寻迹模块接收到较弱的红外光，输出低电平至微控制器，指示灯亮起。遇见白线时则正好相反。

可以通过调节可调电阻的电阻值来修改电压比较器的阈值，使得寻迹模块接收到的红外光强超过一定的阈值才会输出低电平。

7.2.2　避障寻光模块简介

智能小车采用避障传感器模块来检测障碍物和光照强度，实物如图 7-4 所示，该模块集成了避障和光敏传感器等，具体参数如表 7-2 所示。

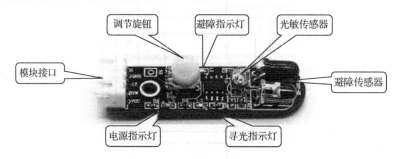

图 7-4　避障传感器模块实物图

表 7-2　避障传感器模块参数

参　　数	取　　值	参　　数	取　　值
探测距离	2～70cm	供电	3.3～5V 宽电压
产品尺寸	5.1cm×1.4cm	红外探测距离	可调节
红外输出信号	数字量（0/1）	光敏强度阈值	可调节
光敏输出信号	数字量（LT）/模拟量 S2		

避障传感器实时测量小车与前方障碍物的距离，当小车与障碍物的距离过近时，避障传感器将发出预警信号。在避障模式下，STM32 微控制器控制小车避开障碍物。同时避障传感器也能用于危险警报，例如在蓝牙控制模式下，当检测到前方有障碍物时，避障传感器及时将预警信息传回手机 App，同时控制小车停止前进。

光敏传感器能实时感应小车周围的光照强度，当光照强度超过阈值时，向 STM32 微控制器传回高电平，此特性可以用于智能小车寻光模式。

避障和寻光都是独立完成的，其原理与寻迹模块类似，避障寻光模块电路原理图如图 7-5 所示，此处不再赘述。编写驱动程序时只需要读取对应 I/O 端口的电平即可。

表 7-3 列出了寻迹模块、避障寻光模块在不同情况下的 I/O 输入电平，以及指示灯的亮灭情况。

表 7-3　寻迹模块和避障寻光模块信号

寻 迹 模 块		避障寻光模块	
白色	黑色或踏空	有障碍/有光	无障碍/无光
高电平，指示灯灭	低电平，指示灯亮	高电平，指示灯亮	低电平，指示灯灭

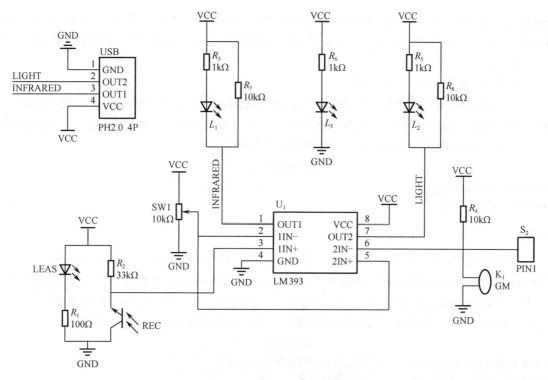

图 7-5　避障寻光模块原理图

7.2.3　寻迹与避障电路原理图

寻迹与避障电路原理图如图 7-6 所示，编写驱动程序时只需通过 GPIO 读取对应 I/O 端口的电平即可。

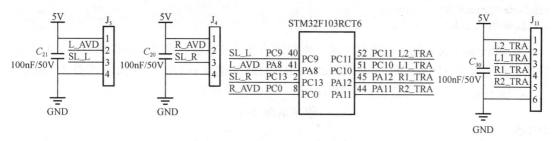

图 7-6　寻迹与避障电路原理图

7.3　实验步骤

步骤 1：复制并编译原始工程

首先，将 "D:\STM32KeilTest\Material\05. 寻迹与避障实验" 文件夹复制到 "D:\STM32KeilTest\Product" 文件夹中。然后双击运行 "D:\STM32KeilTest\Product\05.寻迹与避障实验\Project" 文件夹中的 STM32KeilPrj.uvprojx，参见 4.3 节步骤 1 验证原始工程，原始工程是正确的就可以进入下一步操作。

步骤 2：添加 Infrared 文件对

首先，将 "D:\STM32KeilTest\Product\05.寻迹与避障实验\App\Infrared" 文件夹中的

Infrared.c 添加到 App 分组，具体操作可参见 3.3 节步骤 8。然后，将 "D:\STM32KeilTest\
Product\05.寻迹与避障实验\App\Infrared" 路径添加到 Include Paths 栏，具体操作可参见 3.3
节步骤 11。

步骤 3：完善 Infrared.h 文件

在 Infrared.c 文件的"包含头文件"区，添加代码#include "Infrared.h"，然后单击■
按钮进行编译。编译结束后，在 Project 面板中，双击 Infrared.c 下的 Infrared.h。在 Infrared.h
文件中添加防止重编译处理代码，如程序清单 7-1 所示。

程序清单 7-1

```
#ifndef _INFRARED_H_
#define _INFRARED_H_


#endif
```

在 Infrared.h 文件的"API 函数声明"区，添加 API 函数 InitInfrared、DebugInfrared 和
UpdateInfraredIO 的声明，如程序清单 7-2 所示。其中 InitInfrared 函数用于初始化寻迹与避障
模块；DebugInfrared 函数将放在 DbgCar 调试组件中用来调试寻迹与避障模块；
UpdateInfraredIO 函数每隔一段时间定时调用一次，用来更新 Common 模块中的数据。

程序清单 7-2

```
void InitInfrared(void);      //初始化寻迹与避障的红外对管
void DebugInfrared(void);     //红外调试函数
void UpdateInfraredIO(void);  //更新寻迹与避障I/O数据
```

步骤 4：完善 Infrared.c 文件

在 Infrared.c 文件的"包含头文件"区添加头文件，如程序清单 7-3 所示。

程序清单 7-3

```
#include <stm32f10x_conf.h>
#include "Common.h"
#include "stdio.h"
```

在 Infrared.c 文件的"宏定义"区，添加避障和寻迹模块宏定义，如程序清单 7-4 所示。
这些宏定义通过调用库函数 GPIO_ReadInputDataBit 来读取 I/O 电平。例如，需要读入左避障
的 I/O 输入电平，只需要读取宏定义 AVOID_L_IO 的值即可。

程序清单 7-4

```
//寻迹
//右1寻迹  PA12
//右2寻迹  PA11
//左1寻迹  PC10
//左2寻迹  PC11
#define SEARCH_L1_IO    GPIO_ReadInputDataBit(GPIOC, GPIO_Pin_10)
#define SEARCH_L2_IO    GPIO_ReadInputDataBit(GPIOC, GPIO_Pin_11)
#define SEARCH_R1_IO    GPIO_ReadInputDataBit(GPIOA, GPIO_Pin_12)
#define SEARCH_R2_IO    GPIO_ReadInputDataBit(GPIOA, GPIO_Pin_11)

//红外避障
//右避障  PC0
//左避障  PA8
#define AVOID_L_IO      GPIO_ReadInputDataBit(GPIOA, GPIO_Pin_8)
#define AVOID_R_IO      GPIO_ReadInputDataBit(GPIOC, GPIO_Pin_0)
```

在 Infrared.c 文件的"内部函数声明"区，添加内部函数 ConfigInfraredGPIO 的声明，如程序清单 7-5 所示。该函数用于配置寻迹与避障模块的 GPIO。

程序清单 7-5

```
static void ConfigInfraredGPIO(void); //配置寻迹与避障的 GPIO
```

在 Infrared.c 文件的"内部函数实现"区，添加内部函数 ConfigInfraredGPIO 的实现代码，如程序清单 7-6 所示。ConfigInfraredGPIO 函数通过库函数 GPIO_Init 将寻迹与避障模块的 GPIO 均配置成上拉输入。因为左、右避障占用了 2 个 I/O 端口，寻迹占用了 4 个 I/O 端口，所以需要配置 6 个 I/O 端口。

程序清单 7-6

```
static void ConfigInfraredGPIO(void)
{
  GPIO_InitTypeDef GPIO_InitStructure;                    //GPIO_InitStructure 用于存放 GPIO 的参数

  //开启时钟
  RCC_APB2PeriphClockCmd(RCC_APB2Periph_GPIOA, ENABLE); //使能 GPIOA 时钟
  RCC_APB2PeriphClockCmd(RCC_APB2Periph_GPIOC, ENABLE); //使能 GPIOC 时钟

  //左 1 寻迹
  GPIO_InitStructure.GPIO_Pin   = GPIO_Pin_10;           //设置引脚
  GPIO_InitStructure.GPIO_Speed = GPIO_Speed_50MHz;      //设置 I/O 输入速度
  GPIO_InitStructure.GPIO_Mode  = GPIO_Mode_IPU;         //设置上拉输入类型
  GPIO_Init(GPIOC, &GPIO_InitStructure);                 //根据参数初始化 GPIO

  //左 2 寻迹
  GPIO_InitStructure.GPIO_Pin   = GPIO_Pin_11;           //设置引脚
  GPIO_InitStructure.GPIO_Speed = GPIO_Speed_50MHz;      //设置 I/O 输入速度
  GPIO_InitStructure.GPIO_Mode  = GPIO_Mode_IPU;         //设置上拉输入类型
  GPIO_Init(GPIOC, &GPIO_InitStructure);                 //根据参数初始化 GPIO

  //右 1 寻迹
  GPIO_InitStructure.GPIO_Pin   = GPIO_Pin_12;           //设置引脚
  GPIO_InitStructure.GPIO_Speed = GPIO_Speed_50MHz;      //设置 I/O 输入速度
  GPIO_InitStructure.GPIO_Mode  = GPIO_Mode_IPU;         //设置上拉输入类型
  GPIO_Init(GPIOA, &GPIO_InitStructure);                 //根据参数初始化 GPIO

  //右 2 寻迹
  GPIO_InitStructure.GPIO_Pin   = GPIO_Pin_11;           //设置引脚
  GPIO_InitStructure.GPIO_Speed = GPIO_Speed_50MHz;      //设置 I/O 输入速度
  GPIO_InitStructure.GPIO_Mode  = GPIO_Mode_IPU;         //设置上拉输入类型
  GPIO_Init(GPIOA, &GPIO_InitStructure);                 //根据参数初始化 GPIO

  //左避障
  GPIO_InitStructure.GPIO_Pin   = GPIO_Pin_8;            //设置引脚
  GPIO_InitStructure.GPIO_Speed = GPIO_Speed_50MHz;      //设置 I/O 输入速度
  GPIO_InitStructure.GPIO_Mode  = GPIO_Mode_IPU;         //设置上拉输入类型
  GPIO_Init(GPIOA, &GPIO_InitStructure);                 //根据参数初始化 GPIO

  //右避障
  GPIO_InitStructure.GPIO_Pin   = GPIO_Pin_0;            //设置引脚
```

```
GPIO_InitStructure.GPIO_Speed = GPIO_Speed_50MHz;      //设置 I/O 输入速度
GPIO_InitStructure.GPIO_Mode = GPIO_Mode_IPU;          //设置上拉输入类型
GPIO_Init(GPIOC, &GPIO_InitStructure);                 //根据参数初始化 GPIO
}
```

在 Infrared.c 文件的"API 函数实现"区，添加 API 函数 InitInfrared、DebugInfrared 和 UpdateInfraredIO 函数的实现代码，如程序清单 7-7 所示。

InitInfrared 函数通过调用 ConfigInfraredGPIO 函数配置寻迹与避障模块的 GPIO。

DebugInfrared 函数从 Common 模块中获取寻迹与避障信息，并调用 printf 函数输出至串口助手。该函数需要放在 DbgCar 调试组件中，用于调试输出寻迹与避障信息。因为每调用一次只发送一次数据，所以若需要实时监控，则应用串口助手定时发送命令。

UpdateInfraredIO 函数将 SEARCH_L1_IO 等宏定义的值更新至 Common 模块，相当于调用库函数 GPIO_ReadInputDataBit 读取 I/O 输入电平。该函数需要放在 Timer.c 的 TIM2 中断服务函数中，每隔 2ms 读取一次寻迹与避障信息。

程序清单 7-7

```
void InitInfrared(void)
{
  ConfigInfraredGPIO(); //配置寻迹与避障的 GPIO
}

void DebugInfrared(void)
{
  StructSystemFlag *carFlag;

  carFlag = GetSystemStatus();

  printf("\r\n");
  if (0 == carFlag->avoidLIO)
  {
    printf("Left Avoid test\r\n");
  }
  if (0 == carFlag->avoidRIO)
  {
    printf("Right Avoid test\r\n");
  }
  if (1 == carFlag->searchL1IO)
  {
    printf("Left1 Search test\r\n");
  }
  if (1 == carFlag->searchL2IO)
  {
    printf("Left2 Search test\r\n");
  }
  if (1 == carFlag->searchR1IO)
  {
    printf("Right1 Search test\r\n");
  }
  if (1 == carFlag->searchR2IO)
  {
```

```
    printf("Right2 Search test\r\n");
  }
}

void UpdateInfraredIO(void)
{
  StructSystemFlag *carFlag;

  carFlag = GetSystemStatus();

  carFlag->avoidLIO   = AVOID_L_IO;
  carFlag->avoidRIO   = AVOID_R_IO;
  carFlag->searchL1IO = SEARCH_L1_IO;
  carFlag->searchL2IO = SEARCH_L2_IO;
  carFlag->searchR1IO = SEARCH_R1_IO;
  carFlag->searchR2IO = SEARCH_R2_IO;
}
```

步骤 5：完善寻迹与避障实验应用层

在 Timer.c 文件的"包含头文件"区添加头文件，如程序清单 7-8 所示。

程序清单 7-8

```
#include "Infrared.h"
```

在 Timer.c 文件的 TIM2 中断服务函数 TIM2_IRQHandler 中，添加 UpdateInfraredIO 函数的调用程序，如程序清单 7-9 所示，用于定时更新寻迹与避障信息。

程序清单 7-9

```
void TIM2_IRQHandler(void)
{
  static   i16 s_iCnt2  = 0; //2ms 计数器
  static   u8  s_iCnt10 = 0; //10ms 计数器

  if(TIM_GetITStatus(TIM2, TIM_IT_Update) != RESET)  //检查 TIM2 更新中断发生与否
  {
    TIM_ClearITPendingBit(TIM2, TIM_IT_Update);

    TaskTimerProc();                      //时间片 TaskProcess 定时中断处理
    UARTUpdateSendData();                 //UART 发送数据

    s_iCnt2++;
    if (s_iCnt2 >= 2)
    {
      s_iCnt2 = 0;
      UpdateInfraredIO();
    }

    s_iCnt10++;
    if (s_iCnt10 >= 10)
    {
      ScanKey();                          //按键扫描，避免避障模式按键失灵
      s_iCnt10 = 0;
    }
  }
}
```

在 DbgCar.c 文件的"包含头文件"区，添加头文件，如程序清单 7-10 所示。

程序清单 7-10

```
#include "Infrared.h"
```

在 DbgCar.c 文件的"内部变量"区，将寻迹与避障调试任务添加到调试任务列表 s_arrDbgCarProc[]中，如程序清单 7-11 所示，这样就可以在 DbgCar 调试组件中调试寻迹与避障模块。

程序清单 7-11

```
//调试任务列表
static StructDbgCar s_arrDbgCarProc[] =
{
  {LEDSetOne,     1,  "LEDSetOne(led)"},           //LED 调试任务
  {Beep,          1,  "Beep(state)"},              //蜂鸣器调试
  {DebugMotor,    2,  "DebugMotor(lSpeed, rSpeed)"}, //电机调试任务
  {ServoCtrol,    2,  "ServoCtrol(servo, angle)"}, //舵机调试任务
  {DebugInfrared, 0,  "DebugInfrared(void)"}       //红外调试任务
};
```

在 Main.c 文件的"包含头文件"区添加头文件，如程序清单 7-12 所示。

程序清单 7-12

```
#include "Infrared.h"
```

在 Main.c 文件的 InitSoftware 函数中，添加寻迹与避障驱动初始化程序，如程序清单 7-13 所示。

程序清单 7-13

```
static  void  InitSoftware(void)
{
  InitLED();              //初始化 LED 模块
  InitSystemStatus();     //初始化 SystemStatus 模块
  InitTask();             //初始化 Task 模块
  InitDbgCar();           //初始化 DbgCar 模块
  InitOLED();             //初始化 OLED 模块
  InitKeyOne();           //初始化 KeyOne 模块
  InitProcKeyOne();       //初始化 ProcKeyOne 模块
  InitBeep();             //初始化 Beep 模块
  InitMotor();            //初始化 Motor 模块
  InitServo();            //初始化 Servo 模块
  InitInfrared();         //初始化 Infrared 模块
}
```

步骤 6：编译及下载验证

代码编写完成并编译成功后，将程序下载到 STM32 微控制器中。下载完成后通过串口助手发送命令"4:"，勾选定时发送，每隔一秒发送一次数据，把手放在寻迹与避障感应器前面，可以看到串口助手传回相应的信息。

本 章 任 务

在 Common.h 文件的 StructSystemFlag 结构体中，添加新成员 InfraredIOInput，类型为 U8，用于存储所有寻迹与避障输入数据，该数据的具体描述如表 7-4 所示。其中每一位存储的是对应 I/O 的输入状况，I/O 输入高电平时为 1，输入低电平时为 0。

读取各个传感器的输入电平,存储到 InfraredIOInput 中,在 DebugInfrared 函数中将 InfraredIOInput 信息打印出来,并分析数据是否正确。

表 7-4　InfraredIOInput 数据描述

BIN7	BIN6	BIN5	BIN4	BIN3	BIN2	BIN1	BIN0
保留	保留	左避障	左 1 寻迹	左 2 寻迹	右 1 寻迹	右 2 寻迹	右避障

注意,在位运算中,将第 i 位置 1 的表达式为 data |= 1 << i;将第 i 位清零的表达式为 data &= ~(1 << i)。

本 章 习 题

1．简述红外光检测原理。
2．简述寻迹模块的电路工作原理。
3．简述 STM32 微控制器 GPIO 上拉输入、下拉输入和浮空输入的异同及其应用场景。

8 实验6——超声测距实验

输入捕获一般应用在两种场合，分别是脉冲跳变沿时间（脉宽）测量和 PWM 输入测量。STM32 微控制器的定时器包括基本定时器、通用定时器和高级控制定时器 3 类，除基本定时器外，其他定时器都有输入捕获功能。STM32 微控制器的输入捕获，是通过检测 TIMx_CHx 上的边沿信号，在边沿信号发生跳变（如上升沿或下降沿）时，将当前定时器的值（TIMx_CNT）存入对应通道的捕获/比较寄存器（TIMx_CCRx）中，完成一次捕获；同时，还可以配置捕获时是否触发中断/DMA 等。本章首先介绍输入捕获的工作原理，以及相关寄存器和固件库函数，然后通过编写智能小车超声测距驱动，讲解捕获一个脉冲的上升沿或下降沿的流程。

8.1 实验内容

通过学习智能小车核心板上的超声测距模块接口电路原理图、STM32 微控制器的输入捕获相关功能和寄存器，以及 STM32 的固件库函数，编写超声测距驱动程序，然后在 OLED 上将测量结果显示出来。

8.2 实验原理

8.2.1 超声测距模块简介

本实验使用的超声测距模块实物图如图 8-1 所示。该模块采用扁平化结构，比起一般的立式超声测距模块更便于安装、不易撞击变形，更加结实耐用。超声测距模块具体参数如表 8-1 所示。

图 8-1　超声测距模块实物图

表 8-1　超声测距模块参数

参　　数	取　　值	参　　数	取　　值
使用电压	DC 5V	静态电流	小于 2mA
输出高电平	5V	输出低电平	0V
感应角度	不大于 15°	探测距离	500cm
精度	可达 0.3cm	产品尺寸	54mm×47mm

超声波时序图如图 8-2 所示。其中触发信号 TRIG 对应 PB1 引脚，回响信号 ECHO 对应 PB0 引脚，同时 ECHO 对应通用定时器 TIM3 的 CH3 引脚。由图 8-2 可知，只要提供一个大于 10μs 的高电平触发信号（由 TRIG 输出），超声测距模块就会发出 8 个 40kHz 脉冲并通过 ECHO 检测，再通过 ECHO 检测回响信号高电平时间。回响信号的脉冲宽度与所测的距离成正比，距离=回响信号高电平时间×声速(340m/s)/2。

模块内部发出信号、检测回波和传回回响信号都是超声测距模块自主完成的，只需做两件事：产生触发信号和测量回响信号高电平时间。超声波传出去碰到障碍物再反射回来需要消耗一段时间，消耗的时间正好等于回响信号的高电平时间。因此，根据回响信号的高电平时间可以推算出超声测距模块与前方障碍物的距离。

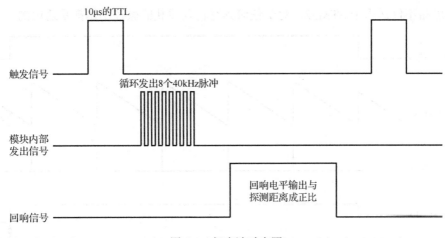

图 8-2 超声波时序图

STM32 微控制器的输入捕获可以精确测量回响信号的高电平时间，当然也可以制作一个定时器用于检测。

8.2.2 超声测距模块接口电路原理图

超声测距模块接口电路原理图如图 8-3 所示，只需要给 PB1 引脚一个 10μs 的高电平，然后 TIM3 中断服务函数会自动捕捉回响信号，并计算出测量结果，保存到 Common 模块中。

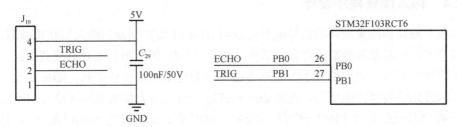

图 8-3 超声测距模块接口电路原理图

8.2.3 输入捕获时序

输入捕获的时序图如图 8-4 所示。假设需要捕获的信号高电平时间很长，TIMx→CNT 从 0 开始计数到 0xFFFF 还未结束，但是 TIMx→CNT 再执行一次计数就会溢出而回到 0。为了得到完整的高电平时间，就需要"拓展"TIMx→CNT 的位数，将 TIMx→CNT 从原来的 16 位"拓展"到更高位数，这样就可以记录更长的时间。

在图 8-4 中，sta[5:0]相当于给 TIMx→CNT"拓展"了 6 位，最大计数值从原来的 0xFFFF 增大到 0x3FFFFF，如果需要记录更长的时间，还可以继续"拓展"。

然而这里的"拓展"并非真正的拓展，TIMx→CNT 只能是 16 位，所以我们需要允许 TIMx 的溢出更新中断，每次定时器溢出后在中断服务函数中手动计数，将 sta[5:0]加 1，这样就达到了与拓展 TIMx→CNT 一样的效果。

这里只用到 sta 的 bit[5:0]来拓展 TIMx→CNT，还有 bit[6]和 bit[7]未使用，为了充分利用微控制器资源，这里将 bit[6]用作捕获到上升沿的标志位，将 bit[7]用作捕获到下降沿的标志位。也可以为上升沿和下降沿各设置一个变量用来标记。

这一思路不仅适用于 STM32，对于任何具有输入捕获的微控制器都是适用的。

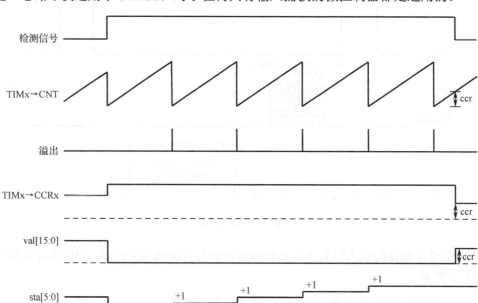

图 8-4　输入捕获时序图

8.2.4　输入捕获程序设计

超声测距模块传回来的回响信号电平可以用 STM32 微控制器的输入捕获来获取。图 8-5 是输入捕获实验中断服务函数流程图。首先，使能 TIM3 的溢出和上升沿捕获中断。其次，当 TIM3 产生中断时，先判断 TIM3 是产生溢出中断还是边沿捕获中断。如果是上升沿捕获中断，即刚开始接收到回响信号，便将 distanceFlg→sta（用于存储溢出次数）、distanceFlg→val（用于存储捕获值）和 TIM3→CNT 均清零，同时将 distanceFlg→sta[6]置为 1，标记成功捕获到上升沿，然后，将 TIM3 设置为下降沿捕获，再清除中断标志位。如果是下降沿捕获中断，即回响信号结束，则将 distanceFlg→sta [7]置为高电平，标记成功捕获到下降沿，将 TIM3→CCR1 的值读取到 distanceFlg→val 中，然后，将 TIM3 设置为上升沿捕获，再清除中断标志位。如果是 TIM3 溢出中断，则判断 distanceFlg→sta[6]是否为 1，也就是判断是否成功捕获到上升沿，如果捕获到上升沿，进一步判断是否达到最大溢出值（TIM3 从 0 计数到 0xFFFF 溢出一次，即计数 65536 次溢出一次，计数单位为 1μs，由于本实验最大溢出次数是 0x3F+1，即十进制的 64，因此，最大溢出值为 64×65536×1μs=4194304μs=4.194s），如果达到最大溢出值，则强制标记成功捕获到下降沿，并将捕获值设置为 0xFFFF，也就是回响信号时间最长为 4.194s；如果未达到最大溢出值（0x3F，即十六进制的 63），则 distanceFlg→sta 执行加 1 操作，再清除中断标志位。清除完中断标志位，当产生中断时，继续判断 TIM3 产生溢出中断还是产生边沿捕获中断。

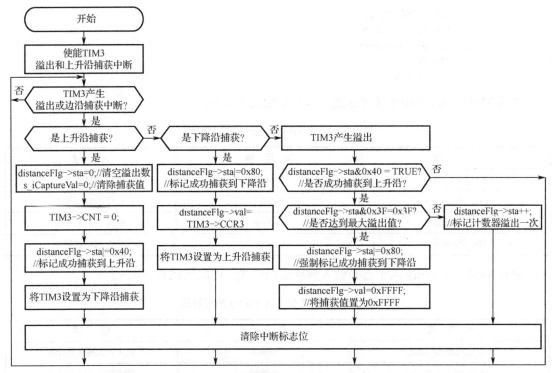

图 8-5 输入捕获实验中断服务函数流程图

8.2.5 通用定时器部分固件库函数

与输入捕获实验相关的固件库函数包括在 TIM_ICInitStruct 中指定的参数初始化外设 TIMx 的函数 TIM_ICInit、设置 TIMx 通道 1 极性的函数 TIM_OC1PolarityConfig。这两个函数均在固件库的 stm32f10x_tim.h 文件中声明，在 stm32f10x_tim.c 文件中实现。

1. 函数 TIM_ICInit

TIM_ICInit 函数的功能是根据 TIM_ICInitStruct 中指定的参数初始化外设 TIMx，通过调用 TIx_Config、TIM_SetICxPrescaler（x=1, ···, 4）来实现，具体描述如表 8-2 所示。

表 8-2 TIM_ICInit 函数的描述

函数名	TIM_ICInit
函数原型	void TIM_ICInit(TIM_TypeDef* TIMx, TIM_ICInitTypeDef* TIM_ICInitStruct)
功能描述	根据 TIM_ICInitStruct 中指定的参数初始化外设 TIMx
输入参数 1	TIMx：x 可以是 1、2、3、4、5 或 8，用于选择 TIM 外设
输入参数 2	TIM_ICInitStruct：指向结构体 TIM_ICInitTypeDef 的指针，包含了 TIMx 的配置信息
输出参数	无
返回值	void

TIM_ICInitTypeDef 结构体定义在 stm32f10x_tim.h 文件中，内容如下：

```
typedef  struct
{
    u16 TIM_Channel;
```

```
        u16 TIM_ICPolarity;
        u16 TIM_ICSelection;
        u16 TIM_ICPrescaler;
        u16 TIM_ICFilter;
    }TIM_ICInitTypeDef;
```

参数 TIM_Channel 用于选择通道，可取值如表 8-3 所示。

表 8-3　参数 TIM_Channel 的可取值

可 取 值	实 际 值	描 述
TIM_Channel_1	0x0000	使用 TIM 通道 1
TIM_Channel_2	0x0004	使用 TIM 通道 2
TIM_Channel_3	0x0008	使用 TIM 通道 3
TIM_Channel_4	0x000C	使用 TIM 通道 4

参数 TIM_ICPolarity 用于选择输入捕获边沿模式，可取值如表 8-4 所示。

表 8-4　参数 TIM_ICPolarity 的可取值

可 取 值	实 际 值	描 述
TIM_ICPolarity_Rising	0x0000	TIM 输入捕获上升沿
TIM_ICPolarity_Falling	0x0002	TIM 输入捕获下降沿
TIM_ICPolarity_BothEdge	0x000A	TIM 输入捕获双边沿

参数 TIM_ICSelection 用于选择引脚与寄存器的对应关系，可取值如表 8-5 所示。

表 8-5　参数 TIM_ICSelection 的可取值

可 取 值	实 际 值	描 述
TIM_ICSelection_DirectTI	0x0001	TIM 输入 2、3 或 4 选择对应地与 IC1 或 IC2 或 IC3 或 IC4 相连
TIM_ICSelection_IndirectTI	0x0002	TIM 输入 2、3 或 4 选择对应地与 IC2 或 IC1 或 IC4 或 IC3 相连
TIM_ICSelection_TRC	0x0003	TIM 输入 2、3 或 4 选择与 TRC 相连

参数 TIM_ICPrescaler 用于设置输入捕获预分频器，可取值如表 8-6 所示。

表 8-6　参数 TIM_ICPrescaler 的可取值

可 取 值	实 际 值	描 述
TIM_ICPSC_DIV1	0x0000	TIM 捕获在捕获输入上每探测到一个边沿执行一次
TIM_ICPSC_DIV2	0x0004	TIM 捕获每 2 个事件执行一次
TIM_ICPSC_DIV4	0x0008	TIM 捕获每 4 个事件执行一次
TIM_ICPSC_DIV8	0x000C	TIM 捕获每 8 个事件执行一次

参数 TIM_ICFilter 用于选择输入比较滤波器，取值为 0x0～0xF。

例如，将 TIM5 通道 1 配置为输入捕获模式，捕获下降沿，TIM5 输入通道 IC1 映射到引脚 TI1，滤波器参数为 0x08，TIM5 捕获每 2 个事件执行一次，代码如下：

```
        TIM_ICInitTypeDef TIM_ICInitStructure;
        TIM_ICInitStructure.TIM_Channel = TIM_Channel_1;
```

```
TIM_ICInitStructure.TIM_ICPolarity = TIM_ICPolarity_Falling;
TIM_ICInitStructure.TIM_ICSelection = TIM_ICSelection_DirectTI;
TIM_ICInitStructure.TIM_ICPrescaler = TIM_ICPSC_DIV2;
TIM_ICInitStructure.TIM_ICFilter = 0x08;
TIM_ICInit(TIM5, &TIM_ICInitStructure);
```

2. 函数 TIM_OC1PolarityConfig

TIM_OC1PolarityConfig 函数的功能是设置 TIMx 通道 1 极性，通过向 TIMx→CCER 写入参数来实现，具体描述如表 8-7 所示。

表 8-7 TIM_OC1PolarityConfig 函数的描述

函数名	TIM_OC1PolarityConfig
函数原型	void TIM_OC1PolarityConfig(TIM_TypeDef* TIMx, u16 TIM_OCPolarity)
功能描述	设置 TIMx 通道 1 极性
输入参数 1	TIMx：x 可取 1、2、3、4、5 或 8，用于选择 TIM 外设
输入参数 2	TIM_OCPolarity：输出比较极性
输出参数	无
返回值	void

参数 TIM_OCPolarity 用于选择输出比较极性，可取值如表 8-8 所示。

表 8-8 参数 TIM_OCPolarity 的可取值

可 取 值	实 际 值	描 述
TIM_OCPolarity_High	0x0000	TIMx 输出比较极性高
TIM_OCPolarity_Low	0x0002	TIMx 输出比较极性低

例如，将 TIM2 通道 1 的输出比较极性设置为高，代码如下：

```
TIM_OC1PolarityConfig(TIM2, TIM_OCPolarity_High);
```

8.3　实验步骤

步骤 1：复制并编译原始工程

首先，将"D:\STM32KeilTest\Material\06.超声测距实验"文件夹复制到"D:\STM32KeilTest\Product"文件夹中。然后，双击运行"D:\STM32KeilTest\Product\06.超声测距实验\Project"文件夹中的 STM32KeilPrj.uvprojx，参见 4.3 节步骤 1 验证原始工程，原始工程是正确的就可以进入下一步操作。

步骤 2：添加 UltraSound 文件对

将"D:\STM32KeilTest\Product\06.超声测距实验\App\UltraSound"文件夹中的 UltraSound.c 添加到 App 分组，具体操作可参见 3.3 节步骤 8。然后，将"D:\STM32KeilTest\Product\06.超声测距实验\App\UltraSound"路径添加到 Include Paths 栏，具体操作可参见 3.3 节步骤 11。

步骤 3：完善 UltraSound.h 文件

在 UltraSound.c 文件的"包含头文件"区，添加代码#include "UltraSound.h"，然后单击 🖫 按钮进行编译。编译结束后，在 Project 面板中，双击 UltraSound.c 下的 UltraSound.h。在 UltraSound.h 文件中添加防止重编译处理代码，如程序清单 8-1 所示。

程序清单 8-1

```
#ifndef _ULTRA_SOUND_H_
#define _ULTRA_SOUND_H_

#endif
```

在 UltraSound.h 文件的"包含头文件"区，添加头文件，如程序清单 8-2 所示。

程序清单 8-2

```
#include "DataType.h"
```

在 UltraSound.h 文件的"枚举结构体定义"区，添加结构体 StructUltraSound 的声明，如程序清单 8-3 所示。下面按照顺序对结构体中的成员变量进行解释。

（1）sta 用于描述输入捕获标志，当 TIM3 的 CH3 捕获到一个上升沿时，sta[6]被置 1；当捕获到一个下降沿时，sta[7]也被置 1；当 sta[7]为 1 时，表示输入捕获完成，同时 sta[5:0]也作为计数器，用作 TIM3→CNT 的拓展。

（2）val 为输入捕获值，当发生一次下降沿输入捕获时，将 TIM3→CCR3 的值赋给 val，但 TIM3→CCR3 最大只能计数到 0xFFFF，结合 sta 将可以获得更大的计数值。

（3）当 sta[7]为 1 时，表示输入捕获完成，输入捕获时间计算公式如下：

$((sta \, \& \, 0x3F)* \, TIM3{\rightarrow}ARR + val)* \, TIM3{\rightarrow}PSC/72M$

其中 TIM3→ARR 初始化为 0xFFFF。

程序清单 8-3

```
typedef struct
{
  u8   sta;      //输入捕获标志
  u16 val;      //输入捕获值
}StructUltraSound;
```

在 UltraSound.h 文件的"API 函数声明"区添加 API 函数 InitUltraSound、GetUltraSoundFlg、MeasureDistance 和 GetDistance 的声明代码，如程序清单 8-4 所示。

程序清单 8-4

```
void  InitUltraSound(void);               //初始化超声模块
StructUltraSound *GetUltraSoundFlg(void); //获取超声结构体地址
void  MeasureDistance(void);              //开启超声测距
float GetDistance(void);                  //开启一次超声测距并返回结果
```

步骤 4：完善 UltraSound.c 文件

在 UltraSound.c 文件的"包含头文件"区，添加头文件，如程序清单 8-5 所示。

程序清单 8-5

```
#include <stm32f10x_conf.h>
#include "SysTick.h"
#include "Common.h"
```

在 UltraSound.c 文件的"内部变量"区，添加结构体 s_structDistanceProc 的定义代码，如程序清单 8-6 所示，该结构体用于存储输入捕获数据，但输入捕获结果仍然要保存到 Common 模块中。

程序清单 8-6

```
static StructUltraSound s_structDistanceProc;
```

在 UltraSound.c 文件的"内部函数声明"区，添加内部函数 ConfigUltraSoundGPIO 的声明代码，如程序清单 8-7 所示。

程序清单 8-7

```
static  void  ConfigUltraSoundGPIO(void); //配置 Ultrasonic 的 GPIO
```

在 UltraSound.c 文件的"内部函数实现"区，添加内部函数 ConfigUltraSoundGPIO 的实现代码，用于配置超声测距模块的 GPIO，如程序清单 8-8 所示。在此将 TIM3 的 CH3 配置为下拉输入，触发 I/O Trig 配置为通用推挽输出，并且引脚的速率为 2MHz。

程序清单 8-8

```
static  void  ConfigUltraSoundGPIO(void)
{
  GPIO_InitTypeDef GPIO_InitStructure;                     //GPIO_InitStructure用于存放GPIO的参数

  RCC_APB2PeriphClockCmd(RCC_APB2Periph_GPIOB, ENABLE); //使能 GPIOB 时钟

  //Echo-PB1
  GPIO_InitStructure.GPIO_Pin   = GPIO_Pin_0;             //设置引脚
  GPIO_InitStructure.GPIO_Mode  = GPIO_Mode_IPD;          //设置下拉输入类型
  GPIO_Init(GPIOB, &GPIO_InitStructure);                  //根据参数初始化 GPIO
  GPIO_ResetBits(GPIOB, GPIO_Pin_0);

  //Trig
  GPIO_InitStructure.GPIO_Pin   = GPIO_Pin_1;             //设置引脚
  GPIO_InitStructure.GPIO_Speed = GPIO_Speed_2MHz;        //设置 I/O 输出速度
  GPIO_InitStructure.GPIO_Mode  = GPIO_Mode_Out_PP;       //设置输出类型
  GPIO_Init(GPIOB, &GPIO_InitStructure);                  //根据参数初始化 GPIO
}
```

在 UltraSound.c 文件的"API 函数实现"区，添加 API 函数 InitUltraSound、MeasureDistance、GetUltraSoundFlg 和 GetDistance 的实现代码，如程序清单 8-9 所示。下面按照顺序对这几个函数进行解释。

（1）InitUltraSound 函数通过调用 ConfigUltraSoundGPIO 函数配置超声测距模块的 GPIO，并且将输入捕获标志、输入捕获值和超声测距结果都初始化为 0。

（2）MeasureDistance 函数用于开启一次超声测距，放在 TaskProc 模块中，每隔 100ms执行一次，每执行一次，超声测距模块就会发送一次超声波，TIM3 中断服务函数会自动算出输入捕获值及超声测距结果，并存储在 Common 模块中。

（3）GetUltraSoundFlg 函数用于获取超声结构体地址，与 Command 模块的 GetSystemStatus函数一样，通过传地址可以很方便地修改 s_structDistanceProc 中的内容。

（4）GetDistance 函数为开启一次超声测距并返回此次超声测距的结果。MeasureDistance函数只是发出触发信号，并不会立即更新超声测距结果，STM32 微控制器检测到回响信号后，TIM3 的中断服务函数才会自动更新超声测距结果。而 GetDistance 函数不仅发出触发信号，而且还会一直等待超声测距结果更新，及时获取本次检测的结果，适用于避障模式中。

程序清单 8-9

```
void InitUltraSound(void)
{
  StructSystemFlag *carFlag;
  carFlag = GetSystemStatus();

  ConfigUltraSoundGPIO();
  TIM_Cmd(TIM3, ENABLE);
```

```
  s_structDistanceProc.sta = 0;
  s_structDistanceProc.val = 0;
  carFlag->distance      = 0;

  GPIO_ResetBits(GPIOB, GPIO_Pin_1);                        //触发 I/O Trig 置低电平
}

void MeasureDistance(void)
{
  GPIO_SetBits(GPIOB, GPIO_Pin_1);
  DelayNus(15);
  GPIO_ResetBits(GPIOB, GPIO_Pin_1);
}

StructUltraSound *GetUltraSoundFlg(void)
{
  return &s_structDistanceProc;
}

float GetDistance(void)
{
  u8 i = 0;
  StructSystemFlag *carFlag;

  carFlag = GetSystemStatus();
  MeasureDistance();                                        //开启一次超声测距

  //等待超声测距结果
  while ((0 == (s_structDistanceProc.sta & 0x80)) && i < 35) //最多等待 35ms
  {
    i++;
    DelayNms(1);
  }

  return carFlag->distance;                                 //返回超声测试结果
}
```

步骤 5：完善 Timer.c 文件

在 Timer.c 文件的"包含头文件"区，添加头文件，如程序清单 8-10 所示。如此便可调用 UltraSound.c 文件中的 GetUltraSoundFlg 函数，用于修改结构体 s_structDistanceProc 中的成员变量。

程序清单 8-10

```
#include "UltraSound.h"
```

在 Timer.c 文件的"内部函数声明"区，添加内部函数 ConfigTimer3 的声明，如程序清单 8-11 所示。

程序清单 8-11

```
static void ConfigTimer3(u16 arr, u16 psc);       //TIM3，超声测距专用
```

在 Timer.c 文件的"内部函数实现"区，添加内部函数 ConfigTimer3 的实现代码，如程序清单 8-12 所示。下面将按照顺序对其中的语句进行解释。

（1）在本实验中，TIM3 的 CH3（PB0）作为输入捕获，因此，需要通过 RCC_

APB1PeriphClockCmd 函数使能 TIM3 的时钟。

（2）通过 TIM_TimeBaseInit 函数对 TIM3 进行配置，该函数涉及 TIM3_CR1 的 DIR、CMS[1:0]、CKD[1:0]，TIM3_ARR，TIM3_PSC，以及 TIM3_EGR 的 UG。DIR 用于设置计数器计数方向，CMS[1:0]用于选择中央对齐模式，CKD[1:0]用于设置时钟分频因子，具体可参见图 5-9 和表 5-1，本实验中，TIM3 设置为边沿对齐模式，计数器递增计数。TIM3_ARR 和 TIM3_PSC 用于设置计数器的自动重装载值和预分频器的值，可参见图 5-16、图 5-15，以及表 5-8 和表 5-7，本实验中的这两个值由 ConfigTimer3 函数的参数 arr 和 psc 决定。UG 用于产生更新事件，可参见图 5-13 和表 5-5，本实验中将该值设置为 1，用于重新初始化计数器，并产生一个更新事件。

（3）通过 TIM_ICInit 函数初始化 TIM3 的 CH3，该函数涉及 TIM3_CCMR2 的 IC3F[3:0]、IC3PSC[1:0]、CC3S[1:0]，以及 TIM3_CCER 的 CC3P 和 CC3E。IC3F[3:0]用于设置 TI3 输入的采样频率及数字滤波器的长度；IC3PSC[1:0]用于设置 IC3 的预分频系数；CC3S[1:0]用于设置通道的方向（输入/输出）及输入脚，可参见图 5-18 和表 5-18。本实验中 TIM3 的 CH3 配置为输入捕获，输入的采样频率为 fDTS/8，数字滤波器长度 N 为 6，捕获输入口上检测到的每一个边沿都触发一次捕获。CC3P 用于选择 IC3 或 IC3 的反向信号作为捕获信号，CC3E 用于使能或关闭捕获功能，可参见图 5-19 和表 5-19。本实验中 TIM3 的 CH3 初始化参数配置为输入捕获，且捕获发生在 IC3 的上升沿，每检测到一个上升沿都触发一次捕获。

（4）通过 NVIC_Init 函数使能 TIM3 的中断，同时设置抢占优先级为 2，子优先级为 0。

（5）通过 TIM_ITConfig 函数使能 TIM3 的 UIE 更新中断及 CC3IE 捕获中断，该函数涉及 TIM3_DIER 的 UIE 和 CC3IE。UIE 用于禁止和允许更新中断，CC3IE 用于禁止和允许捕获中断，可参见图 5-11 和表 5-3。

（6）通过 TIM_Cmd 函数使能 TIM3，该函数涉及 TIM3_CR1 的 CEN，可参见图 5-9 和表 5-1。

程序清单 8-12

```
static  void ConfigTimer3(const u16 arr, const u16 psc)
{
  TIM_TimeBaseInitTypeDef  TIM_TimeBaseStructure;  //定义结构体 TIM_TimeBaseStructure，配置
                                                                     TIM3 常规参数
  TIM_ICInitTypeDef  TIM3_ICInitStructure;         //定义结构体 TIM3_ICInitStructure，配置 TIM3_CH3
  NVIC_InitTypeDef NVIC_InitStructure;             //定义结构体 NVIC_InitStructure,配置 TIM3 的 NVIC

  RCC_APB1PeriphClockCmd(RCC_APB1Periph_TIM3, ENABLE);  //TIM3 时钟使能

  //定时器 TIM3 初始化
  TIM_TimeBaseStructure.TIM_Period         = arr;   //设置在下一个更新事件装入活动的自动重装载
                                                            寄存器周期的值
  TIM_TimeBaseStructure.TIM_Prescaler      = psc;   //设置用来作为 TIMx 时钟频率除数的预分频值
  TIM_TimeBaseStructure.TIM_ClockDivision = TIM_CKD_DIV1;      //设置时钟分割:TDTS = Tck_tim
  TIM_TimeBaseStructure.TIM_CounterMode    = TIM_CounterMode_Up; //TIM 向上计数模式
  TIM_TimeBaseInit(TIM3, &TIM_TimeBaseStructure);  //根据指定的参数初始化 TIMx 的时间基数单位

  //初始化 TIM3 输入捕获参数
  TIM3_ICInitStructure.TIM_Channel = TIM_Channel_3;    //CC1S=03   选择输入端 IC3 映射到 TI1 上
  TIM3_ICInitStructure.TIM_ICPolarity = TIM_ICPolarity_Rising;      //上升沿捕获
  TIM3_ICInitStructure.TIM_ICSelection = TIM_ICSelection_DirectTI;
```

```
TIM3_ICInitStructure.TIM_ICPrescaler = TIM_ICPSC_DIV1;            //配置输入分频，不分频
TIM3_ICInitStructure.TIM_ICFilter = 0x00;                        //配置输入滤波器，不滤波
TIM_ICInit(TIM3, &TIM3_ICInitStructure);

//中断优先级 NVIC 设置
NVIC_InitStructure.NVIC_IRQChannel = TIM3_IRQn;                   //TIM3 中断
NVIC_InitStructure.NVIC_IRQChannelPreemptionPriority = 2;        //先占优先级 2 级
NVIC_InitStructure.NVIC_IRQChannelSubPriority = 0;               //从优先级 3 级
NVIC_InitStructure.NVIC_IRQChannelCmd = ENABLE;                  //IRQ 通道被使能
NVIC_Init(&NVIC_InitStructure);                                  //初始化 NVIC 寄存器

TIM_ITConfig(TIM3,TIM_IT_Update|TIM_IT_CC3,ENABLE);
TIM_Cmd(TIM3, DISABLE);                                           //先关闭 TIM3
}
```

在 Timer.c 文件的"内部函数实现"区添加 TIM3_IRQHandler 中断服务函数的实现代码，如程序清单 8-13 所示。下面按照顺序对 TIM3_IRQHandler 函数中的语句进行解释。

（1）TIM3_IRQHandler 中断服务函数通过 GetSystemStatus 函数将 Common.c 中 s_structSystemFlag 结构体的地址赋值给 carFlag。同理，通过 GetUltraSoundFlg 函数将 UltraSound.c 文件中 s_structDistanceProc 结构体的地址赋值给 distanceFlg。s_structDistanceProc 中存储的仅仅是输入捕获结果，为中间变量，超声测距结果仍然要存储至 Common 模块中，方便各个模块调用。

（2）无论 TIM3 产生更新中断，还是产生捕获中断，都会执行 TIM3_IRQHandler 函数。

（3）distanceFlg→sta 用于存放捕获状态，distanceFlg→sta 的 bit7 为捕获完成标志，bit6 为捕获到上升沿标志，bit5～bit0 为捕获到上升沿后定时器的溢出次数。

（4）当 distanceFlg→sta 的 bit7 为 0 时，表示捕获未完成，然后，通过 TIM_GetITStatus 函数获取更新中断标志，该函数涉及 TIM3_DIER 的 UIE 和 TIM3_SR 的 UIF，可参见图 5-11、图 5-12、表 5-3 和表 5-4。本实验中 UIE 为 1，表示使能更新中断，当 TIM3 递增计数产生溢出时，UIF 由硬件置为 1，并产生更新中断，执行 TIM3_IRQHandler 函数，因此，在 TIM3_IRQHandler 函数的最后还需要通过 TIM_ClearITPendingBit 函数将 UIF 清零。

（5）当 distanceFlg→sta 的 bit6 为 1 时，表示前一次已经捕获到上升沿，然后，判断 distanceFlg→sta 的 bit5～bit0 是否为 0x3F，该值为 0x3F 表示计数器已经多次溢出，说明回响信号时间太长，将 distanceFlg→sta 的 bit7 强制置 1，即强制标记成功捕获一次，同时，将捕获值设为 0xFFFF。否则，如果 distanceFlg→sta 的 bit5～bit0 不为 0x3F，则 distanceFlg→sta 执行加 1 操作，标记计数器溢出一次。

（6）通过 TIM_GetITStatus 函数获取捕获中断标志，该函数涉及 TIM3_DIER 的 CC3IE 和 TIM3_SR 的 CC3IF，可参见图 5-11、图 5-12、表 5-3 和表 5-4。本实验中 CC3IE 为 1，表示使能捕获 3 中断，当发生捕获事件时，CC3IF 由硬件置为 1，并产生捕获 3 中断，执行 TIM3_IRQHandler 函数。因此，在 TIM3_IRQHandler 函数执行的最后，还需要通过 TIM_ClearITPendingBit 函数将 CC3IF 清零，另外，通过 TIM_GetCapture 函数读 TIM3_CCR3 也可以将 CC3IF 清零。

（7）如前所述，如果 distanceFlg→sta 的 bit6 为 1 时，表示前一次已经捕获到上升沿，那么此次就表示捕获到了下降沿，因此，将 distanceFlg→sta 的 bit7 置为 1，同时，通过 TIM_GetCapture3 函数读取 TIM3_CCR3 的值，并将该值赋值给 distanceFlg→val，最后，再

通过 TIM_OC3PolarityConfig 函数将 TIM3 的 CH3 设置为上升沿触发，为下一次捕获回响信号上升沿做准备。如果 distanceFlg→sta 的 bit6 为 0，表示前一次未捕获到上升沿，那么此次就是第一次捕获到上升沿，因此，将 distanceFlg→sta 和 distanceFlg→val 均清零，并通过 TIM_SetCounter 函数将 TIM3 的计数器清零，同时，将 distanceFlg→sta 的 bit6 置为 1，标记已经捕获到了上升沿，最后，再通过 TIM_OC3PolarityConfig 函数将 TIM3 的 CH3 设置为下降沿触发，为下一次捕获回响信号的下降沿做准备。

（8）在 TIM3_IRQHandler 函数的最后，通过 TIM_ClearITPendingBit 函数清除更新和捕获 3 中断标志，该函数同样涉及 TIM3_SR 的 UIF 和 CC3IF。

程序清单 8-13

```
void TIM3_IRQHandler(void)
{
  StructSystemFlag *carFlag = NULL;
  StructUltraSound *distanceFlg = NULL;

  carFlag = GetSystemStatus();
  distanceFlg = GetUltraSoundFlg();                    //获取超声测距结构体地址

  if(TIM_GetITStatus(TIM3, TIM_IT_Update) != RESET)    //更新中断
  {
    if(0 == (distanceFlg->sta&0X80))                   //还未成功捕获
    {
      if(distanceFlg->sta & 0x40)                      //已经捕获到高电平了
      {
        if(0x3F == (distanceFlg->sta & 0x3F))          //计时器存储已达最大值
        {
          distanceFlg->sta |= 0x80;                    //强制接收完成
          distanceFlg->val = 0xFFFF;                   //输入捕获值设为最大值

          //计算超声测距结果
          carFlag->distance = (distanceFlg->sta & 0X3F) * 65536 + distanceFlg->val;
          carFlag->distance = (float)carFlag->distance * 170.0 / 10000.0;
          distanceFlg->sta = 0;                         //开启下一次捕获
          distanceFlg->val = 0;
        }
        else
        {
          distanceFlg->sta++;                           //计时器自增
        }
      }
    }
    TIM_ClearITPendingBit(TIM3, TIM_IT_Update);         //清除中断标志位
  }

  if (TIM_GetITStatus(TIM3, TIM_IT_CC3) != RESET)       //发生捕获事件
  {

    if (distanceFlg->sta & 0x40)                        //捕捉到一个下降沿
    {
      distanceFlg->sta |= 0x80;                         //输入捕获接收完成
```

```
    distanceFlg->val = TIM_GetCapture3(TIM3);                //获取输入捕获值
    TIM_OC3PolarityConfig(TIM3, TIM_ICPolarity_Rising);      //设置为上升沿捕获

    //计算超声测距结果
    carFlag->distance = (distanceFlg->sta & 0X3F) * 65536 + distanceFlg->val;
    carFlag->distance = (float)carFlag->distance * 170.0 / 10000.0;
    distanceFlg->sta = 0;                                    //开启下一次捕获
    distanceFlg->val = 0;
  }
  else                                                       //第一次捕获上升沿
  {
    distanceFlg->sta = 0;                                    //清空输入捕获标志
    distanceFlg->val = 0;                                    //清空输入捕获值
    TIM_SetCounter(TIM3, 0);                                 //设置 TIM3 的 CNT 为 0
    distanceFlg->sta |= 0x40;                                //标记捕获到了上升沿
    TIM_OC3PolarityConfig(TIM3, TIM_ICPolarity_Falling);     //设置为下降沿捕获
  }

  TIM_ClearITPendingBit(TIM3, TIM_IT_CC3);
  }
}
```

在 Timer.c 文件的 InitTimer 函数中添加 ConfigTimer3 的调用代码，如程序清单 8-14 所示。此处将 Tim3 的 arr 设为 0XFFFF（最大值），表示 TIM3→CNT 要从 0 计数到 0XFFFF 才产生一次中断。在采集超声输入信号时，当然希望更新中断时间越长越好，这样就可以捕获更多的信号，因此在这里设为最大值；将 TIM3 的 psc 设为 71，如此 TIM3→CNT 每计数一次经过的时间为 1×72/72M=1μs。

程序清单 8-14

```
void InitTimer(void)
{
  ConfigTimer2(999,    71);    //1MHz，计数到 999 为 1ms
  ConfigTimer3(0XFFFF, 71);    //每 1μs 计数一次
  ConfigTimer4(7199,   99);    //10ms
  ConfigTimer8(1799,   799);   //1800*800/72M = 20ms
}
```

步骤 6：完善超声测距实验应用层

在 TaskProc 模块中添加超声测距任务。在 TaskProc.c 文件的"包含头文件"区添加头文件，如程序清单 8-15 所示。

程序清单 8-15

```
#include "UltraSound.h"
```

在 TaskProc.c 文件的"内部变量"区，将超声测距任务添加到任务列表 s_arrTaskComps[] 中，如程序清单 8-16 所示。

程序清单 8-16

```
//任务列表
static StructTaskCtr s_arrTaskComps[] =
{
{0, 2,   2,    LEDTask},             //LED 闪烁
{0, 5,   5,    CarGo},               //小车运行
{0, 100, 100,  DbgCarScan},          //DbgCar 扫描任务
```

```
{0, 100,  100,  OLEDShow},           //OLED 显示
{0, 100,  100,  MeasureDistance},    //超声测距
};
```

在 Main.c 文件中初始化超声测距模块。在 Main.c 文件的"包含头文件"区,添加头文件,如程序清单 8-17 所示。

程序清单 8-17

```
#include "UltraSound.h"
```

在 Main.c 文件的 InitSoftware 函数中,添加超声测距模块的初始化代码,如程序清单 8-18 所示。

程序清单 8-18

```
static void  InitSoftware(void)
{
  InitLED();                  //初始化 LED 模块
  InitSystemStatus();         //初始化 SystemStatus 模块
  InitTask();                 //初始化 Task 模块
  InitDbgCar();               //初始化 DbgCar 模块
  InitOLED();                 //初始化 OLED 模块
  InitKeyOne();               //初始化 KeyOne 模块
  InitProcKeyOne();           //初始化 ProcKeyOne 模块
  InitBeep();                 //初始化 Beep 模块
  InitMotor();                //初始化 Motor 模块
  InitServo();                //初始化 Servo 模块
  InitInfrared();             //初始化 Infrared 模块
  InitUltraSound();           //初始化 UltraSound 模块
}
```

步骤 7:编译及下载验证

代码编写完成并编译成功后,将程序下载到 STM32 微控制器中。下载完成之后,在智能小车上安装好超声测距模块,就可以在 OLED 显示屏上看到超声测距的结果(单位为 cm)。该超声测距模块测距范围为 3～500cm,精度可以达到 1mm。

本 章 任 务

将 TIM3 配置为 1μs 触发一次中断,PB0 配置为下拉输入,PB1 配置为通用推挽输出。PB1 产生触发信号,当 PB0 检测到高电平时,通过 TIM_SetCounter 函数将 TIM3→CNT 设置为 0,再通过 TIM_Cmd 函数使能 TIM3。随后当 PB0 由高电平转变成低电平时,通过 TIM_GetCounter 函数获取 TIM3→CNT 的值,并关闭 TIM3。通过 TIM3→CNT 的值计算高电平时间,并推算出超声测距结果。

本 章 习 题

1. 简述通过设置的上升沿和下降沿捕获操作得到捕获时长的原理。

2. 最大捕获时长是多少(利用计数器最大装载值)。

3. 如果捕获时长过长,应如何处理?

4. 在 TIM_GetCapture1(TIM3)函数中,通过直接操作寄存器完成相同的功能。

5. 简述本实验中 TIM_ITConfig 函数的输入参数和 TIM3_IRQHandler 函数操作之间的联系。

6. 比较本实验和本章任务所采用的测量方式的异同。

9　实验7——码盘测速实验

本章将通过码盘测速实验介绍 STM32 的外部中断/事件控制器 EXTI。本章首先介绍 GPIO 外部中断有关的寄存器和库函数，然后编写智能小车码盘测速驱动程序，通过 GPIO 检测输入脉冲，产生外部中断，最后通过外部中断计算小车速度。

9.1　实验内容

通过学习智能小车核心板上测速模块接口电路原理图、STM32 微控制器的外部中断相关功能和寄存器、STM32 固件库函数，编写智能小车码盘测速驱动程序，然后在 OLED 显示屏上将测量结果显示出来。

9.2　实验原理

9.2.1　测速模块简介

智能小车采用 EE-SX672-WR 型传感器来测量速度，该模块通光时指示灯亮，输出高电平；遮光时指示灯灭，输出低电平，具体参数如表 9-1 所示。智能小车测速光栅码盘有 20 格，车轮转动时，光栅码盘将会不停地打断测速传感器的红外光路，测速传感器将产生一串连续的方波，可被 STM32 微控制器检测到。

表 9-1　EE-SX672-WR 型传感器参数

参　　数	取　　值	参　　数	取　　值
检测距离	5mm（凹槽宽度）	标准检测物体	2mm×0.8mm 以上不透明物体
应差距离	0.025mm 以下	指示灯	入光时灯亮（红色）
光源	红外发光二极管	最大发光波长	940nm
电源电压	DC 5～24V	频率响应	1kHz 以上（平均值为 3kHz）
使用环境照度	受光面照度；荧光灯：1000lx 以下	使用环境温度	工作时：-25～55℃；保存时：-30～80℃

EE-SX672-WR 型传感器有 4 根信号线，分别为棕色线、粉色线、黑色线和蓝色线，具体功能如表 9-2 所示。

表 9-2　EE-SX672-WR 型传感器接线说明

棕　色　线	粉　色　线	黑　色　线	蓝　色　线
电源正极（5～24V）	选择动作模式（常开/常闭） 常开接法：粉色线忽略不接 常闭接法：棕色线与粉色线相连接	输出端（接负载）	电源负极

9.2.2　测速时序

智能小车的测速使用了外部中断，外部中断用于检测测量信号的上升沿，每检测到一次上升沿，计数值（cnt）加 1。每次开启测量时，将 cnt 计数清零，测量时间为 t。因为小车车轮每旋转一周产生的脉冲数量是固定的，再结合小车直径，就可以计算出小车行驶过的路程，

再除以时间 t 即可得到小车速度。测速时序图如图 9-1 所示。

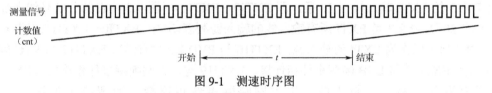

图 9-1　测速时序图

9.2.3　测速模块接口电路原理图

测速模块接口电路原理图如图 9-2 所示,从图中可以看出,右测速 SPD_R 对应的 I/O 口是 PB5,左测速 SPD_L 对应的 I/O 口是 PC12,正好对应外部中断线 EXTI_Line5 和 EXTI_Line12。车轮旋转一周后,测速感应器将产生 20 个方波信号,可用示波器进行验证,这些方波信号可以触发 STM32 微控制器的外部中断。

本实验将 EXTI_Line5 和 EXTI_Line12 都配置为上升沿触发,通过累计产生外部中断的次数,再结合 TIM2 通用定时器获取两次测速的间隔时间,就可以推算出左、右车轮的速度。当然,也可以将它们配置为下降沿中断,或者上升沿和下降沿交替触发。

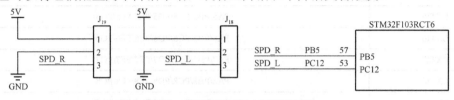

图 9-2　测速模块接口电路原理图

9.2.4　EXTI 功能框图

EXTI 管理了 20 个中断/事件线,每个中断/事件线都对应一个边沿检测电路,可以对输入线的上升沿、下降沿或上升/下降沿进行检测,每个中断/事件线可以通过寄存器进行单独的配置,既可以产生中断触发,也可以产生事件触发。如图 9-3 所示是 EXTI 功能框图,下面依次介绍 EXTI 输入线、边沿检测电路、软件中断、中断请求挂起、中断输出与事件输出。

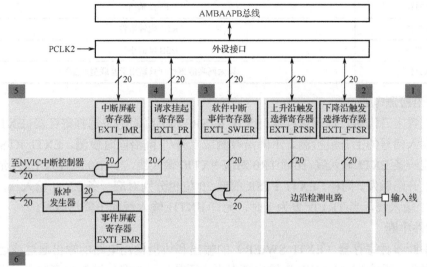

图 9-3　EXTI 功能框图

1. EXTI 输入线

STM32 的 EXTI 输入线有 20 条，即 EXTI0～EXTI19（图 9-3 中在部分信号线上加了斜杠并注明"20"），表 9-3 是 EXTI 所有输入线的输入源列表。其中，EXTI0～EXTI15 用于 GPIO，每个 GPIO 都可以作为 EXTI 的输入源，EXTI16 与 PVD 输出相连接，EXTI17 与 RTC 闹钟事件相连接，EXTI18 与 USB 唤醒事件相连接，EXTI19 与以太网唤醒事件相连接。EXTI19 只适用于互联型产品，该输入线与以太网唤醒事件相连接，而智能小车核心板上的 STM32F103RCT6 芯片属于大容量产品，因此 EXTI 输入线只有 19 条，即 EXTI0～EXTI18。

表 9-3　EXTI 输入线的输入源

中断/事件线	输　入　源
EXTI0	PA0/PB0/PC0/PD0/PE0/PF0/PG0
EXTI1	PA1/PB1/PC1/PD1/PE1/PF1/PG1
EXTI2	PA2/PB2/PC2/PD2/PE2/PF2/PG2
EXTI3	PA3/PB3/PC3/PD3/PE3/PF3/PG3
EXTI4	PA4/PB4/PC4/PD4/PE4/PF4/PG4
EXTI5	PA5/PB5/PC5/PD5/PE5/PF5/PG5
EXTI6	PA6/PB6/PC6/PD6/PE6/PF6/PG6
EXTI7	PA7/PB7/PC7/PD7/PE7/PF7/PG7
EXTI8	PA8/PB8/PC8/PD8/PE8/PF8/PG8
EXTI9	PA9/PB9/PC9/PD9/PE9/PF9/PG9
EXTI10	PA10/PB10/PC10/PD10/PE10/PF10/PG10
EXTI11	PA11/PB11/PC11/PD11/PE11/PF11/PG11
EXTI12	PA12/PB12/PC12/PD12/PE12/PF12/PG12
EXTI13	PA13/PB13/PC13/PD13/PE13/PF13/PG13
EXTI14	PA14/PB14/PC14/PD14/PE14/PF14/PG14
EXTI15	PA15/PB15/PC15/PD15/PE15/PF15/PG15
EXTI16	PVD 输出
EXTI17	RTC 闹钟事件
EXTI18	USB 唤醒事件
EXTI19	以太网唤醒事件（只适用于互联型产品）

2. 边沿检测电路

通过配置上升沿触发选择寄存器（EXTI_RTSR）和下降沿触发选择寄存器（EXTI_FTSR），可以实现输入信号的上升沿检测、下降沿检测或上升/下降沿同时检测。EXTI_RTSR 的低 20 位分别对应一条 EXTI 输入线，比如 TR0 对应 EXTI0 输入线，当 TR0 配置为 1 时，允许 EXTI0 输入线的上升沿触发。同样，EXTI_FTSR 的低 20 位也分别对应一条 EXTI 输入线，比如 TR1 对应 EXTI1 输入线，当 TR1 配置为 1 时，允许 EXTI1 输入线的下降沿触发。

3. 软件中断

软件中断事件寄存器（EXTI_SWIER）的输出和边沿检测电路的输出通过或运算输出到下一级，因此，无论 EXTI_SWIER 输出高电平，还是边沿检测电路输出高电平，下一级都会输出高电平。可能大家会有疑惑，明明是通过 EXTI 输入线产生触发源，为什么又要使用软件中断触发？实际上这种设计方法让 STM32 应用变得更加灵活，例如，在默认情况下，通过 PC4 的上升沿脉冲触发 A/D 转换，但是，在某种特定场合，又需要人为触发 A/D 转换，这时就可以借助 EXTI_SWIER，只需要向该寄存器的 SWIER4 写入 1，即可触发 A/D 转换。

4．中断请求挂起

当某 EXTI 输入线上检测到已经配置好的边沿事件时，请求挂起寄存器（EXTI_PR）的对应位将被置为 1。向该位写 1，可以清除它，也可以通过改变边沿检测的极性进行清除。

5．中断输出

EXTI 的最后一个环节是输出，既可以中断输出，也可以事件输出。首先简单解释中断和事件，中断和事件的产生源可以相同，两者的目的都是执行某一具体任务，如启动 A/D 转换或触发 DMA 数据传输。中断需要 CPU 参与，当产生中断时，会执行对应的中断服务函数，具体的任务在中断服务函数中执行；事件是靠脉冲发生器产生一个脉冲，该脉冲直接通过硬件执行具体的任务，不需要 CPU 参与。因为事件触发提供了一个完全由硬件自动完成而不需要 CPU 的参与的方式，所以使用事件触发诸如 A/D 转换或 DMA 数据传输任务，不需要软件参与，降低了 CPU 的负荷，节省了中断资源，提高了响应速度。但是，中断正是因为有 CPU 的参与，才可以对某一具体任务进行调整，比如 A/D 采样通道需要从第 1 通道切换到第 7 通道，就必须在中断服务函数中切换。

请求挂起寄存器（EXTI_PR）的输出与中断屏蔽寄存器（EXTI_IMR）的输出经过与运算输出到 NVIC 中断控制器。因此，如果需要屏蔽某 EXTI 输入线上的中断，可以向 EXTI_IMR 的对应位写入 0；如果需要开放某 EXTI 输入线上的中断，可以向 EXTI_IMR 的对应位写入 1。

6．事件输出

软件中断事件寄存器（EXTI_SWIER）的输出和边沿检测电路的输出经过或运算的输出，再与事件屏蔽寄存器（EXTI_EMR）的输出经过与运算的输出，进一步触发脉冲发生器，输出脉冲信号作为事件输出。因此，如果需要屏蔽某 EXTI 输入线上的事件，可以向 EXTI_EMR 的对应位写入 0；如果需要开放某 EXTI 输入线上的事件，可以向 EXTI_EMR 的对应位写入 1。

9.2.5 EXTI 部分寄存器

本实验涉及的 EXTI 寄存器包括中断屏蔽寄存器（EXTI_IMR）、事件屏蔽寄存器（EXTI_EMR）、上升沿触发选择寄存器（EXTI_RTSR）、下降沿触发选择寄存器（EXTI_FTSR）、软件中断事件寄存器（EXTI_SWIER）、请求挂起寄存器（EXTI_PR）。

1．中断屏蔽寄存器（EXTI_IMR）

EXTI_IMR 的结构、偏移地址和复位值如图 9-4 所示，对部分位的解释说明如表 9-4 所示。

偏移地址：0x00
复位值：0x0000 0000

31	30	29	28	27	26	25	24	23	22	21	20	19	18	17	16
保留												MR19	MR18	MR17	MR16
												rw	rw	rw	rw

15	14	13	12	11	10	9	8	7	6	5	4	3	2	1	0
MR15	MR14	MR13	MR12	MR11	MR10	MR9	MR8	MR7	MR6	MR5	MR4	MR3	MR2	MR1	MR0
rw	rw	rw	rw	rw	rw	rw	rw	rw	rw	rw	rw	rw	rw	rw	rw

图 9-4　EXTI_IMR 的结构、偏移地址和复位值

表 9-4　EXTI_IMR 部分位的解释说明

位 31:20	保留，必须始终保持为复位状态（0）
位 19:0	MRx：线 x 上的中断屏蔽（Interrupt Mask on line x）。 0：屏蔽来自线 x 上的中断请求； 1：开放来自线 x 上的中断请求。 注意，位 19 只适用于互联型产品，对于其他产品为保留位

2. 事件屏蔽寄存器（EXTI_EMR）

EXTI_EMR 的结构、偏移地址和复位值如图 9-5 所示，对部分位的解释说明如表 9-5 所示。

偏移地址：0x04

复位值：0x0000 0000

31	30	29	28	27	26	25	24	23	22	21	20	19	18	17	16
保留												MR19	MR18	MR17	MR16
												rw	rw	rw	rw

15	14	13	12	11	10	9	8	7	6	5	4	3	2	1	0
MR15	MR14	MR13	MR12	MR11	MR10	MR9	MR8	MR7	MR6	MR5	MR4	MR3	MR2	MR1	MR0
rw	rw	rw	rw	rw	rw	rw	rw	rw	rw	rw	rw	rw	rw	rw	rw

图 9-5　EXTI_EMR 的结构、偏移地址和复位值

表 9-5　EXTI_EMR 部分位的解释说明

位 31:20	保留，必须始终保持为复位状态（0）
位 19:0	MRx：线 x 上的事件屏蔽（Event Mask on line x）。 0：屏蔽来自线 x 上的事件请求； 1：开放来自线 x 上的事件请求。 注意，位 19 只适用于互联型产品，对于其他产品为保留位

3. 上升沿触发选择寄存器（EXTI_RTSR）

EXTI_RTSR 的结构、偏移地址和复位值如图 9-6 所示，对部分位的解释说明如表 9-6 所示。

偏移地址：0x08

复位值：0x0000 0000

31	30	29	28	27	26	25	24	23	22	21	20	19	18	17	16
保留												TR19	TR18	TR17	TR16
												rw	rw	rw	rw

15	14	13	12	11	10	9	8	7	6	5	4	3	2	1	0
TR15	TR14	TR13	TR12	TR11	TR10	TR9	TR8	TR7	TR6	TR5	TR4	TR3	TR2	TR1	TR0
rw	rw	rw	rw	rw	rw	rw	rw	rw	rw	rw	rw	rw	rw	rw	rw

图 9-6　EXTI_RTSR 的结构、偏移地址和复位值

表 9-6　EXTI_RTSR 部分位的解释说明

位 31:20	保留，必须始终保持为复位状态（0）
位 19:0	TRx：线 x 上的上升沿触发事件配置位（Rising trigger event configuration bit of line x）。 0：禁止输入线 x 上的上升沿触发（中断和事件）； 1：允许输入线 x 上的上升沿触发（中断和事件）。 注意，位 19 只适用于互联型产品，对于其他产品为保留位

4．下降沿触发选择寄存器（EXTI_FTSR）

EXTI_FTSR 的结构、偏移地址和复位值如图 9-7 所示，对部分位的解释说明如表 9-7 所示。

偏移地址：0x0C

复位值：0x0000 0000

31	30	29	28	27	26	25	24	23	22	21	20	19	18	17	16
保留												TR19	TR18	TR17	TR16
												rw	rw	rw	rw

15	14	13	12	11	10	9	8	7	6	5	4	3	2	1	0
TR15	TR14	TR13	TR12	TR11	TR10	TR9	TR8	TR7	TR6	TR5	TR4	TR3	TR2	TR1	TR0
rw	rw	rw	rw	rw	rw	rw	rw	rw	rw	rw	rw	rw	rw	rw	rw

图 9-7　EXTI_FTSR 的结构、偏移地址和复位值

表 9-7　EXTI_FTSR 部分位的解释说明

位 31:20	保留，必须始终保持为复位状态（0）
位 19:0	TRx：线 x 上的下降沿触发事件配置位（Falling trigger event configuration bit of line x）。 0：禁止输入线 x 上的下降沿触发（中断和事件）； 1：允许输入线 x 上的下降沿触发（中断和事件）。 注意，位 19 只适用于互联型产品，对于其他产品为保留位

5．软件中断事件寄存器（EXTI_SWIER）

EXTI_SWIER 的结构、偏移地址和复位值如图 9-8 所示，对部分位的解释说明如表 9-8 所示。

偏移地址：0x10

复位值：0x0000 0000

31	30	29	28	27	26	25	24	23	22	21	20	19	18	17	16
保留												SWIER 19	SWIER 18	SWIER 17	SWIER 16
												rw	rw	rw	rw

15	14	13	12	11	10	9	8	7	6	5	4	3	2	1	0
SWIER 15	SWIER 14	SWIER 13	SWIER 12	SWIER 11	SWIER 10	SWIER 9	SWIER 8	SWIER 7	SWIER 6	SWIER 5	SWIER 4	SWIER 3	SWIER 2	SWIER 1	SWIER 0
rw	rw	rw	rw	rw	rw	rw	rw	rw	rw	rw	rw	rw	rw	rw	rw

图 9-8　EXTI_SWIER 的结构、偏移地址和复位值

表 9-8　EXTI_SWIER 部分位的解释说明

位 31:20	保留，必须始终保持为复位状态（0）
位 19:0	SWIERx：线 x 上的软件中断（Software interrupt on line x）。 当该位为 0 时，写 1 将设置 EXTI_PR 中相应的挂起位。如果在 EXTI_IMR 和 EXTI_EMR 中允许产生该中断，则此时将产生一个中断。 注意，通过清除 EXTI_PR 的对应位（写入 1），可以设置该位为 0。位 19 只适用于互联型产品，对于其他产品为保留位

6．请求挂起寄存器（EXTI_PR）

EXTI_PR 的结构、偏移地址和复位值如图 9-9 所示，对部分位的解释说明如表 9-9 所示。

偏移地址：0x14

复位值：0xXXXX XXXX

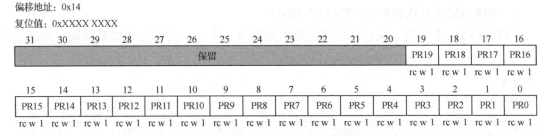

图 9-9　EXTI_PR 的结构、偏移地址和复位值

表 9-9　EXTI_PR 部分位的解释说明

位 31:20	保留，必须始终保持为复位状态（0）
位 19:0	PRx：挂起位（Pending bit）。 0：没有发生触发请求； 1：发生了选择的触发请求。 当在外部中断线上发生了选择的边沿事件时，该位被置为 1。在该位中写入 1 可以清除它，也可以通过改变边沿检测的极性清除。 注意，位 19 只适用于互联型产品，对于其他产品为保留位

9.2.6　EXTI 部分固件库函数

本实验涉及的 EXTI 固件库函数包括 EXTI_Init、EXTI_GetITStatus、EXTI_ClearITPendingBit。这些函数在 stm32f10x_exti.h 文件中声明，在 stm32f10x_exti.c 文件中实现。

1. EXTI_Init

EXTI_Init 函数的功能是根据 EXTI_InitStruct 中指定的参数初始化 EXTI 相关寄存器，通过向 EXTI→IMR、EXTI→EMR、EXTI→RTSR、EXTI→FTSR 写入参数来实现。具体描述如表 9-10 所示。

表 9-10　EXTI_Init 函数的描述

函数名	EXTI_Init
函数原型	void EXTI_Init(EXTI_InitTypeDef* EXTI_InitStruct)
功能描述	根据 EXTI_InitStruct 中指定的参数初始化外设 EXTI 寄存器
输入参数	EXTI_InitStruct：指向结构体 EXTI_InitTypeDef 的指针，包含了外设 EXTI 的配置信息
输出参数	无
返回值	void

EXTI_InitTypeDef 结构体定义在 stm32f10x_exti.h 文件中，内容如下：

```
typedefstruct
{
u32 EXTI_Line;
EXTIMode_TypeDef EXTI_Mode;
EXTIrigger_TypeDef EXTI_Trigger;
FunctionalState EXTI_LineCmd;
}EXTI_InitTypeDef;
```

参数 EXTI_Line 用于选择待使能或除能的外部线路，可取值如表 9-11 所示。

表 9-11　参数 EXTI_Line 的可取值

可 取 值	实 际 值	描　述
EXTI_Line0	0x00001	外部中断线 0
EXTI_Line1	0x00002	外部中断线 1
EXTI_Line2	0x00004	外部中断线 2
EXTI_Line3	0x00008	外部中断线 3
EXTI_Line4	0x00010	外部中断线 4
EXTI_Line5	0x00020	外部中断线 5
EXTI_Line6	0x00040	外部中断线 6
EXTI_Line7	0x00080	外部中断线 7
EXTI_Line8	0x00100	外部中断线 8
EXTI_Line9	0x00200	外部中断线 9
EXTI_Line10	0x00400	外部中断线 10
EXTI_Line11	0x00800	外部中断线 11
EXTI_Line12	0x01000	外部中断线 12
EXTI_Line13	0x02000	外部中断线 13
EXTI_Line14	0x04000	外部中断线 14
EXTI_Line15	0x08000	外部中断线 15
EXTI_Line16	0x10000	外部中断线 16
EXTI_Line17	0x20000	外部中断线 17
EXTI_Line18	0x40000	外部中断线 18

参数 EXTI_Mode 用于设置被使能线路的模式，可取值如表 9-12 所示。

表 9-12　参数 EXTI_Mode 的可取值

可 取 值	实 际 值	描　述
EXTI_Mode_Event	0x04	设置 EXTI 线路为事件请求
EXTI_Mode_Interrupt	0x00	设置 EXTI 线路为中断请求

参数 EXTI_Trigger 用于设置被使能线路的触发边沿，可取值如表 9-13 所示。

表 9-13　参数 EXTI_Trigger 的可取值

可 取 值	实 际 值	描　述
EXTI_Trigger_Falling	0x0C	设置输入线路下降沿为中断请求
EXTI_Trigger_Rising	0x08	设置输入线路上升沿为中断请求
EXTI_Trigger_Rising_Falling	0x10	设置输入线路上升沿和下降沿为中断请求

参数 EXTI_LineCmd 用于定义选中线路的新状态，可取值为 ENABLE 或 DISABLE。

例如，使能外部中断线 12 和 14 在下降沿触发中断，代码如下：

```
EXTI_InitTypeDef EXTI_InitStructure;
EXTI_InitStructure.EXTI_Line    = EXTI_Line12 | EXTI_Line14;
EXTI_InitStructure.EXTI_Mode    = EXTI_Mode_Interrupt;
EXTI_InitStructure.EXTI_Trigger = EXTI_Trigger_Falling;
EXTI_InitStructure.EXTI_LineCmd = ENABLE;
EXTI_Init(&EXTI_InitStructure);
```

2. EXTI_GetITStatus

EXTI_GetITStatus 函数的功能是检查指定的 EXTI 线路触发请求发生与否，通过读取并判断 EXTI→IMR、EXTI→PR 来实现。具体描述如表 9-14 所示。

表 9-14　EXTI_GetITStatus 函数的描述

函数名	EXTI_GetITStatus
函数原型	ITStatus EXTI_GetITStatus(uint32_t EXTI_Line)
功能描述	检查指定的 EXTI 线路触发请求发生与否
输入参数	EXTI_Line：待检查 EXTI 线路的挂起位
输出参数	无
返回值	EXTI_Line 的新状态（SET 或 RESET）

例如，检查外部中断线 8 是否触发中断，代码如下：

```
ITStatus EXTIStatus;
EXTIStatus = EXTI_GetITStatus(EXTI_Line8);
```

3. EXTI_ClearITPendingBit

EXTI_ClearITPendingBit 函数的功能是清除 EXTI 线路挂起位，通过向 EXTI→PR 写入参数来实现。具体描述如表 9-15 所示。

表 9-15　EXTI_ClearITPendingBit 函数的描述

函数名	EXTI_ClearITPendingBit
函数原型	void EXTI_ClearITPendingBit(uint32_t EXTI_Line)
功能描述	清除 EXTI 线路挂起位
输入参数	EXTI_Line：待清除的 EXTI 线路挂起位
输出参数	无
返回值	void

例如，清除 EXTI 线路 2 的挂起位，代码如下：

```
EXTI_ClearITpendingBit(EXTI_Line2);
```

9.2.7　AFIO 部分寄存器

本实验涉及的 AFIO 寄存器包括复用重映射和调试 I/O 配置寄存器（AFIO_MAPR）、AFIO 的外部中断配置寄存器 1（AFIO_EXTICR1）、外部中断配置寄存器 2（AFIO_EXTICR2）、外部中断配置寄存器 3（AFIO_EXTICR3）和外部中断配置寄存器 4（AFIO_EXTICR4）。

1. 复用重映射和调试 I/O 配置寄存器（AFIO_MAPR）

AFIO_MAPR 的结构、偏移地址和复位值如图 9-10 所示，对部分位的解释说明如表 9-16 所示。

偏移地址：0x04

复位值：0x0000 0000

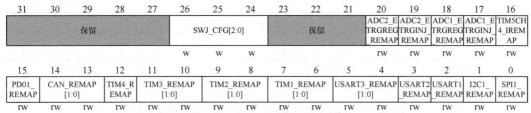

图 9-10 AFIO_MAPR 的结构、偏移地址和复位值

表 9-16 AFIO_MAPR 部分位的解释说明

位 11:10	TIM3_REMAP[1:0]：定时器 3 的重映射（TIM3 remapping）。 这些位可由软件置 1 或清零，控制定时器 3 的通道 1～4 在 GPIO 端口的映射。 00：没有重映射（CH1/PA6，CH2/PA7，CH3/PB0，CH4/PB1）； 01：未用组合； 10：部分映射（CH1/PB4，CH2/PB5，CH3/PB0，CH4/PB1）； 11：完全映射（CH1/PC6，CH2/PC7，CH3/PC8，CH4/PC9）。 注意，重映射不影响在 PD2 上的 TIM3_ETR

2. 外部中断配置寄存器 1（AFIO_EXTICR1）

AFIO_EXTICR1 的结构、偏移地址和复位值如图 9-11 所示，对部分位的解释说明如表 9-17 所示。

偏移地址：0x08

复位值：0x0000 0000

31	30	29	28	27	26	25	24	23	22	21	20	19	18	17	16
保留															

15	14	13	12	11	10	9	8	7	6	5	4	3	2	1	0
EXTI3[3:0]				EXTI2[3:0]				EXTI1[3:0]				EXTI0[3:0]			
rw	rw	rw	rw	rw	rw	rw	rw	rw	rw	rw	rw	rw	rw	rw	rw

图 9-11 AFIO_EXTICR1 的结构、偏移地址和复位值

表 9-17 AFIO_EXTICR1 部分位的解释说明

位 31:16	保留
位 15:0	EXTIx[3:0]：EXTIx 配置（x=0，…，3）（EXTI x configuration）。 这些位可由软件读/写，用于选择 EXTIx 外部中断的输入源。 0000：PA[x]引脚；0011：PD[x]引脚；0101：PF[x]引脚； 0001：PB[x]引脚；0100：PE[x]引脚；0110：PG[x]引脚； 0010：PC[x]引脚

3. 外部中断配置寄存器 2（AFIO_EXTICR2）

AFIO_EXTICR2 的结构、偏移地址和复位值如图 9-12 所示，对部分位的解释说明如表 9-18 所示。

偏移地址：0x0C

复位值：0x0000 0000

31	30	29	28	27	26	25	24	23	22	21	20	19	18	17	16
保留															

15	14	13	12	11	10	9	8	7	6	5	4	3	2	1	0
EXTI7[3:0]				EXTI6[3:0]				EXTI5[3:0]				EXTI4[3:0]			
rw	rw	rw	rw	rw	rw	rw	rw	rw	rw	rw	rw	rw	rw	rw	rw

图 9-12　AFIO_EXTICR2 的结构、偏移地址和复位值

表 9-18　AFIO_EXTICR2 部分位的解释说明

位 31:16	保留
位 15:0	EXTIx[3:0]：EXTIx 配置（x=4, …, 7）（EXTI x configuration）。 这些位可由软件读/写，用于选择 EXTIx 外部中断的输入源。 0000：PA[x]引脚；　0011：PD[x]引脚；　0101：PF[x]引脚； 0001：PB[x]引脚；　0100：PE[x]引脚；　0110：PG[x]引脚； 0010：PC[x]引脚

4. 外部中断配置寄存器 3（AFIO_EXTICR3）

AFIO_EXTICR3 的结构、偏移地址和复位值如图 9-13 所示，对部分位的解释说明如表 9-19 所示。

偏移地址：0x10

复位值：0x0000 0000

31	30	29	28	27	26	25	24	23	22	21	20	19	18	17	16
保留															

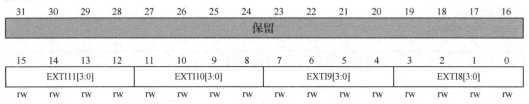

15	14	13	12	11	10	9	8	7	6	5	4	3	2	1	0
EXTI11[3:0]				EXTI10[3:0]				EXTI9[3:0]				EXTI8[3:0]			
rw	rw	rw	rw	rw	rw	rw	rw	rw	rw	rw	rw	rw	rw	rw	rw

图 9-13　AFIO_EXTICR3 的结构、偏移地址和复位值

表 9-19　AFIO_EXTICR3 部分位的解释说明

位 31:16	保留
位 15:0	EXTIx[3:0]：EXTIx 配置（x=8, …, 11）（EXTI x configuration）。 这些位可由软件读/写，用于选择 EXTIx 外部中断的输入源。 0000：PA[x]引脚；　0011：PD[x]引脚；　0101：PF[x]引脚； 0001：PB[x]引脚；　0100：PE[x]引脚；　0110：PG[x]引脚； 0010：PC[x]引脚

5. 外部中断配置寄存器 4（AFIO_EXTICR4）

AFIO_EXTICR4 的结构、偏移地址和复位值如图 9-14 所示，对部分位的解释说明如表 9-20 所示。

偏移地址：0x14

复位值：0x0000 0000

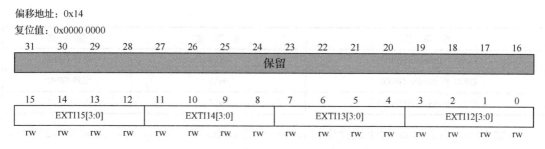

图 9-14 AFIO_EXTICR4 的结构、偏移地址和复位值

表 9-20 AFIO_EXTICR4 部分位的解释说明

位 31:16	保留
位 15:0	EXTIx[3:0]：EXTIx 配置（x=12, …, 15）（EXTI x configuration）。 这些位可由软件读/写，用于选择 EXTIx 外部中断的输入源。 0000：PA[x]引脚；0011：PD[x]引脚；0101：PF[x]引脚； 0001：PB[x]引脚；0100：PE[x]引脚；0110：PG[x]引脚； 0010：PC[x]引脚

9.2.8 AFIO 部分固件库函数

本实验涉及的 AFIO 固件库函数只有 GPIO_EXTILineConfig。该函数在 stm32f10x_gpio.h 文件中声明，在 stm32f10x_gpio.c 文件中实现。

GPIO_EXTILineConfig 函数的功能是根据 GPIO_PortSource 和 GPIO_PinSource 的值，配置 AFIO→EXTICR[x]（x=1, …, 4），从而选择 GPIO 的某一引脚作为外部中断线路。具体描述如表 9-21 所示。

表 9-21 GPIO_EXTILineConfig 函数的描述

函数名	GPIO_EXTILineConfig
函数原型	void GPIO_EXTILineConfig(uint8_t GPIO_PortSource, uint8_t GPIO_PinSource)
功能描述	选择 GPIO 引脚作为外部中断线路
输入参数 1	GPIO_PortSource：选择作为外部中断线源的 GPIO 端口号
输入参数 2	GPIO_PinSource：待设置的外部中断线源的引脚号
输出参数	无
返回值	void

参数 GPIO_PortSource 用于选择作为事件输出的 GPIO 端口，可取值如表 9-22 所示。

表 9-22 参数 GPIO_PortSource 的可取值

可 取 值	实 际 值	描 述
GPIO_PortSourceGPIOA	0x00	选择 GPIOA
GPIO_PortSourceGPIOB	0x01	选择 GPIOB
GPIO_PortSourceGPIOC	0x02	选择 GPIOC
GPIO_PortSourceGPIOD	0x03	选择 GPIOD

可 取 值	实 际 值	描 述
GPIO_PortSourceGPIOE	0x04	选择 GPIOE
GPIO_PortSourceGPIOF	0x05	选择 GPIOF
GPIO_PortSourceGPIOG	0x06	选择 GPIOG

参数 GPIO_PinSource 用于选择作为事件输出的 GPIO 端口引脚，可取值如表 9-23 所示。

表 9-23　参数 GPIO_PinSource 的可取值

可 取 值	实 际 值	描 述
GPIO_PinSource0	0x00	选择第 0 个引脚
GPIO_PinSource1	0x01	选择第 1 个引脚
GPIO_PinSource2	0x02	选择第 2 个引脚
GPIO_PinSource3	0x03	选择第 3 个引脚
GPIO_PinSource4	0x04	选择第 4 个引脚
GPIO_PinSource5	0x05	选择第 5 个引脚
GPIO_PinSource6	0x06	选择第 6 个引脚
GPIO_PinSource7	0x07	选择第 7 个引脚
GPIO_PinSource8	0x08	选择第 8 个引脚
GPIO_PinSource9	0x09	选择第 9 个引脚
GPIO_PinSource10	0x0A	选择第 10 个引脚
GPIO_PinSource11	0x0B	选择第 11 个引脚
GPIO_PinSource12	0x0C	选择第 12 个引脚
GPIO_PinSource13	0x0D	选择第 13 个引脚
GPIO_PinSource14	0x0E	选择第 14 个引脚
GPIO_PinSource15	0x0F	选择第 15 个引脚

例如，选择 PB8 作为外部中断线路，代码如下：

```
GPIO_EXTILineConfig(GPIO_PortSourceGPIOB, GPIO_PinSource8);
```

9.3　实验步骤

步骤 1：复制并编译原始工程

首先，将"D:\STM32KeilTest\Material\07.码盘测速实验"文件夹复制到"D:\STM32KeilTest\Product"文件夹中。然后双击运行"D:\STM32KeilTest\Product\07.码盘测速实验\Project"文件夹中的 STM32KeilPrj.uvprojx，参见 4.3 节步骤 1 验证原始工程，若原始工程是正确的，则可以进入下一步操作。

步骤 2：添加 Encoder 和 EXTI 文件对

首先，将"D:\STM32KeilTest\Material\07.码盘测速实验\App\Encoder"和"D:\STM32KeilTest\Material\07.码盘测速实验\HW\EXTI"文件夹中的 Encoder.c 和 EXTI.c 分别添加到 App 分组和 HW 分组，具体操作可参见 3.3 节步骤 8。然后将"D:\STM32KeilTest\Product\07.

码盘测速实验\App\ Encoder" 路径与 "D:\STM32KeilTest\Product\07.码盘测速实验\HW\EXTI"
路径添加到 Include Paths 栏，具体操作可参见 3.3 节步骤 11。

步骤 3：完善 Timer.h 文件

测速模块需要一个 1ms 计时器，用于记录两次测量的间隔时间。通过外部中断可以测量
车轮转动的圈数，进而推算出小车前进的距离，再除以两次测量的间隔时间，就可以得到小
车的速度。

在 Timer.h 文件的 "API 函数声明" 区，添加 GetEncoderTick 函数的声明代码，如程序清
单 9-1 所示。GetEncoderTick 函数用于获取测速时间。

程序清单 9-1

```
u32   GetEncoderTick(void);                    //获取测速时间
```

步骤 4：完善 Timer.c 文件

在 Timer.c 文件的 "内部变量" 区，添加测速计时器 s_iEncoderCnt 的声明代码，如程序
清单 9-2 所示。s_iEncoderCnt 将放在 TIM2 的中断服务函数中，每隔 1ms 自增一次，用于记
录两次测量的间隔时间。

程序清单 9-2

```
static u32 s_iEncoderCnt = 0;       //测速计时器
```

将测速计时器 s_iEncoderCnt 添加到 TIM2 中断服务函数中，如程序清单 9-3 所示。

程序清单 9-3

```
void TIM2_IRQHandler(void)
{
  static  i16 s_iCnt2   = 0;              //2ms 计数器
  static  u8  s_iCnt10  = 0;              //10ms 计数器

  if(TIM_GetITStatus(TIM2, TIM_IT_Update) != RESET)   //检查 TIM2 更新中断发生与否
  {
    TIM_ClearITPendingBit(TIM2, TIM_IT_Update);

    TaskTimerProc();                      //时间片 TaskProcess 定时中断处理
    UARTUpdateSendData();                 //UART 发送数据
    s_iEncoderCnt++;                      //测速计时器自增

    s_iCnt2++;
    if (s_iCnt2 >= 2)
    {
      s_iCnt2 = 0;
      UpdateInfraredIO();
    }

    s_iCnt10++;
    if (s_iCnt10 >= 10)
    {
      ScanKey();                          //按键扫描，避免避障模式按键失灵
      s_iCnt10 = 0;
    }
  }
}
```

在 Timer.c 文件的 "API 函数实现" 区，添加 GetEncoderTick 函数的定义代码，如程序清

单 9-4 所示。GetEncoderTick 函数会返回测速计时器 s_iEncoderCnt 的值，然后将计时器清零，开始计数下一次测量的时间。

程序清单 9-4

```
u32 GetEncoderTick(void)
{
  u32 time = 0;

  time = s_iEncoderCnt;
  s_iEncoderCnt = 0;
  return time;
}
```

步骤 5：完善 Encoder.h 文件

首先，在 Encoder.c 文件的"包含头文件"区，添加代码#include "Encoder.h"，然后单击▦按钮进行编译。编译结束后，在 Project 面板中，双击 Encoder.c 下的 Encoder.h。在 Encoder.h 文件中添加防止重编译处理代码，如程序清单 9-5 所示。

程序清单 9-5

```
#ifndef _ENCODER_H_
#define _ENCODER_H_


#endif
```

在 Encoder.h 文件的"API 函数声明"区，添加 API 函数 InitEncoder、MeasureEncoder、UpdateRightEncoderCnt 和 UpdateLeftEncoderCnt 的声明代码，如程序清单 9-6 所示。下面依次介绍这几个函数的作用。

（1）InitEncoder 函数用于初始化测速模块驱动。

（2）MeasureEncoder 函数用于开启一次速度测量，然后将测量结果存储在 Common 模块中。

（3）UpdateRightEncoderCnt 函数用于更新右侧测速编码器的计数器，放在外部中断服务函数中，每调用一次计数器加 1。

（4）UpdateLeftEncoderCnt 函数的作用与 UpdateRightEncoderCnt 函数类似。

程序清单 9-6

```
void  InitEncoder(void);                 //初始化编码器
void  MeasureEncoder(void);              //每 500ms 测试编码器电平变化次数，每 5ms 调用一次
void  UpdateRightEncoderCnt(void);       //更新右侧测速计数
void  UpdateLeftEncoderCnt(void);        //更新左侧测速计数
```

步骤 6：完善 Encoder.c 文件

在 Encoder.c 文件的"包含头文件"区添加头文件，如程序清单 9-7 所示。

程序清单 9-7

```
#include "Timer.h"
#include "Common.h"
```

在 Encoder.c 文件的"宏定义"区，添加测速宏定义，如程序清单 9-8 所示，测速模块的数据都用宏定义表示，方便修改和调用。下面按照顺序解释这些宏定义的作用。

（1）DIAMETER 表示车轮的直径，单位为 mm，可以根据实际情况进行修改。

（2）PERIMETER 表示车轮的周长，单位为 mm，是通过 DIAMETER 计算得到的。

（3）CODE_NUM 表示编码器光栅码盘的格数，在测量时每经过一个上升沿，测速计数

器就加 1，下降沿不予理会，结合实际情况，车轮转动一周将产生 20 个方波信号（即光栅码盘的格数）。若使用其他光栅码盘，则需根据实际情况修改 CODE_NUM。

（4）PER_DISTANCE 为光栅码盘一格对应的前进距离，在计算前进的距离时，只需要将编码器计数器的数值乘以光栅码盘每一格对应的距离，就可以计算出小车前进的距离。

（5）SPEED_RATE 为减速比，由于 TT 电机的车轮和光栅码盘是同轴的，因此减速比为 1。如果采用其他电机，应根据实际情况修改减速比。

程序清单 9-8

```
#define DIAMETER        62.0                                        //车轮直径 62mm
#define PERIMETER       (DIAMETER * 3.14)                           //周长（毫米）
#define CODE_NUM        20.0                                        //电机转一圈产生 20 个信号
#define PER_DISTANCE    ((double)PERIMETER / (double)CODE_NUM)      //每次电平转换经过的距离(毫米)
#define SPEED_RATE      1                                          //减速电机减速比
```

在 Encoder.c 文件的"枚举结构体定义"区，声明一个结构体类型，如程序清单 9-9 所示。其中 rCnt 为右侧测速编码器的计数器，lCnt 为左侧测速编码器的计数器。

程序清单 9-9

```
typedef struct
{
  u32 rCnt;    //每个上升沿加一
  u32 lCnt;    //每个上升沿加一
}StructEncoderProc;
```

在 Encoder.c 文件的"内部变量"区，添加结构体 s_structEncoderProc 的定义代码，如程序清单 9-10 所示，用于存储测速编码器的计数器。

程序清单 9-10

```
static StructEncoderProc s_structEncoderProc;
```

在 Encoder.c 文件的"内部函数声明"区，添加内部函数 ClearMeasure 的声明代码，用于清除测速测量计数器，如程序清单 9-11 所示。

程序清单 9-11

```
static void  ClearMeasure(void);   //清除测量，重新开始测量
```

在 Encoder.c 文件的"内部函数实现"区，添加内部函数 ClearMeasure 的实现代码，如程序清单 9-12 所示。ClearMeasure 将左侧和右侧测速编码器的计数器均清零，为下一次测量做好准备。

程序清单 9-12

```
static void  ClearMeasure(void)
{
  s_structEncoderProc.lCnt  = 0; //清空左侧计数器
  s_structEncoderProc.rCnt = 0;  //清空右侧计数器
}
```

在 Encoder.c 文件的"API 函数实现"区，添加 API 函数 InitEncoder、MeasureEncoder、UpdateRightEncoderCnt 和 UpdateLeftEncoderCnt 的实现代码，如程序清单 9-13 所示。下面按照顺序解释这几个函数。

（1）InitEncoder 函数用于初始化测速模块，将左、右测速的计数器清零，然后将 Common 模块中的速度测量结果清零。

（2）MeasureEncoder 函数用于测量一次速度，需要每隔一段时间执行一次，间隔时间为 300～500ms 最佳。测量频率太快容易导致测量不准，测量频率太慢则显示效果差。该函数根

据左、右测速计数器来计算小车前进的距离，并通过 GetEncoderTick 函数获得两次测量的间隔时间，再将计算得到的速度存储至 Common 模块中，方便各个模块调用。

（3）UpdateRightEncoderCnt 函数用于更新右侧测速计数器，每执行一次，rCnt 加 1。该函数放在外部中断服务函数中，每一次上升沿触发执行一次。UpdateLeftEncoderCnt 函数类似。

程序清单 9-13

```
void InitEncoder(void)
{
  StructSystemFlag *carFlag;

  carFlag = GetSystemStatus();
  s_structEncoderProc.rCnt = 0;          //右侧计数器初始化为 0
  s_structEncoderProc.lCnt = 0;          //左侧计数器初始化为 0

  carFlag->rSpeed = 0;                   //右侧速度初始化为 0
  carFlag->lSpeed = 0;                   //左侧速度初始化为 0
}

void MeasureEncoder(void)
{
  u32 time = 0;
  StructSystemFlag *carFlag;

  time = GetEncoderTick();              //获取测速计时器
  carFlag = GetSystemStatus();

  carFlag->rSpeed = PER_DISTANCE * s_structEncoderProc.rCnt * 100 / (time * SPEED_RATE);
  carFlag->lSpeed = PER_DISTANCE * s_structEncoderProc.lCnt * 100 / (time * SPEED_RATE);

  ClearMeasure();                       //清除测量，重新开始测量

}

void UpdateRightEncoderCnt(void)
{
  s_structEncoderProc.rCnt++;           //右侧计数器自增
}

void UpdateLeftEncoderCnt(void)
{
  s_structEncoderProc.lCnt++;           //左侧计数器自增
}
```

步骤 7：完善 EXTI.h 文件

在 EXTI.c 文件的"包含头文件"区，添加代码#include "EXTI.h"，完成添加后，单击 🔲 按钮进行编译。编译结束后，在 Project 面板中，双击 EXTI.c 下的 EXTI.h。在 EXTI.h 文件中添加防止重编译处理代码，如程序清单 9-14 所示。

程序清单 9-14

```
#ifndef _EXTI_H_
#define _EXTI_H_


#endif
```

在 EXTI.h 文件的"API 函数声明"区，添加 InitEXTI 函数的声明代码，如程序清单 9-15 所示。InitEXTI 函数用于初始化外部中断。

程序清单 9-15

```
void  InitEXTI(void);                           //初始化外部中断
```

步骤 8：完善 EXTI.c 文件

在 EXTI.c 文件的"包含头文件"区添加头文件，如程序清单 9-16 所示。

程序清单 9-16

```
#include <stm32f10x_conf.h>
#include "Encoder.h"
```

在 EXTI.c 文件的"内部函数声明"区，添加内部函数 ConfigEXTIGPIO 和 ConfigEXTI 的声明代码，如程序清单 9-17 所示。其中 ConfigEXTIGPIO 函数用于配置外部中断的 GPIO，ConfigEXTI 函数用于配置外部中断的常规参数。

程序清单 9-17

```
static  void  ConfigEXTIGPIO(void);   //配置 Encoder 的 GPIO
static  void  ConfigEXTI(void);       //配置外部中断
```

在 EXTI.c 文件的"内部函数实现"区，添加内部函数 ConfigEXTIGPIO 实现代码，如程序清单 9-18 所示。下面按照顺序对其中的语句进行解释。

（1）本实验基于 PB5（右测速）和 PC12（左测速），因此，需要通过 RCC_APB2PeriphClockCmd 函数使能 GPIOB 和 GPIOC 时钟。

（2）通过 GPIO_Init 函数将 PB5 和 PC12 均配置为上拉输入模式，频率为 50MHz。

程序清单 9-18

```
static  void  ConfigEXTIGPIO(void)
{
  GPIO_InitTypeDef  GPIO_InitStructure;           //GPIO_InitStructure 用于存放 GPIO 的参数

  RCC_APB2PeriphClockCmd(RCC_APB2Periph_GPIOB, ENABLE);    //使能 GPIOB 时钟
  RCC_APB2PeriphClockCmd(RCC_APB2Periph_GPIOC, ENABLE);    //使能 GPIOC 时钟

  //速度码盘右 PB5
  GPIO_InitStructure.GPIO_Pin = GPIO_Pin_5;                //设置引脚
  GPIO_InitStructure.GPIO_Speed = GPIO_Speed_50MHz;        //设置 I/O 输入速度
  GPIO_InitStructure.GPIO_Mode = GPIO_Mode_IPU;            //设置输入类型
  GPIO_Init(GPIOB, &GPIO_InitStructure);                   //根据参数初始化 GPIO

  //速度码盘左 PC12
  GPIO_InitStructure.GPIO_Pin = GPIO_Pin_12;               //设置引脚
  GPIO_InitStructure.GPIO_Speed = GPIO_Speed_50MHz;        //设置 I/O 输入速度
  GPIO_InitStructure.GPIO_Mode = GPIO_Mode_IPU;            //设置输入类型
  GPIO_Init(GPIOC, &GPIO_InitStructure);                   //根据参数初始化 GPIO
}
```

在 EXTI.c 文件的"内部函数实现"区，添加 API 函数 ConfigEXTI 的实现代码，如程序清单 9-19 所示，下面按照顺序对其中的语句进行解释。

（1）EXTI 与 AFIO 有关的寄存器包括 AFIO_EXTICR1、AFIO_EXTICR2、AFIO_EXTICR3 和 AFIO_EXTICR4，这些寄存器用于选择 EXTIx 外部中断的输入源，因此，需要通过 RCC_APB2PeriphClockCmd 函数使能 AFIO 时钟。该函数涉及 RCC_APB2ENR 的 AFIOEN，

AFIOEN 为 1，使能 AFIO 时钟；AFIOEN 为 0，关闭 AFIO 时钟，可参见图 4-13 和表 4-14。

（2）PB5 与 PC12 类似，这里以 PB5 为例，GPIO_EXTILineConfig 函数用于将 PB5 设置为 EXTI5 的输入源。该函数涉及 AFIO_EXTICR2 的 EXTI5[3:0]，可参见图 9-12 和表 9-18。

（3）EXTI_Init 函数用于初始化中断线参数。该函数涉及 EXTI_IMR 的 MRx、EXTI_EMR 的 MRx，以及 EXTI_RTSR 的 TRx 和 EXTI_FTSR 的 TRx。EXTI_IMR 的 MRx 为 0，屏蔽来自 EXTIx 的中断请求；为 1，开放来自 EXTIx 的中断请求。EXTI_EMR 的 MRx 为 0，屏蔽来自 EXTIx 的事件请求；为 1，开放来自 EXTIx 的事件请求。EXTI_RTSR 的 TRx 为 0，禁止 EXTIx 上的上升沿触发；为 1，允许 EXTIx 上的上升沿触发。EXTI_FTSR 的 TRx 为 0，禁止 EXTIx 上的下降沿触发；为 1，允许 EXTIx 上的下降沿触发。本实验中，均开放来自 EXTI5 和 EXTI12 的中断请求，并允许上升沿触发。

（4）通过 NVIC_Init 函数使能 EXTI9_5_IRQn 和 EXTI15_10_IRQn 的中断，同时分别设置这两个中断的抢占优先级为 3 和 4，响应优先级均为 0。

（5）EXTI9_5_IRQHandler 为外部中断服务函数，STM32 的外部中断 EXTI_Line0 到 EXTI_Line5 都有独立的外部中断服务函数，EXTI_Line5 到 EXTI_Line9 公用同一个中断服务函数。进入 EXTI9_5_IRQHandler，首先要判断是哪条外部中断线触发中断，然后执行相应的操作。EXTI15_10_IRQHandler 中断服务函数也类似。

程序清单 9-19

```
static void ConfigEXTI(void)
{
  EXTI_InitTypeDef EXTI_InitStructure;            //定义结构体 EXTI_InitStructure，配置 EXTI 常规参数
  NVIC_InitTypeDef NVIC_InitStructure;            //定义结构体 NVIC_InitStructure，配置 EXTI 的 NVIC

  RCC_APB2PeriphClockCmd(RCC_APB2Periph_AFIO, ENABLE);            //使能复用功能时钟

  //GPIOB.5 中断线以及中断初始化配置，上升沿触发，右侧测速
  GPIO_EXTILineConfig(GPIO_PortSourceGPIOB, GPIO_PinSource5);  //将 GPIOB 与 Line5 连接起来
  EXTI_InitStructure.EXTI_Line = EXTI_Line5;            //外部中断线 5
  EXTI_InitStructure.EXTI_Mode = EXTI_Mode_Interrupt;            //以中断形式
  EXTI_InitStructure.EXTI_Trigger = EXTI_Trigger_Rising;            //上升沿触发
  EXTI_InitStructure.EXTI_LineCmd = ENABLE;            //使能外部中断线
  EXTI_Init(&EXTI_InitStructure);            //根据结构体定义外部中断线

  //GPIOC.12 中断线以及中断初始化配置，上升沿触发，左侧测速
  GPIO_EXTILineConfig(GPIO_PortSourceGPIOC, GPIO_PinSource12); //将 GPIOC 与 Line12 连接起来
  EXTI_InitStructure.EXTI_Line = EXTI_Line12;            //外部中断线 12
  EXTI_InitStructure.EXTI_Mode = EXTI_Mode_Interrupt;            //以中断形式
  EXTI_InitStructure.EXTI_Trigger = EXTI_Trigger_Rising;            //上升沿触发
  EXTI_InitStructure.EXTI_LineCmd = ENABLE;            //使能外部中断线
  EXTI_Init(&EXTI_InitStructure);            //根据结构体定义外部中断线

  //配置 EXTI9_5_IRQn 的 NVIC
  NVIC_InitStructure.NVIC_IRQChannel = EXTI9_5_IRQn;            //配置中断 EXTI9_5_IRQn
  NVIC_InitStructure.NVIC_IRQChannelPreemptionPriority = 3;            //抢占式优先级为 3
  NVIC_InitStructure.NVIC_IRQChannelSubPriority = 0;            //响应式优先级为 0
  NVIC_InitStructure.NVIC_IRQChannelCmd = ENABLE;            //使能中断
  NVIC_Init(&NVIC_InitStructure);            //根据结构体配置 NVIC
```

```
//配置 EXTI15_10_IRQHandler
NVIC_InitStructure.NVIC_IRQChannel = EXTI15_10_IRQn;              //配置中断 EXTI15_10_IRQn
NVIC_InitStructure.NVIC_IRQChannelPreemptionPriority = 4;         //抢占式优先级为 4
NVIC_InitStructure.NVIC_IRQChannelSubPriority = 0;               //响应式优先级为 0
NVIC_InitStructure.NVIC_IRQChannelCmd = ENABLE;                  //使能中断
NVIC_Init(&NVIC_InitStructure);                                 //根据结构体配置 NVIC
}
```

在 EXTI.c 文件的"内部函数实现"区，添加 EXTI9_5_IRQHandler 和 EXTI15_10_IRQHandler 中断服务函数的实现代码，如程序清单 9-20 所示。下面仅对 EXTI9_5_IRQHandler 函数中的语句进行解释。

（1）通过 EXTI_GetITStatus 函数获取中断标志，该函数涉及 EXTI_IMR 的 MRx 和 EXTI_PR 的 PRx。本实验中，EXTI_IMR 的 MRx 为 1，表示开放来白 EXTIx 的事件请求，当 EXTIx 发生了选择的边沿事件时，PRx 由硬件置为 1，并产生中断，执行 EXTIx_IRQHandler 函数，因此，在 EXTIx_IRQHandler 函数中还需要通过 EXTI_ClearITPendingBit 函数清除中断标志位，即向 PRx 写入 1 清除 PRx。

（2）在 EXTI9_5_IRQHandler 函数中，通过调用 UpdateRightEncoderCnt 函数使右测速编码计数器加 1，记录发生外部中断的次数，由此可以计算小车前进的距离。

程序清单 9-20

```
void EXTI9_5_IRQHandler(void)
{
  //右侧测速
  if (EXTI_GetITStatus(EXTI_Line5) != RESET)
  {
    UpdateRightEncoderCnt();
    EXTI_ClearITPendingBit(EXTI_Line5);     //清除 Line5 上的中断标志位
  }
}


void EXTI15_10_IRQHandler(void)
{
  //左侧测速
  if (EXTI_GetITStatus(EXTI_Line12) != RESET)
  {
    UpdateLeftEncoderCnt();
    EXTI_ClearITPendingBit(EXTI_Line12);    //清除 Line12 上的中断标志位
  }
}
```

在 EXTI.c 文件的"API 函数实现"区添加 API 函数 InitEXTI 的实现代码，如程序清单 9-21 所示。InitEXTI 函数通过调用 ConfigEXTIGPIO 函数配置外部中断的 GPIO，调用 ConfigEXTI 函数配置外部中断的常规参数。

程序清单 9-21

```
void InitEXTI(void)
{
  ConfigEXTIGPIO();
  ConfigEXTI();
}
```

步骤 9：完善码盘测速实验应用层

在 TaskProc.c 文件的"包含头文件"区添加头文件，如程序清单 9-22 所示。

程序清单 9-22

```
#include "Encoder.h"
```

在 TaskProc.c 文件的"内部变量"区，将测速任务添加到任务列表 s_arrTaskComps[]中，如程序清单 9-23 所示。如此便实现了每隔 500ms 测量一次小车速度，并更新至 OLED 显示。

程序清单 9-23

```
//任务列表
static StructTaskCtr s_arrTaskComps[] =
{
  {0, 2,    2,    LEDTask},            //LED 闪烁
  {0, 5,    5,    CarGo},              //小车运行
  {0, 100,  100,  DbgCarScan},         //DbgCar 扫描任务
  {0, 100,  100,  OLEDShow},           //OLED 显示
  {0, 100,  100,  MeasureDistance},    //超声测距
  {0, 500,  500,  MeasureEncoder},     //测速
};
```

在 Main.c 文件的"包含头文件"区添加头文件，如程序清单 9-24 所示。

程序清单 9-24

```
#include "Encoder.h"
#include "EXTI.h"
```

在 Main.c 文件的 InitSoftware 函数中添加测速模块的初始化代码，如程序清单 9-25 所示。

程序清单 9-25

```
static  void  InitSoftware(void)
{
  InitLED();                //初始化 LED 模块
  InitSystemStatus();       //初始化 SystemStatus 模块
  InitTask();               //初始化 Task 模块
  InitDbgCar();             //初始化 DbgCar 模块
  InitOLED();               //初始化 OLED 模块
  InitKeyOne();             //初始化 KeyOne 模块
  InitProcKeyOne();         //初始化 ProcKeyOne 模块
  InitBeep();               //初始化 Beep 模块
  InitMotor();              //初始化 Motor 模块
  InitServo();              //初始化 Servo 模块
  InitInfrared();           //初始化 Infrared 模块
  InitUltraSound();         //初始化 UltraSound 模块
  InitEncoder();            //初始化 Encoder 模块
}
```

在 Main.c 文件的 InitHardware 函数中添加外部中断的初始化代码，如程序清单 9-26 所示。

程序清单 9-26

```
static  void  InitHardware(void)
{
  SystemInit();             //初始化系统
  InitRCC();                //初始化 RCC 模块
  InitNVIC();               //初始化 NVIC 模块
  InitSysTick();            //初始化 SysTick 模块
```

```
    InitTimer();                    //初始化 Timer 模块
    InitUART();                     //初始化 UART 模块
    InitPWM();                      //初始化 PWM 模块
    InitEXTI();                     //初始化 EXTI 模块
}
```

步骤 10：编译及下载验证

代码编写完成并编译成功后，将程序下载到 STM32 微控制器中。下载完成后通过串口助手发送命令"2:1800,1800"可以使电机转动，此时 OLED 显示屏上的 RS 表示右侧速度，LS 表示左侧速度，加快电机转动速度可以看到左、右侧速度发生变化。由于电机之间存在差异，因此左、右侧速度之间存在一定差距。可以试着观察在一定时间内车轮转了多少圈，从而大致推算出速度，看是否与 OLED 显示屏显示的速度一致。

本 章 任 务

修改外部中断上升沿触发选择寄存器（EXTI_RTSR）和下降沿触发选择寄存器（EXTI_FTSR），允许外部中断上升沿触发和下降沿触发，如此车轮转动一周将产生 40 个外部中断，可以提高测速精度。

本 章 习 题

1．简述什么是外部输入中断。

2．简述中断服务函数里中断标志位的作用，应该在什么时候清除中断标志位，如果不清除中断标志位会有什么后果。

3．本实验涉及的外部中断固件库函数包括哪些？分别有什么功能？

4．简述测量电机转速的原理。

10 实验8——电池电压检测实验

ADC（Analog to Digital Converter）即模-数转换器。STM32F103RCT6 芯片内嵌 3 个 12 位逐次逼近型 ADC，每个 ADC 公用多达 18 个外部通道，可以实现单次或多次扫描转换。各通道的 A/D 转换可以单次、连续、扫描或间断模式执行，ADC 的结果以左对齐或右对齐方式存储在 16 位数据寄存器中。本章首先介绍 ADC 及其相关的寄存器和固件库函数，然后编写电池电压检测驱动程序，帮助读者掌握通过 ADC 进行模-数转换。

10.1 实验内容

通过学习智能小车核心板上的电池电压测量电路原理图、STM32 微控制器的 ADC 相关功能和寄存器、DMA 相关功能和寄存器及 STM32 的固件库函数，编写智能小车电池电压检测驱动程序，将测量结果保存到 Common 模块中，并在 OLED 显示屏上显示出来。

10.2 实验原理

10.2.1 电池电压测量电路原理图

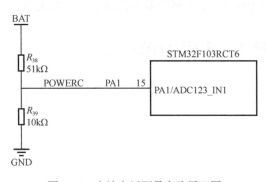

图 10-1 电池电压测量电路原理图

电池电压测量电路原理图如图 10-1 所示，从图中可以看出，电池电压测量连接的 STM32F103RCT6 芯片引脚为 PA1，对应 STM32 的 ADC123 通道 1。与之对应的 DMA 通道为 DMA1_Channel_1。

在 STM32 系列微控制器中，对于引脚数量小于或等于 64 个的芯片，其 V_{REF+}（ADC 参考电压）直接连接到 V_{DDA}（Pin13）上，引脚数量大于 64 个的芯片有专门的引脚用于输入 ADC 参考电压 V_{REF+}。智能小车采用的 STM32F103RCT6 微控制器有 64 个引脚，所以智能小车核心板上的 ADC 参考电压就是 V_{DDA}（基本等于 3.3V 电源）。实际上智能小车核心板上标注的 3.3V 电源并不等于 3.3V，存在一个误差，而且当电池供电严重不足时，3.3V 电源实际电压甚至都不到 3V。然而通常在计算电池电压值时，V_{DDA} 就是标准的 3.3V，这样计算出来的电池电压是不准确的，所以要求出 V_{DDA} 的实际电压值。

STM32 微控制器提供了一个芯片内部基准电压（该基准电压并非 ADC 参考电压），该基准电压位于 ADC1 的通道 17，电压值的典型值是 1.20V，最小值是 1.16V，最大值是 1.24V，该电压值不随外部供电电压的改变而改变。该电压计算公式为：$V_{DDA} \times$ ADC 值 / 4096 = 1.20，其中 ADC 值可以通过 ADC 采样获取，这样就可以大概推算出 V_{DDA} 的实际值，然后用实际电压值代替 V_{REF+}，便可以在供电不足时准确测量电压。

10.2.2 ADC 功能框图

图 10-2 是 ADC 的功能框图，该框图涵盖的内容非常全面，但绝大多数应用只涉及其中

一部分，本实验也不例外。下面依次介绍 ADC 的电源与参考电压、ADC 时钟及其转换时间、ADC 输入通道、ADC 触发源、模拟至数字转换器、数据寄存器。

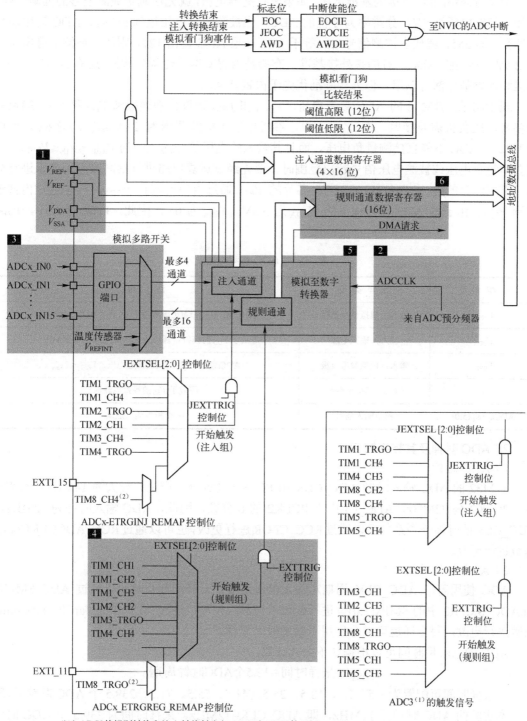

图 10-2　ADC 功能框图

1．ADC 的电源与参考电压

ADC 的输入范围在 V_{REF-} 和 V_{REF+} 之间，V_{DDA} 和 V_{SSA} 分别是 ADC 的电源和地。

ADC 的参考电压也称为基准电压，如果没有基准电压，就无法确定被测信号的准确幅值。例如，基准电压为 5V，分辨率为 8 位的 ADC，当被测信号电压达到 5V 时，ADC 输出满量程读数，即 255，就代表被测信号电压等于 5V；如果 ADC 输出 127，则代表被测信号电压等于 2.5V。不同的 ADC，有的是外接基准，有的是内置基准（无须外接），还有的 ADC 外接基准和内置基准都可以用，但外接基准优先于内置基准。

表 10-1 是 STM32 的 ADC 参考电压，V_{DDA} 和 V_{SSA} 建议分别连接到 V_{DD} 和 V_{SS}。STM32 的参考电压负极需要接地，即 $V_{REF-}=0V$，参考电压正极的范围为 2.4V≤V_{REF+}≤3.6V，所以 STM32 的 ADC 不能直接测量负电压，而且其输入的电压信号的范围为 V_{REF-}≤V_{IN}≤V_{REF+}。当需要测量负电压或被测电压信号超出范围时，要先经过运算电路进行抬高或利用电阻进行分压。需要注意的是，STM32F103RCT6 芯片的 V_{REF+} 通过内部连接到 V_{DDA}，V_{REF-} 通过内部连接到 V_{SSA}。由于 STM32 核心板上的 V_{DDA} 为 3.3V，V_{SSA} 为 0V，因此，V_{REF+} 为 3.3V，V_{REF-} 为 0V。

表 10-1　ADC 参考电压

引 脚 名 称	信 号 类 型	注　　释
V_{REF+}	输入，模拟参考正极	ADC 使用的高端/正极参考电压，2.4V≤V_{REF+}≤V_{DDA}
V_{DDA}	输入，模拟电源	等效于 V_{DD} 的模拟电源，且 2.4V≤V_{DDA}≤V_{DD}（3.6V）
V_{REF-}	输入，模拟参考负极	ADC 使用的低端/负极参考电压，V_{REF-}≤V_{SSA}
V_{SSA}	输入，模拟电源地	等效于 V_{SS} 的模拟电源地
ADCx_IN[15:0]	模拟输入信号	16 个模拟输入通道

2．ADC 时钟及其转换时间

1）ADC 时钟

STM32 的 ADC 输入时钟 ADC_CLK 由 PCLK2 经过分频产生，最大为 14MHz。本实验中，PCLK2 为 72MHz，ADC_CLK 为 PCLK2 的 6 分频，因此，ADC 输入时钟为 12MHz。ADC_CLK 的时钟分频系数可以通过RCC_CFGR进行更改，也可以通过RCC_ADCCLKConfig 函数进行更改。

2）ADC 转换时间

ADC 使用若干 ADC_CLK 周期对输入电压采样，采样周期数目可以通过 ADC_SMPR1 和 ADC_SMPR2 中的 SMPx[2:0]位进行配置，当然，也可以通过 ADC_RegularChannelConfig 函数进行更改。每个通道可以分别用不同的时间采样。

ADC 的总转换时间可以根据如下公式计算：

$$T_{CONV} = 采样时间 + 12.5 个 ADC 时钟周期$$

其中，采样时间可配置为 1.5、7.5、13.5、28.5、41.5、55.5、71.5、239.5 个 ADC 时钟周期。

本实验的 ADC 时钟是 12MHz，即 ADC_CLK=12MHz，采样时间为 239.5 个 ADC 时钟周期，因此计算 ADC 的总转换时间 T_{CONV} 如下：

$$T_{\text{CONV}} = 239.5 个 \text{ADC} 时钟周期 + 12.5 个 \text{ADC} 时钟周期$$
$$= 252 个 \text{ADC} 时钟周期$$
$$= 252 \times \frac{1}{12} \mu s$$
$$= 21 \mu s$$

3. ADC 输入通道

STM32 的 ADC 有多达 18 个通道，可以测量 16 个外部通道（ADCx_IN0~ADCx_IN15）和 2 个内部通道（温度传感器和 V_{REFINT}）。本实验用到的 ADC 通道是 ADC1_IN1，该通道与 PA1 引脚相连接。

4. ADC 触发源

STM32 的 ADC 支持外部事件触发转换，包括内部定时器触发和外部 I/O 触发。本实验使用 TIM3 进行触发，该触发源通过 ADC 控制寄存器 2，即 ADC_CR2 的 EXTSEL[2:0]进行选择，选择好该触发源后，还需要通过 ADC_CR2 的 EXTTRIG 对触发源进行使能。

5. 模拟至数字转换器

模拟至数字转换器是 ADC 的核心单元，模拟量在该单元中被转换为数字量。模拟至数字转换器有 2 个通道组，分别是规则通道组和注入通道组。规则通道组相当于正常运行的程序，而注入通道组相当于中断。本实验仅用到了规则通道组。

6. 数据寄存器

模拟量在模拟至数字转换器中被转换成数字量之后，规则通道组的数据存放在 ADC_DR 中，注入通道组的数据存放在 ADC_JDRx 中。由于本实验仅用到了规则通道组，因此，数字量存放在 ADC_DR 中，该寄存器是一个 32 位寄存器，仅低 16 位有效。然而，ADC 的分辨率是 12 位，因此，转换后的数字量可以按照左对齐进行存储，也可以按照右对齐进行存储，具体按照哪种方式进行存储，还需要通过 ADC_CR2 的 ALIGN 进行设置。

前文讲过，规则通道最多可以对 16 个信号源进行转换，然而用于存放规则通道组的 ADC_DR 只有 1 个，如果对多个通道进行转换，旧的数据就会被新的数据覆盖，因此，每完成一次转换都需要立刻将数据取走，或开启 DMA 模式，把数据转存至 SRAM 中。本实验中，只对外部通道 ADC1_IN1（与引脚 PA1 相连）进行采样和转换，每次转换完之后，都会通过 DMA1 的通道 1 转存到 SRAM 中，即 s_arrADC1Data 变量，进一步，在 TIM3 的中断服务函数又会将 s_arrADC1Data 变量写入 ADC 缓冲区，即 s_structADCCirQue 循环队列，应用层根据需要再从 ADC 缓冲区读取转换后的数字量。

10.2.3 DMA 功能框图

图 10-3 所示是 DMA 功能框图，下面依次介绍 DMA 外设和存储器、DMA 请求和 DMA 控制器。

1. DMA 外设和存储器

DMA 数据传输支持从外设到存储器、从存储器到外设、从存储器到存储器。对于大容量 STM32 产品，DMA 支持的外设包括 APB1 和 APB2 总线上的部分外设及 SDIO，DMA 支持的存储器包括片上 SRAM 和内部 Flash。

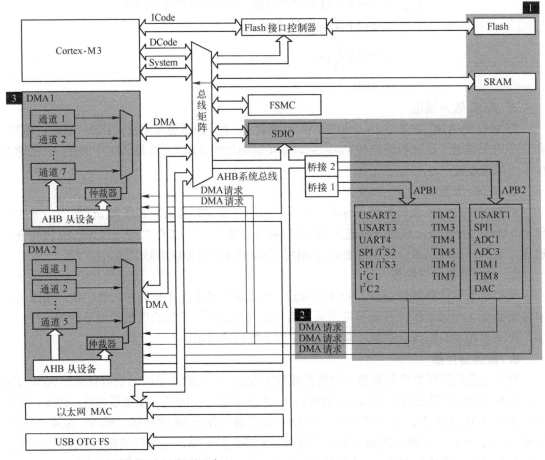

（1）DMA 2 仅存在于大容量产品和互联型产品中。
（2）SPI/I²S3、UART 4、TIM 5、TIM 6、TIM 7 和 DAC 的 DMA 请求仅存在于大容量产品和互联型产品中。
（3）ADC 3、SDIO 和 TIM 8 的 DMA 请求仅存在于大容量产品中。

图 10-3　DMA 功能框图

2. DMA 请求

DMA 数据传输需要通过 DMA 请求触发，其中，外设 TIM1、TIM2、TIM3、TIM4、ADC1、SPI1、SPI/I²S2、I²C1、I²C2、USART1、USART2、USART3 产生的 7 个请求通过逻辑或输入 DMA1 控制器，如图 10-4 所示，这意味着同时只能有一个 DMA1 请求有效。

DMA1 各通道的请求如表 10-2 所示。

外设 TIM5、TIM6、TIM7、TIM8、ADC3、SPI/I²S3、UART4、DAC1、DAC2 和 SDIO 产生的 5 个请求通过逻辑或输入 DMA2 控制器，如图 10-5 所示，同样意味着同时只能有一个 DMA2 请求有效。

DMA2 各通道的请求如表 10-3 所示。

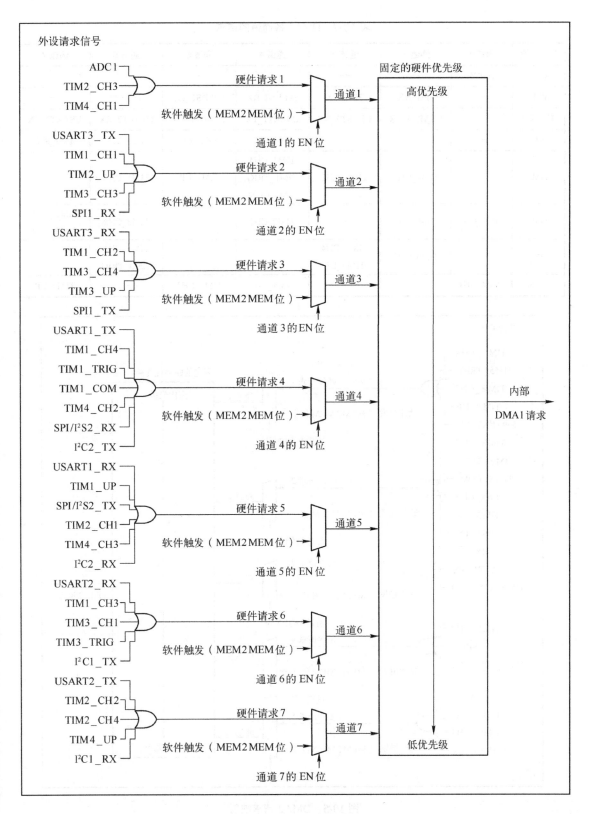

图 10-4　DMA1 请求映射

表 10-2　DMA1 各通道的请求

外　　设	通道 1	通道 2	通道 3	通道 4	通道 5	通道 6	通道 7
ADC1	ADC1	—	—	—	—	—	—
SPI/I^{2}S	—	SPI1_RX	SPI1_TX	SPI/I^{2}S2_RX	SPI/I^{2}S2_TX	—	—
USART	—	USART3_TX	USART3_RX	USART1_TX	USART1_RX	USART2_RX	USART2_TX
I^{2}C	—			I^{2}C2_TX	I^{2}C2_RX	I^{2}C1_TX	I^{2}C1_RX
TIM1	—	TIM1_CH1	TIM1_CH2	TIM1_CH4 TIM1_TRIG TIM1_COM	TIM1_UP	TIM1_CH3	—
TIM2	TIM2_CH3	TIM2_UP	—	TIM2_CH1	—	TIM2_CH2	TIM2_CH3 TIM2_CH4
TIM3	—	TIM3_CH3	TIM3_CH4 TIM3_UP			TIM3_CH1 TIM3_TRIG	—
TIM4	TIM4_CH1	—	—	TIM4_CH2	TIM4_CH3	—	TIM4_UP

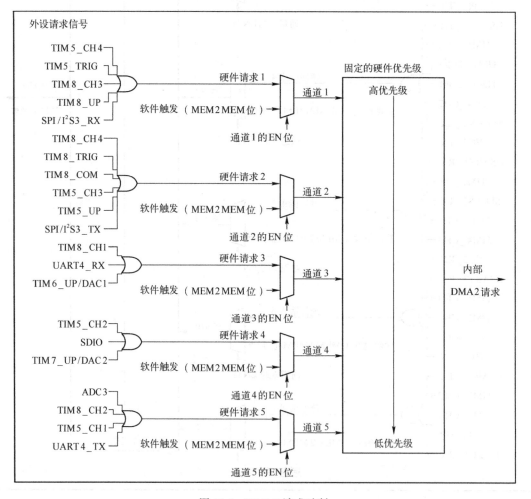

图 10-5　DMA2 请求映射

表 10-3　DMA2 各通道的请求

外　设	通道 1	通道 2	通道 3	通道 4	通道 5
ADC3	—	—	—	—	ADC3
SPI/I²S3	SPI/I²S3_RX	SPI/I²S3_TX	—	—	—
UART4	—	—	UART4_RX	—	UART4_TX
SDIO	—	—	—	SDIO	—
TIM5	TIM5_CH4/TIM5_TRIG	TIM5_CH3/TIM5_UP	—	TIM5_CH2	TIM5_CH1
TIM6/DAC1	—	—	TIM6_UP/DAC1	—	—
TIM7	—	—	—	TIM7_UP/DAC2	—
TIM8	TIM8_CH3/TIM8_UP	TIM8_CH4/TIM8_TRIG/ TIM8_COM	TIM8_CH1	—	TIM8_CH2

3．DMA 控制器

DMA 控制器包含了 DMA1 控制器和 DMA2 控制器，其中，DMA1 有 7 个通道，DMA2 有 5 个通道，每个通道专门用来管理来自一个或多个外设的请求。如果同时有多个 DMA 请求，则最终的请求响应顺序由仲裁器决定。通过 DMA 寄存器可以将各个通道的优先级设置为低、中、高或非常高，如果几个通道的优先级相同，则最终的请求响应顺序取决于通道编号，通道编号越小，优先级越高。

10.2.4　ADC 部分寄存器

本实验涉及的 ADC 寄存器包括控制寄存器 1（ADC_CR1）、控制寄存器 2（ADC_CR2）、采样时间寄存器 1（ADC_SMPR1）、采样时间寄存器 2（ADC_SMPR2）、规则序列寄存器 1（ADC_SQR1）、规则序列寄存器 2（ADC_SQR2）和规则序列寄存器 3（ADC_SQR3）。

1．控制寄存器 1（ADC_CR1）

ADC_CR1 的结构、偏移地址和复位值如图 10-6 所示，对部分位的解释说明如表 10-4 所示。

偏移地址：0x04

复位值：0x0000 0000

31	30	29	28	27	26	25	24	23	22	21	20	19	18	17	16
保留								AWD EN	JAWD EN	保留		DUALMOD[3:0]			
								rw	rw			rw	rw	rw	rw

15	14	13	12	11	10	9	8	7	6	5	4	3	2	1	0
DISCNUM[2:0]			JDISC EN	DISC EN	JAUTO	AWD SGL	SCAN	JEOC IE	AWDIE	EOCIE	AWDCH[4:0]				
rw	rw	rw	rw	rw	rw	rw	rw	rw	rw	rw	rw	rw	rw	rw	rw

图 10-6　ADC_CR1 的结构、偏移地址和复位值

表 10-4　ADC_CR1 部分位的解释说明

位 19:16	DUALMOD[3:0]：双模式选择（Dual mode selection）。 软件使用这些位选择操作模式。 0000：独立模式； 0001：混合的同步规则+注入同步模式；

位 19:16	0010：混合的同步规则+交替触发模式；
	0011：混合同步注入+快速交叉模式；
	0100：混合同步注入+慢速交叉模式；
	0101：注入同步模式；
	0110：规则同步模式；
	0111：快速交叉模式；
	1000：慢速交叉模式；
	1001：交替触发模式。
	注意，在 ADC2 和 ADC3 中，这些位为保留位。
	在双模式中，改变通道的配置会产生一个重新开始的条件，这将导致同步丢失。建议在进行任何配置改变前关闭双模式
位 8	SCAN：扫描模式（Scan mode）。
	该位由软件设置和清除，用于开启或关闭扫描模式。在扫描模式中，转换由 ADC_SQRx 或 ADC_JSQRx 选中的通道。
	0：关闭扫描模式；
	1：使用扫描模式。
	注意，如果分别设置了 EOCIE 或 JEOCIE 位，则只在最后一个通道转换完毕后才会产生 EOC 或 JEOC 中断

2. 控制寄存器 2（ADC_CR2）

ADC_CR2 的结构、偏移地址和复位值如图 10-7 所示，对部分位的解释说明如表 10-5 所示。

偏移地址：0x08

复位值：0x0000 0000

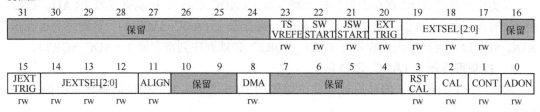

图 10-7　ADC_CR2 的结构、偏移地址和复位值

表 10-5　ADC_CR2 部分位的解释说明

位 20	EXTTRIG：规则通道的外部触发转换模式（External trigger conversion mode for regular channels）。
	该位由软件设置和清除，用于开启或禁止可以启动规则通道组转换的外部触发事件。
	0：不用外部事件启动转换；
	1：使用外部事件启动转换
位 19:17	EXTSEL[2:0]：选择启动规则通道组转换的外部事件（External event select for regular group）。
	这些位选择用于启动规则通道组转换的外部事件。
	ADC1 和 ADC2 的触发配置如下：
	000：定时器 1 的 CC1 事件；
	001：定时器 1 的 CC2 事件；
	010：定时器 1 的 CC3 事件；
	011：定时器 2 的 CC2 事件；
	100：定时器 3 的 TRGO 事件；
	101：定时器 4 的 CC4 事件；

位 19:17	110：EXTI 线 11/TIM8_TRGO 事件，仅大容量产品具有 TIM8_TRGO 功能； 111：SWSTART。 ADC3 的触发配置如下： 000：定时器 3 的 CC1 事件； 001：定时器 2 的 CC3 事件； 010：定时器 1 的 CC3 事件； 011：定时器 8 的 CC1 事件； 100：定时器 8 的 TRGO 事件； 101：定时器 5 的 CC1 事件； 110：定时器 5 的 CC3 事件； 111：SWSTART
位 11	ALIGN：数据对齐（Data alignment）。 该位由软件设置和清除。 0：右对齐； 1：左对齐
位 8	DMA：直接存储器访问模式（Direct memory access mode）。 该位由软件设置和清除。 0：不使用 DMA 模式； 1：使用 DMA 模式。 注意，只有 ADC1 和 ADC3 能产生 DMA 请求
位 3	RSTCAL：复位校准（Reset calibration）。 该位由软件设置并由硬件清除。在校准寄存器被初始化后该位将被清除。 0：校准寄存器已初始化； 1：初始化校准寄存器。 注意，如果在进行转换时设置 RSTCAL，则清除校准寄存器需要额外的周期
位 2	CAL：A/D 校准（A/D calibration）。 该位由软件设置以开始校准，并在校准结束时由硬件清除。 0：校准完成； 1：开始校准
位 1	CONT：连续转换（Continuous conversion）。 该位由软件设置和清除。如果设置了此位，则转换将连续进行直到该位被清除。 0：单次转换模式； 1：连续转换模式
位 0	ADON：开/关 A/D 转换器（A/D converter ON/OFF）。 该位由软件设置和清除。当该位为 0 时，写入 1 将 ADC 从断电模式下唤醒。 当该位为 1 时，写入 1 将启动转换。应用程序需注意，从转换器上电至转换开始有一个延迟 t_{STAB}。 0：关闭 ADC 转换/校准，并进入断电模式； 1：开启 ADC 并启动转换。 注意，如果在此寄存器中与 ADON 一起还有其他位被改变，则不触发转换。这是为了防止触发错误的转换

3. 采样时间寄存器 1（ADC_SMPR1）

ADC_SMPR1 的结构、偏移地址和复位值如图 10-8 所示，对部分位的解释说明如表 10-6 所示。

偏移地址：0x0C

复位值：0x0000 0000

31	30	29	28	27	26	25	24	23	22	21	20	19	18	17	16
保留								SMP17[2:0]			SMP16[2:0]			SMP15[2:1]	
								rw	rw	rw	rw	rw	rw	rw	rw

15	14	13	12	11	10	9	8	7	6	5	4	3	2	1	0
SMP15[0]	SMP14[2:0]			SMP13[2:0]			SMP12[2:0]			SMP11[2:0]			SMP10[2:0]		
rw	rw	rw	rw	rw	rw	rw	rw	rw	rw	rw	rw	rw	rw	rw	rw

图 10-8　ADC_SMPR1 的结构、偏移地址和复位值

表 10-6　ADC_SMPR1 部分位的解释说明

位 31:24	保留。必须保持为 0
位 23:0	SMPx[2:0]：选择通道 x 的采样时间（Channel x Sample time selection）。 这些位用于独立地选择每个通道的采样时间。在采样周期中通道选择位必须保持不变。 000：1.5 周期； 001：7.5 周期； 010：13.5 周期； 011：28.5 周期； 100：41.5 周期； 101：55.5 周期； 110：71.5 周期； 111：239.5 周期。 注意，ADC1 的模拟输入通道 16 和通道 17 在芯片内部分别连接至温度传感器和 V_{REFINT}。 ADC2 的模拟输入通道 16 和通道 17 在芯片内部连接至 V_{ss}。 ADC3 的模拟输入通道 14、15、16、17 与 V_{ss} 相连

4．采样时间寄存器 2（ADC_SMPR2）

ADC_SMPR2 的结构、偏移地址和复位值如图 10-9 所示，对部分位的解释说明如表 10-7 所示。

偏移地址：0x10

复位值：0x0000 0000

31	30	29	28	27	26	25	24	23	22	21	20	19	18	17	16
保留		SMP9[2:0]			SMP8[2:0]			SMP7[2:0]			SMP6[2:0]			SMP5[2:1]	
		rw	rw	rw	rw	rw	rw	rw	rw	rw	rw	rw	rw	rw	rw

15	14	13	12	11	10	9	8	7	6	5	4	3	2	1	0
SMP5[0]	SMP4[2:0]			SMP3[2:0]			SMP2[2:0]			SMP1[2:0]			SMP0[2:0]		
rw	rw	rw	rw	rw	rw	rw	rw	rw	rw	rw	rw	rw	rw	rw	rw

图 10-9　ADC_SMPR2 的结构、偏移地址和复位值

表 10-7　ADC_SMPR2 部分位的解释说明

位 31:30	保留。必须保持为 0
位 29:0	SMPx[2:0]：选择通道 x 的采样时间（Channel x Sample time selection）。 这些位用于独立地选择每个通道的采样时间。在采样周期中通道选择位必须保持不变。 000：1.5 周期； 001：7.5 周期；

续表

位 29:0	010: 13.5 周期； 011: 28.5 周期； 100: 41.5 周期； 101: 55.5 周期； 110: 71.5 周期； 111: 239.5 周期。 注意，ADC3 的模拟输入通道 9 与 V_{ss} 相连

5．规则序列寄存器 1（ADC_SQR1）

ADC_SQR1 的结构、偏移地址和复位值如图 10-10 所示，对部分位的解释说明如表 10-8 所示。

偏移地址：0x2C

复位值：0x0000 0000

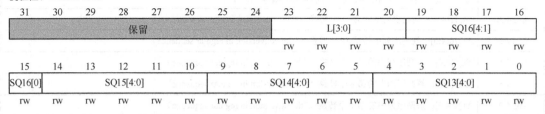

图 10-10　ADC_SQR1 的结构、偏移地址和复位值

表 10-8　ADC_SQR1 部分位的解释说明

位 31:24	保留。必须保持为 0
位 23:20	L[3:0]：规则通道序列长度（Regular channel sequence length）。 由软件定义在规则通道转换序列中的通道数目。 0000: 1 个转换； 0001: 2 个转换； …… 1111: 16 个转换
位 19:15	SQ16[4:0]：规则序列中的第 16 个转换（16th conversion in regular sequence）。 由软件定义转换序列中的第 16 个转换通道的编号（0～17）
位 14:10	SQ15[4:0]：规则序列中的第 15 个转换（15th conversion in regular sequence）
位 9:5	SQ14[4:0]：规则序列中的第 14 个转换（14th conversion in regular sequence）
位 4:0	SQ13[4:0]：规则序列中的第 13 个转换（13th conversion in regular sequence）

6．规则序列寄存器 2（ADC_SQR2）

ADC_SQR2 的结构、偏移地址和复位值如图 10-11 所示，对部分位的解释说明如表 10-9 所示。

7．规则序列寄存器 3（ADC_SQR3）

ADC_SQR3 的结构、偏移地址和复位值如图 10-12 所示，对部分位的解释说明如表 10-10 所示。

偏移地址：0x30

复位值：0x0000 0000

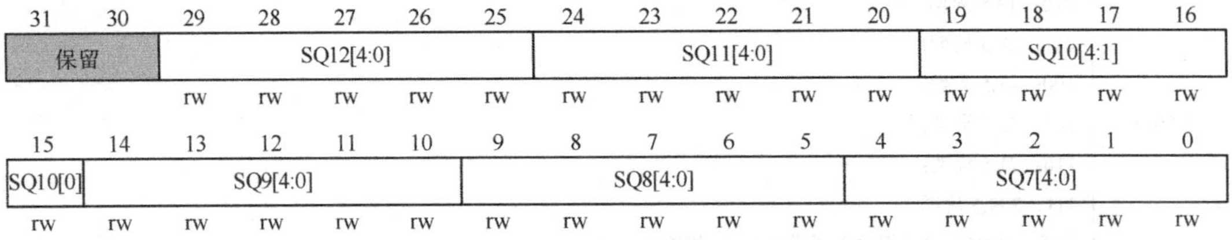

31	30	29	28	27	26	25	24	23	22	21	20	19	18	17	16
保留		SQ12[4:0]					SQ11[4:0]					SQ10[4:1]			
		rw	rw	rw	rw	rw	rw	rw	rw	rw	rw	rw	rw	rw	rw

15	14	13	12	11	10	9	8	7	6	5	4	3	2	1	0
SQ10[0]		SQ9[4:0]					SQ8[4:0]					SQ7[4:0]			
rw	rw	rw	rw	rw	rw	rw	rw	rw	rw	rw	rw	rw	rw	rw	rw

图 10-11　ADC_SQR2 的结构、偏移地址和复位值

表 10-9　ADC_SQR2 部分位的解释说明

位 31:30	保留。必须保持为 0
位 29:25	SQ12[4:0]：规则序列中的第 12 个转换（12th conversion in regular sequence）。由软件定义转换序列中的第 12 个转换通道的编号（0～17）
位 24:20	SQ11[4:0]：规则序列中的第 11 个转换（11th conversion in regular sequence）
位 19:15	SQ10[4:0]：规则序列中的第 10 个转换（10th conversion in regular sequence）
位 14:10	SQ9[4:0]：规则序列中的第 9 个转换（9th conversion in regular sequence）
位 9:5	SQ8[4:0]：规则序列中的第 8 个转换（8th conversion in regular sequence）
位 4:0	SQ7[4:0]：规则序列中的第 7 个转换（7th conversion in regular sequence）

偏移地址：0x34

复位值：0x0000 0000

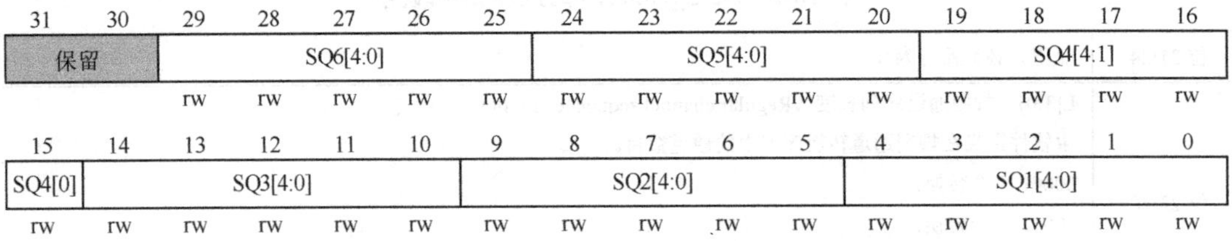

31	30	29	28	27	26	25	24	23	22	21	20	19	18	17	16
保留		SQ6[4:0]					SQ5[4:0]					SQ4[4:1]			
		rw	rw	rw	rw	rw	rw	rw	rw	rw	rw	rw	rw	rw	rw

15	14	13	12	11	10	9	8	7	6	5	4	3	2	1	0
SQ4[0]		SQ3[4:0]					SQ2[4:0]					SQ1[4:0]			
rw	rw	rw	rw	rw	rw	rw	rw	rw	rw	rw	rw	rw	rw	rw	rw

图 10-12　ADC_SQR3 的结构、偏移地址和复位值

表 10-10　ADC_SQR3 部分位的解释说明

位 31:30	保留。必须保持为 0
位 29:25	SQ6[4:0]：规则序列中的第 6 个转换（6th conversion in regular sequence）。由软件定义转换序列中的第 6 个转换通道的编号（0～17）
位 24:20	SQ5[4:0]：规则序列中的第 5 个转换（5th conversion in regular sequence）
位 19:15	SQ4[4:0]：规则序列中的第 4 个转换（4th conversion in regular sequence）
位 14:10	SQ3[4:0]：规则序列中的第 3 个转换（3rd conversion in regular sequence）
位 9:5	SQ2[4:0]：规则序列中的第 2 个转换（2nd conversion in regular sequence）
位 4:0	SQ1[4:0]：规则序列中的第 1 个转换（1st conversion in regular sequence）

10.2.5　ADC 部分固件库函数

本实验涉及的 ADC 固件库函数包括 ADC_Init、ADC_RegularChannelConfig、ADC_

DMACmd、ADC_ExternalTrigConvCmd、ADC_Cmd、ADC_ResetCalibration、ADC_GetReset CalibrationStatus、ADC_StartCalibration、ADC_GetCalibrationStatus。这些函数在 stm32f10x_ adc.h 文件中声明，在 stm32f10x_adc.c 文件中实现。

1. ADC_Init

ADC_Init 函数的功能是根据 ADC_InitStruct 中指定的参数初始化外设 ADCx 的寄存器，通过向 ADCx→CR1、ADCx→CR2、ADCx→SQR1 写入参数来实现。具体描述如表 10-11 所示。

表 10-11　ADC_Init 函数的描述

函数名	ADC_Init
函数原型	void ADC_Init(ADC_TypeDef* ADCx, ADC_InitTypeDef* ADC_InitStruct)
功能描述	根据 ADC_InitStruct 中指定的参数初始化外设 ADCx 的寄存器
输入参数 1	ADCx: x 可以是 1 或 2，用于选择 ADC 外设 ADC1 或 ADC2
输入参数 2	ADC_InitStruct: 指向结构体 ADC_InitTypeDef 的指针，包含了指定外设 ADC 的配置信息
输出参数	无
返回值	void

ADC_InitTypeDef 结构体定义在 stm32f10x_adc.h 文件中，内容如下：

```
typedef struct
{
    u32 ADC_Mode;
    FunctionalState ADC_ScanConvMode;
    FunctionalState ADC_ContinuousConvMode;
    u32 ADC_ExternalTrigConv;
    u32 ADC_DataAlign;
    u8 ADC_NbrOfChannel;
}ADC_InitTypeDef
```

参数 ADC_Mode 用于设置 ADC 工作在独立或双 ADC 模式，可取值如表 10-12 所示。

表 10-12　参数 ADC_Mode 的可取值

可　取　值	实　际　值	描　　述
ADC_Mode_Independent	0x00000000	ADC1 和 ADC2 工作在独立模式
ADC_Mode_RegInjecSimult	0x00010000	ADC1 和 ADC2 工作在同步规则和同步注入模式
ADC_Mode_RegSimult_AlterTrig	0x00020000	ADC1 和 ADC2 工作在同步规则模式和交替触发模式
ADC_Mode_InjecSimult_FastInterl	0x00030000	ADC1 和 ADC2 工作在同步规则模式和快速交替模式
ADC_Mode_InjecSimult_SlowInterl	0x00040000	ADC1 和 ADC2 工作在同步注入模式和慢速交替模式
ADC_Mode_InjecSimult	0x00050000	ADC1 和 ADC2 工作在同步注入模式
ADC_Mode_RegSimult	0x00060000	ADC1 和 ADC2 工作在同步规则模式
ADC_Mode_FastInterl	0x00070000	ADC1 和 ADC2 工作在快速交替模式
ADC_Mode_SlowInterl	0x00080000	ADC1 和 ADC2 工作在慢速交替模式
ADC_Mode_AlterTrig	0x00090000	ADC1 和 ADC2 工作在交替触发模式

参数 ADC_ScanConvMode 规定了 ADC 工作在扫描模式（多通道）或单次（单通道）模式，可取值为 ENABLE 或 DISABLE。

参数 ADC_ContinuousConvMode 规定了 ADC 工作在连续或单次模式，可取值为 ENABLE 或 DISABLE。

参数 ADC_ExternalTrigConv 用于选择某一外部触发来启动规则通道的模-数转换，可取值如表 10-13 所示。

表 10-13　参数 ADC_ExternalTrigConv 的可取值

可 取 值	实 际 值	描 述
ADC_ExternalTrigConv_T1_CC1	0x00000000	选择定时器 1 的捕获比较 1 作为转换外部触发
ADC_ExternalTrigConv_T1_CC2	0x00020000	选择定时器 1 的捕获比较 2 作为转换外部触发
ADC_ExternalTrigConv_T1_CC3	0x00040000	选择定时器 1 的捕获比较 3 作为转换外部触发
ADC_ExternalTrigConv_T2_CC2	0x00060000	选择定时器 2 的捕获比较 2 作为转换外部触发
ADC_ExternalTrigConv_T3_TRGO	0x00080000	选择定时器 3 的 TRGO 作为转换外部触发
ADC_ExternalTrigConv_T4_CC4	0x000A0000	选择定时器 4 的捕获比较 4 作为转换外部触发
ADC_ExternalTrigConv_None	0x000E0000	转换由软件而不是外部触发启动

参数 ADC_DataAlign 规定了 ADC 数据向左边对齐或向右边对齐，可取值如表 10-14 所示。

表 10-14　参数 ADC_DataAlign 的可取值

可 取 值	实 际 值	描 述
ADC_DataAlign_Right	0x00000000	ADC 数据右对齐
ADC_DataAlign_Left	0x00000800	ADC 数据左对齐

参数 ADC_NbrOfChannel 规定了顺序进行规则转换的 ADC 通道数目，可取值为 1～16。例如，根据参数初始化 ADC1，代码如下：

```
ADC_InitTypeDef ADC_InitStructure;
ADC_InitStructure.ADC_Mode              = ADC_Mode_Independent;
ADC_InitStructure.ADC_ScanConvMode      = ENABLE;
ADC_InitStructure.ADC_ContinuousConvMode = DISABLE;
ADC_InitStructure.ADC_ExternalTrigConv  = ADC_ExternalTrigConv_Ext_IT11;
ADC_InitStructure.ADC_DataAlign         = ADC_DataAlign_Right;
ADC_InitStructure.ADC_NbrOfChannel      = 16;
ADC_Init(ADC1, &ADC_InitStructure);
```

2. ADC_RegularChannelConfig

ADC_RegularChannelConfig 函数的功能是设置指定 ADC 的规则组通道，设置它们的转换顺序和采样时间，通过向 ADCx→SMPR1 或 ADCx→SMPR2，以及 ADCx→SQR1 或 ADCx→SQR2 或 ADCx→SQR3 写入参数来实现。具体描述如表 10-15 所示。

表 10-15　ADC_RegularChannelConfig 函数的描述

函数名	ADC_RegularChannelConfig
函数原型	void ADC_RegularChannelConfig(ADC_TypeDef* ADCx, uint8_t ADC_Channel, uint8_t Rank, uint8_t ADC_SampleTime)
功能描述	设置指定 ADC 的规则组通道，设置它们的转换顺序和采样时间
输入参数 1	ADCx：x 可以是 1 或 2，用于选择 ADC 外设 ADC1 或 ADC2
输入参数 2	ADC_Channel：被设置的 ADC 通道
输入参数 3	Rank：规则组采样顺序，取值范围为 1～16
输入参数 4	ADC_SampleTime：指定 ADC 通道的采样时间值
输出参数	无
返回值	void

参数 ADC_Channel 用于指定调用函数 ADC_RegularChannelConfig 来设置的 ADC 通道，可取值如表 10-16 所示。

表 10-16　参数 ADC_Channel 的可取值

可 取 值	实 际 值	描 述
ADC_Channel_0	0x00	选择 ADC 通道 0
ADC_Channel_1	0x01	选择 ADC 通道 1
ADC_Channel_2	0x02	选择 ADC 通道 2
ADC_Channel_3	0x03	选择 ADC 通道 3
ADC_Channel_4	0x04	选择 ADC 通道 4
ADC_Channel_5	0x05	选择 ADC 通道 5
ADC_Channel_6	0x06	选择 ADC 通道 6
ADC_Channel_7	0x07	选择 ADC 通道 7
ADC_Channel_8	0x08	选择 ADC 通道 8
ADC_Channel_9	0x09	选择 ADC 通道 9
ADC_Channel_10	0x0A	选择 ADC 通道 10
ADC_Channel_11	0x0B	选择 ADC 通道 11
ADC_Channel_12	0x0C	选择 ADC 通道 12
ADC_Channel_13	0x0D	选择 ADC 通道 13
ADC_Channel_14	0x0E	选择 ADC 通道 14
ADC_Channel_15	0x0F	选择 ADC 通道 15
ADC_Channel_16	0x10	选择 ADC 通道 16
ADC_Channel_17	0x11	选择 ADC 通道 17

参数 ADC_SampleTime 用于设定选中通道的 ADC 采样时间，可取值如表 10-17 所示。

表 10-17 函数 ADC_SampleTime 的描述

可 取 值	实 际 值	描 述
ADC_SampleTime_1Cycles5	0x00	采样时间为 1.5 时钟周期
ADC_SampleTime_7Cycles5	0x01	采样时间为 7.5 时钟周期
ADC_SampleTime_13Cycles5	0x02	采样时间为 13.5 时钟周期
ADC_SampleTime_28Cycles5	0x03	采样时间为 28.5 时钟周期
ADC_SampleTime_41Cycles5	0x04	采样时间为 41.5 时钟周期
ADC_SampleTime_55Cycles5	0x05	采样时间为 55.5 时钟周期
ADC_SampleTime_71Cycles5	0x06	采样时间为 71.5 时钟周期
ADC_SampleTime_239Cycles5	0x07	采样时间为 239.5 时钟周期

例如，设置 ADC1 通道 2 为第 1 个转换通道，采样时间为 7.5 时钟周期，代码如下：

```
ADC_RegularChannelConfig(ADC1, ADC_Channel_2, 1, ADC_SampleTime_7Cycles5);
```

设置 ADC1 通道 8 为第 2 个转换通道，采样时间为 1.5 时钟周期，代码如下：

```
ADC_RegularChannelConfig(ADC1, ADC_Channel_8, 2, ADC_SampleTime_1Cycles5);
```

3. ADC_DMACmd

ADC_DMACmd 函数的功能是使能或除能指定的 ADC 的 DMA 请求，通过向 ADCx→CR2 写入参数来实现。具体描述如表 10-18 所示。

表 10-18 ADC_DMACmd 函数的描述

函数名	ADC_DMACmd
函数原型	ADC_DMACmd(ADC_TypeDef* ADCx, FunctionalState NewState)
功能描述	使能或除能指定的 ADC 的 DMA 请求
输入参数 1	ADCx：x 可以是 1 或 2，用于选择 ADC 外设 ADC1 或 ADC2
输入参数 2	NewState：ADC 的 DMA 传输的新状态，可以取 ENABLE 或 DISABLE
输出参数	无
返回值	void

例如，使能 ADC2 的 DMA 传输，代码如下：

```
ADC_DMACmd(ADC2, ENABLE);
```

4. ADC_ExternalTrigConvCmd

ADC_ExternalTrigConvCmd 函数的功能是使能或除能 ADCx 的经外部触发启动转换功能，通过向 ADCx→CR2 写入参数来实现。具体描述如表 10-19 所示。

表 10-19 ADC_ExternalTrigConvCmd 函数的描述

函数名	ADC_ExternalTrigConvCmd
函数原型	void ADC_ExternalTrigConvCmd(ADC_TypeDef* ADCx, FunctionalState NewState)
功能描述	使能或除能 ADCx 的经外部触发启动转换功能
输入参数 1	ADCx：x 可以是 1 或 2，用于选择 ADC 外设 ADC1 或 ADC2

输入参数 2	NewState：指定 ADC 外部触发转换启动的新状态，可以取 ENABLE 或 DISABLE
输出参数	无
返回值	void

例如，使能 ADC1 经外部触发启动注入组转换功能，代码如下：

```
ADC_ExternalTrigConvCmd(ADC1, ENABLE);
```

5. ADC_Cmd

ADC_Cmd 函数的功能是使能或除能指定的 ADC，通过向 ADCx→CR2 写入参数来实现，具体描述如表 10-20 所示。注意，ADC_Cmd 只能在其他 ADC 设置函数之后被调用。

表 10-20　ADC_Cmd 函数的描述

函数名	ADC_Cmd
函数原型	void ADC_Cmd(ADC_TypeDef* ADCx, FunctionalState NewState)
功能描述	使能或除能指定的 ADC
输入参数 1	ADCx：x 可以是 1 或 2，用于选择 ADC 外设 ADC1 或 ADC2
输入参数 2	NewState：外设 ADCx 的新状态，可以取 ENABLE 或 DISABLE
输出参数	无
返回值	void

例如，使能 ADC1 的代码如下：

```
ADC_Cmd(ADC1, ENABLE);
```

6. ADC_ResetCalibration

ADC_ResetCalibration 函数的功能是重置指定的 ADC 的校准寄存器，通过向 ADCx→CR2 写入参数来实现。具体描述如表 10-21 所示。

表 10-21　ADC_ResetCalibration 函数的描述

函数名	ADC_ResetCalibration
函数原型	void ADC_ResetCalibration(ADC_TypeDef* ADCx)
功能描述	重置指定的 ADC 的校准寄存器
输入参数	ADCx：x 可以是 1 或 2，用于选择 ADC 外设 ADC1 或 ADC2
输出参数	无
返回值	void

例如，重置 ADC1 的校准寄存器，代码如下：

```
ADC_ResetCalibration(ADC1);
```

7. ADC_GetResetCalibrationStatus

ADC_GetResetCalibrationStatus 函数的功能是获取 ADC 重置校准寄存器的状态，通过读取并判断 ADCx→CR2 来实现。具体描述如表 10-22 所示。

表 10-22　ADC_GetResetCalibrationStatus 函数的描述

函数名	ADC_GetResetCalibrationStatus
函数原型	FlagStatus ADC_GetResetCalibrationStatus(ADC_TypeDef* ADCx)
功能描述	获取 ADC 重置校准寄存器的状态
输入参数	ADCx：x 可以是 1 或 2，用于选择 ADC 外设 ADC1 或 ADC2
输出参数	无
返回值	ADC 重置校准寄存器的新状态（SET 或 RESET）

例如，获取 ADC2 重置校准器的状态，代码如下：

```
FlagStatus Status;
Status = ADC_GetResetCalibrationStatus(ADC2);
```

8．ADC_StartCalibration

ADC_StartCalibration 函数的功能是开始指定 ADC 的校准，通过向 ADCx→CR2 写入参数来实现。具体描述如表 10-23 所示。

表 10-23　ADC_StartCalibration 函数的描述

函数名	ADC_StartCalibration
函数原型	void ADC_StartCalibration(ADC_TypeDef* ADCx)
功能描述	开始指定 ADC 的校准
输入参数	ADCx：x 可以是 1 或 2，用于选择 ADC 外设 ADC1 或 ADC2
输出参数	无
返回值	void

例如，开始指定 ADC2 的校准，代码如下：

```
ADC_StartCalibration(ADC2);
```

9．ADC_GetCalibrationStatus

ADC_GetCalibrationStatus 函数的功能是获取指定 ADC 的校准状态，通过向 ADCx→CR2 写入参数来实现。具体描述如表 10-24 所示。

表 10-24　ADC_GetCalibrationStatus 函数的描述

函数名	ADC_GetCalibrationStatus
函数原型	FlagStatus ADC_GetCalibrationStatus(ADC_TypeDef* ADCx)
功能描述	获取指定 ADC 的校准状态
输入参数	ADCx：x 可以是 1 或 2，用于选择 ADC 外设 ADC1 或 ADC2
输出参数	无
返回值	ADC 校准的新状态（SET 或 RESET）

例如，获取 ADC2 的校准状态，代码如下：

```
FlagStatus Status;
Status = ADC_GetCalibrationStatus(ADC2);
```

10.2.6 DMA 部分寄存器

本实验涉及的 DMA 寄存器包括 DMA 中断状态寄存器（DMA_ISR）、DMA 中断标志清除寄存器（DMA_IFCR）、DMA 通道 x 配置寄存器（DMA_CCRx）（x=1, …, 7）、DMA 通道 x 传输数量寄存器（DMA_CNDTRx）（x=1, …, 7）、DMA 通道 x 外设地址寄存器（DMA_CPARx）（x=1, …, 7）、DMA 通道 x 存储器地址寄存器（DMA_CMARx）（x=1, …, 7）。

1. DMA 中断状态寄存器（DMA_ISR）

DMA_ISR 的结构、偏移地址和复位值如图 10-13 所示，对部分位的解释说明如表 10-25 所示。

偏移地址：0x00

复位值：0x0000 0000

31	30	29	28	27	26	25	24	23	22	21	20	19	18	17	16
	保留			TEIF7	HTIF7	TCIF7	GIF7	TEIF6	HTIF6	TCIF6	GIF6	TEIF5	HTIF5	TCIF5	GIF5
				r	r	r	r	r	r	r	r	r	r	r	r

15	14	13	12	11	10	9	8	7	6	5	4	3	2	1	0
TEIF4	HTIF4	TCIF4	GIF4	TEIF3	HTIF3	TCIF3	GIF3	TEIF2	HTIF2	TCIF2	GIF2	TEIF1	HTIF1	TCIF1	GIF1
r	r	r	r	r	r	r	r	r	r	r	r	r	r	r	r

图 10-13　DMA_ISR 的结构、偏移地址和复位值

表 10-25　DMA_ISR 部分位的解释说明

位 31:28	保留。必须保持为 0
位 27, 23, 19, 15, 11, 7, 3	TEIFx：通道 x 的传输错误标志（x=1, …, 7）（Channel x transfer error flag）。 硬件设置这些位，在 DMA_IFCR 的相应位写入 1，可以清除这里对应的标志位。 0：在通道 x 没有传输错误（TE）； 1：在通道 x 发生了传输错误（TE）
位 26, 22, 18, 14, 10, 6, 2	HTIFx：通道 x 的半传输标志（x=1, …, 7）（Channel x half transfer flag）。 硬件设置这些位，在 DMA_IFCR 的相应位写入 1，可以清除这里对应的标志位。 0：在通道 x 没有半传输事件（HT）； 1：在通道 x 产生了半传输事件（HT）
位 25, 21, 17, 13, 9, 5, 1	TCIFx：通道 x 的传输完成标志（x=1, …, 7）（Channel x transfer complete flag）。 硬件设置这些位，在 DMA_IFCR 的相应位写入 1，可以清除这里对应的标志位。 0：在通道 x 没有传输完成事件（TC）； 1：在通道 x 产生了传输完成事件（TC）

2. DMA 中断标志清除寄存器（DMA_IFCR）

DMA_IFCR 的结构、偏移地址和复位值如图 10-14 所示，对部分位解释说明如表 10-26 所示。

3. DMA 通道 x 配置寄存器（DMA_CCRx）（x=1, …, 7）

DMA_CCRx 的结构、偏移地址和复位值如图 10-15 所示，对部分位的解释说明如表 10-27 所示。

偏移地址：0x04

复位值：0x0000 0000

31	30	29	28	27	26	25	24	23	22	21	20	19	18	17	16
保留				CTEIF7	CHTIF7	CTCIF7	CGIF7	CTEIF6	CHTIF6	CTCIF6	CGIF6	CTEIF5	CHTIF5	CTCIF5	CGIF5
				r	r	r	r	r	r	r	r	r	r	r	r

15	14	13	12	11	10	9	8	7	6	5	4	3	2	1	0
CTEIF4	CHTIF4	CTCIF4	CGIF4	CTEIF3	CHTIF3	CTCIF3	CGIF3	CTEIF2	CHTIF2	CTCIF2	CGIF2	CTEIF1	CHTIF1	CTCIF1	CGIF1
r	r	r	r	r	r	r	r	r	r	r	r	r	r	r	r

图 10-14　DMA_IFCR 的结构、偏移地址和复位值

表 10-26　DMA_IFCR 部分位的解释说明

位 31:28	保留。必须保持为 0
位 27, 23, 19, 15, 11, 7, 3	CTEIFx：清除通道 x 的传输错误标志（x=1, …, 7）（Channel x transfer error clear）。 这些位由软件设置和清除。 0：不起作用； 1：清除 DMA_ISR 中对应的 TEIF 标志
位 26, 22, 18, 14, 10, 6, 2	CHTIFx：清除通道 x 的半传输标志（x=1, …, 7）（Channel x half transfer clear）。 这些位由软件设置和清除。 0：不起作用； 1：清除 DMA_ISR 中对应的 HTIF 标志
位 25, 21, 17, 13, 9, 5, 1	CTCIFx：清除通道 x 的传输完成标志（x=1, …, 7）（Channel x transfer complete clear）。 这些位由软件设置和清除。 0：不起作用； 1：清除 DMA_ISR 中对应的 TCIF 标志
位 24, 20, 16, 12, 8, 4, 0	CGIFx：清除通道 x 的全局中断标志（x=1, …, 7）（Channel x global interrupt clear）。 这些位由软件设置和清除。 0：不起作用； 1：清除 DMA_ISR 中对应的 GIF、TEIF、HTIF 和 TCIF 标志

偏移地址：0x08 + 20x（通道编号 −1）

复位值：0x0000 0000

31	30	29	28	27	26	25	24	23	22	21	20	19	18	17	16
保留															

15	14	13	12	11	10	9	8	7	6	5	4	3	2	1	0
保留	MEM2 MEM	PL[1:0]		MSIZE[1:0]		PSIZE[1:0]		MINC	PINC	CIRC	DIR	TEIE	HTIE	TCIE	EN
	w	w	w	w	w	w	w	w	w	w	w	w	w	w	w

图 10-15　DMA_CCRx 的结构、偏移地址和复位值

表 10-27　DMA_CCRx 部分位的解释说明

位 31:15	保留。必须保持为 0
位 14	MEM2MEM：存储器到存储器模式（Memory to memory mode）。 该位由软件设置和清除。 0：非存储器到存储器模式； 1：启动存储器到存储器模式

位 13:12	PL[1:0]：通道优先级（Channel priority level）。 这些位由软件设置和清除。 00：低； 01：中； 10：高； 11：最高
位 11:10	MSIZE[1:0]：存储器数据宽度（Memory size）。 这些位由软件设置和清除。 00：8 位； 01：16 位； 10：32 位； 11：保留
位 9:8	PSIZE[1:0]：外设数据宽度（Peripheral size）。 这些位由软件设置和清除。 00：8 位； 01：16 位； 10：32 位； 11：保留
位 7	MINC：存储器地址增量模式（Memory increment mode）。 该位由软件设置和清除。 0：不执行存储器地址增量操作； 1：执行存储器地址增量操作
位 6	PINC：外设地址增量模式（Peripheral increment mode）。 该位由软件设置和清除。 0：不执行外设地址增量操作； 1：执行外设地址增量操作
位 5	CIRC：循环模式（Circular mode） 该位由软件设置和清除。 0：不执行循环操作； 1：执行循环操作
位 4	DIR：数据传输方向（Data transfer direction）。 该位由软件设置和清除。 0：从外设读； 1：从存储器读
位 3	TEIE：允许传输错误中断（Transfer error interrupt enable）。 该位由软件设置和清除。 0：禁止 TE 中断； 1：允许 TE 中断
位 2	HTIE：允许半传输中断（Half transfer interrupt enable）。 该位由软件设置和清除。 0：禁止 HT 中断； 1：允许 HT 中断
位 1	TCIE：允许传输完成中断（Transfer complete interrupt enable）。 该位由软件设置和清除。 0：禁止 TC 中断； 1：允许 TC 中断

位 0	EN：通道开启（Channel enable）。 该位由软件设置和清除。 0：通道不工作； 1：通道开启

4．DMA 通道 x 传输数量寄存器（DMA_CNDTRx）（x=1，…，7）

DMA_CNDTRx 的结构、偏移地址和复位值如图 10-16 所示，对部分位的解释说明如表 10-28 所示。

偏移地址：$0x0C + 20x$（通道编号－1）

复位值：$0x0000\ 0000$

31	30	29	28	27	26	25	24	23	22	21	20	19	18	17	16
保留																

15	14	13	12	11	10	9	8	7	6	5	4	3	2	1	0
NDT[15:0]															
rw	rw	rw	rw	rw	rw	rw	rw	rw	rw	rw	rw	rw	rw	rw	rw

图 10-16　DMA_CNDTRx 的结构、偏移地址和复位值

表 10-28　DMA_CNDTRx 部分位的解释说明

位 31:16	保留。必须保持为 0
位 15:0	NDT[15:0]：数据传输数量（Number of data to transfer）。 数据传输数量为 0～65535。该寄存器只能在通道不工作（DMA_CCRx 的 EN=0）时写入。通道开启后该寄存器变为只读，指示剩余的待传输字节数目。寄存器内容在每次 DMA 传输后递减。 数据传输结束后，寄存器的内容或变为 0；或当该通道配置为自动重加载模式时，寄存器的内容被自动重新加载为之前配置的数值。 当寄存器的内容为 0 时，无论通道是否开启，都不会发生任何数据传输

5．DMA 通道 x 外设地址寄存器（DMA_CPARx）（x=1，…，7）

DMA_CPARx 的结构、偏移地址和复位值如图 10-17 所示，对部分位的解释说明如表 10-29 所示。

偏移地址：$0x10 + 20x$（通道编号－1）

复位值：$0x0000\ 0000$

当开启通道（DMA_CCRx 的 EN＝1）时不能写该寄存器

31	30	29	28	27	26	25	24	23	22	21	20	19	18	17	16
PA[31:16]															
rw	rw	rw	rw	rw	rw	rw	rw	rw	rw	rw	rw	rw	rw	rw	rw

15	14	13	12	11	10	9	8	7	6	5	4	3	2	1	0
PA[15:0]															
rw	rw	rw	rw	rw	rw	rw	rw	rw	rw	rw	rw	rw	rw	rw	rw

图 10-17　DMA_CPARx 的结构、偏移地址和复位值

表 10-29　DMA_CPARx 部分位的解释说明

位 31:0	PA[31:0]：外设地址（Peripheral address）。 外设数据寄存器的基地址，作为数据传输的源或目标。 当 PSIZE=01（16 位）时，不使用 PA[0]位，操作自动与半字地址对齐； 当 PSIZE=10（32 位）时，不使用 PA[1:0]位，操作自动与字地址对齐

6. DMA 通道 x 存储器地址寄存器（DMA_CMARx）（x=1, ···, 7）

DMA_CMARx 的结构、偏移地址和复位值如图 10-18 所示，对部分位的解释说明如表 10-30 所示。

偏移地址：$0x14 + 20x$（通道编号 -1）

复位值：$0x0000\ 0000$

当开启通道（DMA _CCRx 的 EN=1）时不能写该寄存器

31	30	29	28	27	26	25	24	23	22	21	20	19	18	17	16
							MA[31:16]								
rw	rw	rw	rw	rw	rw	rw	rw	rw	rw	rw	rw	rw	rw	rw	rw

15	14	13	12	11	10	9	8	7	6	5	4	3	2	1	0
							MA[15:0]								
rw	rw	rw	rw	rw	rw	rw	rw	rw	rw	rw	rw	rw	rw	rw	rw

图 10-18　DMA_CMARx 的结构、偏移地址和复位值

表 10-30　DMA_CMARx 部分位的解释说明

位 31:0	MA[31:0]：存储器地址。 存储器地址作为数据传输的源或目标。 当 MSIZE=01（16 位）时，不使用 MA[0]位，操作自动与半字地址对齐； 当 MSIZE=10（32 位）时，不使用 MA[1:0]位，操作自动与字地址对齐

10.2.7　DMA 部分固件库函数

本实验涉及的 DMA 固件库函数包括 DMA_Init、DMA_ITConfig、DMA_Cmd、DMA_ClearITPendingBit。这些函数在 stm32f10x_dma.h 文件中声明，在 stm32f10x_dma.c 文件中实现。

1. DMA_Init

DMA_Init 函数的功能是根据 DMA_InitStruct 中指定的参数初始化 DMA 的通道 x 寄存器，通过向 DMAy_Channelx→CCR、DMAy_Channelx→CNDTR、DMAy_Channelx→CPAR、DMAy_Channelx→CMAR 写入参数来实现。具体描述如表 10-31 所示。

表 10-31　DMA_Init 函数的描述

函数名	DMA_Init
函数原型	void DMA_Init(DMA_Channel_TypeDef* DMAy_Channelx, DMA_InitTypeDef* DMA_InitStruct)
功能描述	根据 DMA_InitStruct 中指定的参数初始化 DMA 的通道 x 寄存器
输入参数 1	DMAy_Channelx：x 可以是 1, ···, 7，用于选择 DMA 通道 x
输入参数 2	DMA_InitStruct：指向结构体 DMA_InitTypeDef 的指针，包含了 DMA 通道 x 的配置信息
输出参数	无
返回值	void

DMA_InitTypeDef 结构体定义在 stm32f10x_dma.h 文件中，内容如下：

```
typedef struct
{
  u32 DMA_PeripheralBaseAddr;
```

```
    u32 DMA_MemoryBaseAddr;
    u32 DMA_DIR;
    u32 DMA_BufferSize;
    u32 DMA_PeripheralInc;
    u32 DMA_MemoryInc;
    u32 DMA_PeripheralDataSize;
    u32 DMA_MemoryDataSize;
    u32 DMA_Mode;
    u32 DMA_Priority;
    u32 DMA_M2M;
}DMA_InitTypeDef;
```

参数 DMA_PeripheralBaseAddr 用于定义 DMA 外设基地址,参数 DMA_MemoryBaseAddr 用于定义 DMA 内存基地址。

参数 DMA_DIR 用于规定外设作为数据传输的目的地或来源,可取值如表 10-32 所示。

表 10-32　参数 DMA_DIR 的可取值

可 取 值	实 际 值	描　述
DMA_DIR_PeripheralDST	0x00000010	外设作为数据传输的目的地
DMA_DIR_PeripheralSRC	0x00000000	外设作为数据传输的来源

参数 DMA_BufferSize 用于定义指定 DMA 通道的 DMA 缓存的大小,单位为数据单位。数据单位等于结构体的参数 DMA_PeripheralDataSize 或 DMA_MemoryDataSize 的值。

参数 DMA_PeripheralInc 用于设定外设地址寄存器递增与否,可取值如表 10-33 所示。

表 10-33　参数 DMA_PeripheralInc 的可取值

可 取 值	实 际 值	描　述
DMA_PeripheralInc_Enable	0x00000040	外设地址寄存器递增
DMA_PeripheralInc_Disable	0x00000000	外设地址寄存器不变

参数 DMA_MemoryInc 用于设定内存地址寄存器递增与否,可取值如表 10-34 所示。

表 10-34　参数 DMA_MemoryInc 的可取值

可 取 值	实 际 值	描　述
DMA_MemoryInc_Enable	0x00000080	内存地址寄存器递增
DMA_MemoryInc_Disable	0x00000000	内存地址寄存器不变

参数 DMA_PeripheralDataSize 用于设定外设数据宽度,可取值如表 10-35 所示。

表 10-35　参数 DMA_PeripheralDataSize 的可取值

可 取 值	实 际 值	描　述
DMA_PeripheralDataSize_Byte	0x00000000	数据宽度为 8 位
DMA_PeripheralDataSize_HalfWord	0x00000100	数据宽度为 16 位
DMA_PeripheralDataSize_Word	0x00000200	数据宽度为 32 位

参数 DMA_MemoryDataSize 用于设定存储器数据宽度,可取值如表 10-36 所示。

表 10-36　参数 DMA_MemoryDataSize 的可取值

可 取 值	实 际 值	描 述
DMA_MemoryDataSize_Byte	0x00000000	数据宽度为 8 位
DMA_MemoryDataSize_HalfWord	0x00000400	数据宽度为 16 位
DMA_MemoryDataSize_Word	0x00000800	数据宽度为 32 位

参数 DMA_Mode 用于设置 DMA 的工作模式，可取值如表 10-37 所示。需要注意的是，当指定 DMA 通道数据传输配置为内存到内存时，不能使用循环缓存模式。

表 10-37　参数 DMA_Mode 的可取值

可 取 值	实 际 值	描 述
DMA_Mode_Circular	0x00000020	工作在循环缓存模式
DMA_Mode_Normal	0x00000000	工作在正常缓存模式

参数 DMA_Priority 用于设定 DMA 通道 x 的软件优先级，可取值如表 10-38 所示。

表 10-38　参数 DMA_Priority 的可取值

可 取 值	实 际 值	描 述
DMA_Priority_VeryHigh	0x00003000	DMA 通道 x 拥有非常高优先级
DMA_Priority_High	0x00002000	DMA 通道 x 拥有高优先级
DMA_Priority_Medium	0x00001000	DMA 通道 x 拥有中优先级
DMA_Priority_Low	0x00000000	DMA 通道 x 拥有低优先级

参数 DMA_M2M 用于使能或除能 DMA 通道的内存到内存传输，可取值如表 10-39 所示。

表 10-39　参数 DMA_M2M 的可取值

可 取 值	实 际 值	描 述
DMA_M2M_Enable	0x00004000	DMA 通道 x 设置为使能内存到内存传输
DMA_M2M_Disable	0x00000000	DMA 通道 x 设置为除能内存到内存传输

例如，根据参数初始化 DMA2 的通道 3，外设地址为 DAC_DHR12R1_ADDR，内存地址为 wave.waveBufAddr，DMA 缓冲区大小为 wave.waveBufSize，传输方向为内存到外设，外设地址不变，内存地址递增，内存和外设数据宽度均为半字（16 位），DMA 采用循环缓存模式，优先级别为高，代码如下：

```
DMA_DeInit(DMA2_Channel3);              //DMA2 通道 3
DMA_InitStructure.DMA_PeripheralBaseAddr = DAC_DHR12R1_ADDR;       //DAC1 的地址

DMA_InitStructure.DMA_MemoryBaseAddr    = wave.waveBufAddr;        //波形 Buf 地址
DMA_InitStructure.DMA_BufferSize        = wave.waveBufSize;        //波形 Buf 大小

DMA_InitStructure.DMA_DIR               = DMA_DIR_PeripheralDST;//数据传输方向内存到外设
DMA_InitStructure.DMA_PeripheralInc     = DMA_PeripheralInc_Disable;  //外设地址不变
DMA_InitStructure.DMA_MemoryInc         = DMA_MemoryInc_Enable; //内存地址寄存器递增

DMA_InitStructure.DMA_PeripheralDataSize = DMA_PeripheralDataSize_HalfWord;
DMA_InitStructure.DMA_MemoryDataSize    = DMA_MemoryDataSize_HalfWord;
```

```
DMA_InitStructure.DMA_Mode          = DMA_Mode_Circular;     //循环缓存级别
DMA_InitStructure.DMA_Priority      = DMA_Priority_High;     //优先级别
DMA_InitStructure.DMA_M2M           = DMA_M2M_Disable;       //拒绝变量相互访问
DMA_Init(DMA2_Channel3, &DMA_InitStructure);         //根据参数初始化 DMA2 通道 13
```

2. DMA_ITConfig

DMA_ITConfig 函数的功能是使能或除能指定的通道 x 中断，通过向 DMAy_Channelx→CCR 写入参数来实现。具体描述如表 10-40 所示。

表 10-40　DMA_ITConfig 函数的描述

函数名	DMA_ITConfig
函数原型	void DMA_ITConfig(DMA_Channel_TypeDef* DMAy_Channelx, uint32_t DMA_IT, FunctionalState NewState)
功能描述	使能或除能指定的通道 x 中断
输入参数 1	DMAy_Channelx：x 可取 1, …, 7，用于选择 DMA 通道 x
输入参数 2	DMA_IT：待使能或除能的 DMA 中断源，使用操作符 "|" 可以同时选中多个 DMA 中断源
输入参数 3	NewState：DMA 通道 x 中断的新状态，可以取 ENABLE 或 DISABLE
输出参数	无
返回值	void

参数 DMA_IT 为待使能或除能的 DMA 中断源，可取值如表 10-41 所示，还可以使用 "\|" 操作符选择多个值，如 DMA_IT_TC | DMA_IT_HT。

表 10-41　参数 DMA_IT 的可取值

可 取 值	实 际 值	描 述
DMA_IT_TC	0x00000002	传输完成中断屏蔽
DMA_IT_HT	0x00000004	传输过半中断屏蔽
DMA_IT_TE	0x00000008	传输错误中断屏蔽

例如，使能 DMA1 通道 5 的传输完成中断，代码如下：

```
DMA_ITConfig(DMA1_Channel5, DMA_IT_TC, ENABLE);
```

3. DMA_Cmd

DMA_Cmd 函数的功能是使能或除能指定的通道 x，通过向 DMAy_Channelx->CCR 写入参数来实现。具体描述如表 10-42 所示。

表 10-42　DMA_Cmd 函数的描述

函数名	DMA_Cmd
函数原型	void DMA_Cmd(DMA_Channel_TypeDef* DMAy_Channelx, FunctionalState NewState)
功能描述	使能或除能指定的通道 x
输入参数 1	DMAy_Channelx：x 可取 1, …, 7，用于选择 DMA 通道 x
输入参数 2	NewState：DMA 通道 x 的新状态，可以取 ENABLE 或 DISABLE
输出参数	无
返回值	void

例如，使能 DMA1 的通道 5，代码如下：

```
DMA_Cmd(DMA1_Channel5, ENABLE);
```

4. DMA_ClearITPendingBit

DMA_ClearITPendingBit 函数的功能是清除 DMA 通道 x 的中断待处理标志位，通过向 DMA2→IFCR 写入参数来实现。具体描述如表 10-43 所示。

表 10-43　DMA_ClearITPendingBit 函数的描述

函数名	DMA_ClearITPendingBit
函数原型	void DMA_ClearITPendingBit(uint32_t DMA_IT)
功能描述	清除 DMA 通道 x 的中断待处理标志位
输入参数	DMA_IT：待清除的 DMA 中断待处理标志位
输出参数	无
返回值	void

例如，清除 DMA1 通道 5 的全部中断标志位，代码如下：

```
DMA_ClearITPendingBit(DMA1_IT_GL5);
```

10.2.8　多通道 ADC 采样原理

STM32 微控制器共有 3 组 ADC，分别是 ADC1、ADC2 和 ADC3，每组至多有 18 个通道，但是每组只有一个 ADCx_DR 寄存器（存放 A/D 转换结果）。这就带来一个问题，当多通道采样时，不同通道的 A/D 转换结果会相互覆盖。程序随机读 ADCx_DR 寄存器时，无法确定这是哪个通道的转换结果。

有多种方式可以解决上述问题，最简单的是每组 ADC 只采一个通道，这样就不存在数据相互覆盖的问题，但是该方式最多只能采样 3 个通道的 ADC。

第二种是采用中断的方式，以 ADC1 为例，配置多个通道的 ADC 采样顺序之后，开启 ADC 中断，每次转换结束后进入中断服务函数。因为 ADC 采样顺序是已知的，所以程序可以统计进入中断服务函数的次数来判断由哪个通道转换完成的，然后及时将 ADCx_DR 的转换结果取出放到指定位置。此方法可以区分多个通道的转换结果，但是会占用 CPU 资源，影响程序的运行速度。

最后一种是使用 DMA，原理如图 10-19 所示。第一次 A/D 转换完成之后 DMA 将 ADCx_DR 中的转换结果存入数组第一个单元，第二次转换完成后存入数组的第二个单元，依次类推。当 ADC 组中所有通道读取一遍之后 DMA 又写入数组第一个单元。如此多个通道的 A/D 转换结果就按照顺序存入数组中。若需要读取某个通道的 A/D 转换结果，只需要读取对应位置即可。这种方法的优点是不占用 CPU 资源，ADC 采样通道数量没有限制，但是会占用外设资源。

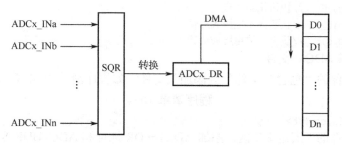

图 10-19　DMA 保存 ADC 多通道采样结果

10.3　实验步骤

步骤 1：复制文件并编译原始工程

首先，将"D:\STM32KeilTest\Material\08.电池电压检测实验"文件夹复制到"D:\STM32KeilTest\Product"文件夹中。然后，双击运行"D:\STM32KeilTest\Product\08.电池电压检测实验\Project"文件夹中的 STM32KeilPrj.uvprojx，参见 4.3 节步骤 1 验证原始工程，若原始工程正确，可以进入下一步操作。

步骤 2：添加 ADC 和 CalcBatPower 文件对

将"D:\STM32KeilTest\Product\08.电池电压检测实验\App\CalcBatPower"文件夹中的 CalcBatPower.c 与"D:\STM32KeilTest\Product\08.电池电压检测实验\HW\ADC"文件夹中的 ADC.c 分别添加到 App 分组和 HW 分组，具体操作可参见 3.3 节步骤 8。然后，将"D:\STM32KeilTest\Product\08.电池电压检测实验\App\CalcBatPower"路径与"D:\STM32KeilTest\Product\08.电池电压检测实验\HW\ADC"路径添加到 Include Paths 栏，具体操作可参见 3.3 节步骤 11。

步骤 3：完善 ADC.h 文件

首先，在 ADC.c 文件的"包含头文件"区，添加代码#include "ADC.h"，完成添加后，单击 按钮进行编译。编译结束后，在 Project 面板中，双击 ADC.c 下的 ADC.h。在 ADC.h 文件中添加防止重编译处理代码，如程序清单 10-1 所示。

程序清单 10-1

```
#ifndef _ADC_H_
#define _ADC_H_


#endif
```

在 ADC.h 文件的"包含头文件"区添加头文件，如程序清单 10-2 所示。

程序清单 10-2

```
#include "DataType.h"
```

在 ADC.h 文件的"API 函数声明"区，添加 API 函数 InitADC、GetRefADC 和 GetBatADC 的声明，如程序清单 10-3 所示，下面依次介绍这几个函数的作用。

（1）InitADC 函数用于初始化 STM32 的 ADC，放在 Main.c 的 InitHardware 函数中调用。

（2）GetRefADC 函数用于获取参考电压的 ADC 值，在 CalcBatPower.c 计算电池电压时用于校准。

（3）GetBatADC 函数用于获取电池电压的 ADC 采样值。

程序清单 10-3

```
void   InitADC(void);      //初始化 ADC 模块
u16    GetRefADC(void);    //获取参考电压 ADC 值
u16    GetBatADC(void);    //获取电池电压 ADC 值
```

步骤 4：完善 ADC.c 文件

在 ADC.c 文件的"包含头文件"区添加头文件，如程序清单 10-4 所示。

程序清单 10-4

```
#include <stm32f10x_conf.h>
```

在 ADC.c 文件的"宏定义"区，添加 ADC1→DR 地址和 ADC_BUF_SIZE 的宏定义，如程序清单 10-5 所示。因为需要采样两路 ADC，所以将 ADC 缓冲区的大小设置为 2。

程序清单 10-5

```
#define   ADC1_DR_Address      ((u32)0x4001244C) //ADC1->DR 地址
#define   ADC_BUF_SIZE         2                  //A/D 转换 DMA 的数据缓冲区大小
```

在 ADC.c 文件的"内部变量"区，添加 A/D 转换 DMA 的数据缓冲区 s_arrAdcCnvrtVal[]，如程序清单 10-6 所示，用于存储 ADC 采样值。缓冲区中电池电压 ADC 将放在 s_arrAdcCnvrtVal[0]中，内部校准电压 ADC 值放在 s_arrAdcCnvrtVal[1]中。

程序清单 10-6

```
u16   s_arrAdcCnvrtVal[ADC_BUF_SIZE];          //A/D 转换 DMA 的数据缓冲区
```

在 ADC.c 文件的"内部函数声明"区，添加内部函数 ConfigADC1 和 ConfigDMA 的声明代码，如程序清单 10-7 所示。ConfigADC1 函数用于配置 ADC1 的常规参数，ConfigDMA 函数用于配置 ADC1 的 DMA 。

程序清单 10-7

```
static void ConfigADC1(void);   //配置 ADC1
static void ConfigDMA(void);     //配置 ADC 的 DMA
```

在 ADC.c 文件的"内部函数实现"区，添加内部函数 ConfigADC1 的实现代码，如程序清单 10-8 所示。下面依次解释说明 ConfigADC1 函数中的语句。

（1）RCC_ADCCLKConfig 函数对 PCLK2 进行 8 分频，由于本实验的 PCLK2 为 72MHz，因此，经过 8 分频后，ADC 输入时钟为 9MHz。

（2）本实验是通过 ADC1 对 PA1 引脚的信号量进行模-数转换的，因此，还需要通过 RCC_APB2PeriphClockCmd 函数使能 ADC1 时钟和 GPIOA 时钟。

（3）通过 GPIO_Init 函数将 PA1 配置为模拟输入模式。

（4）通过 ADC_Init 函数对 ADC1 进行配置，该函数涉及 ADC_CR1 的 DUALMOD[3:0]、SCAN，以及 ADC_CR2 的 ALIGN、EXTSEL[2:0]、CONT，ADC_SQR1 的 L[3:0]。DUALMOD[3:0] 用于设置 ADC 的操作模式，SCAN 用于设置扫描模式，本实验中，ADC1 配置为独立模式，且使用扫描模式。ALIGN 用于设置数据对齐方式，EXTSEL[2:0]用于选择启动规则转换组转换的外部事件，CONT 用于设置是否进行连续转换，本实验中，ADC1 采用右对齐方式，通过软件触发，且转换模式为连续转换。L[3:0]用于存储规则序列的长度，本实验中，ADC1 需要对 PA1 引脚的模拟信号量和内部参考电压进行模-数转换，因此，这里取 2。

（5）通过 ADC_RegularChannelConfig 函数设置规则序列 1 里面的通道、采样顺序和采样周期，该函数涉及 ADC_SMPR2 的 SMP1[2:0]和 ADC_SQR3 的 SQ1[4:0]。SMP1[2:0]用于选择通道 1 的采样时间，本实验中，ADC1 通道 1 的采样时间设置为 239.5 周期。SQ1[4:0]用于设置规则序列中的第 1 个转换。

（6）通过 ADC_DMACmd 函数启用 DMA 传输，该函数涉及 ADC_CR2 的 DMA。

（7）通过 ADC_Cmd 函数使能 ADC1，该函数涉及 ADC_CR2 的 ADON。

（8）ADC_ResetCalibration 函数用于启动 ADC 复位校准，ADC_GetResetCalibrationStatus 函数用于获取 ADC 复位校准状态，两个函数均涉及 ADC_CR2 的 RSTCAL，第一个函数用于写 RSTCAL，第二个函数用于读 RSTCAL。在本实验中，通过 ADC_ResetCalibration 函数启动 ADC1 复位校准之后，还需要通过 while 语句等待复位校准结束。

（9）ADC_StartCalibration 函数用于启动 ADC 校准、ADC_GetCalibrationStatus 函数用于获取 ADC 校准状态，两个函数均涉及 ADC_CR2 的 CAL，第一个函数用于写 CAL，第二个函数用于读 CAL。在本实验中，通过 ADC_StartCalibration 函数启动 ADC1 校准之后，还需要通过 while 语句等待校准结束。

程序清单 10-8

```c
static void ConfigADC1(void)
{
  GPIO_InitTypeDef    GPIO_InitStructure;//定义结构体 GPIO_InitStructure,配置 ADC_Channel_1 的常规参数
  ADC_InitTypeDef     ADC_InitStructure;//定义结构体 ADC_InitStructure,配置 ADC_ Channel_1 的 NVIC

  RCC_APB2PeriphClockCmd(RCC_APB2Periph_ADC1  , ENABLE);          //使能 ADC1 时钟
  RCC_APB2PeriphClockCmd(RCC_APB2Periph_GPIOA , ENABLE);          //使能 GPIOA 时钟
  RCC_ADCCLKConfig(RCC_PCLK2_Div8);                              //72MHz/8=9MHz（最大 14MHz）

  GPIO_InitStructure.GPIO_Pin   = GPIO_Pin_1;                    //设置引脚
  GPIO_InitStructure.GPIO_Speed = GPIO_Speed_50MHz;             //设置 I/O 输入速度
  GPIO_InitStructure.GPIO_Mode  = GPIO_Mode_AIN;               //设置模拟输入类型
  GPIO_Init(GPIOA, &GPIO_InitStructure);                        //根据参数初始化 GPIO

  ADC_DeInit(ADC1);                                             //复位 ADC1
  ADC_InitStructure.ADC_Mode            = ADC_Mode_Independent;  //ADC 独立模式
  ADC_InitStructure.ADC_ScanConvMode    = ENABLE;              //ADC 工作在扫描模式
  ADC_InitStructure.ADC_ContinuousConvMode = ENABLE;          //ADC 工作在连续转换模式
  ADC_InitStructure.ADC_ExternalTrigConv = ADC_ExternalTrigConv_None; //转换由软件而不是外
                                                                      部触发启动
  ADC_InitStructure.ADC_DataAlign       = ADC_DataAlign_Right;   //ADC 数据右对齐
  ADC_InitStructure.ADC_NbrOfChannel    = ADC_BUF_SIZE;//顺序进行规则转换的 ADC 通道的数目 2
  ADC_Init(ADC1, &ADC_InitStructure);

  ADC_TempSensorVrefintCmd(ENABLE);                               //VREFINT 使能

  //ADC1_Channel_1: 采样次序: 1; 采样周期: （1/8M）* （239.5+12.5） = 31.5μs
  ADC_RegularChannelConfig(ADC1, ADC_Channel_1, 1, ADC_SampleTime_239Cycles5);

  //ADC1_Channel_17（Vrefint）: 采样次序: 2; 采样周期: （1/8M）* （239.5+12.5） = 31.5μs
  ADC_RegularChannelConfig(ADC1, ADC_Channel_Vrefint, 2, ADC_SampleTime_239Cycles5);

  ADC_DMACmd(ADC1, ENABLE);                                      //使能指定的 ADC 的 DMA 请求
  ADC_Cmd(ADC1, ENABLE);                                         //使能指定的 ADC

  ADC_ResetCalibration(ADC1);                                    //重置指定的 ADC1 的校准寄存器
  while (ADC_GetResetCalibrationStatus(ADC1));                   //读 RSTCAL

  ADC_StartCalibration(ADC1);                                    //开始指定 ADC1 的校准状态
  while (ADC_GetCalibrationStatus(ADC1));                        //读 CAL

  ADC_SoftwareStartConvCmd(ADC1, ENABLE);                        //使能转换启动功能
}
```

在 ADC.c 文件的"内部函数实现"区，添加内部函数 ConfigDMA 的实现代码，如程序清单 10-9 所示。

（1）本实验通过 DMA1 的通道 1 将 ADC_DR 中的数据传送到 SRAM，因此，还需要通过 RCC_AHBPeriphClockCmd 函数使能 DMA1 通道 1 的时钟。

（2）通过 DMA_DeInit 函数将 DMA1 通道 1 寄存器重设为默认值。

（3）通过 DMA_Init 函数对 DMA1 的通道 1 进行配置，该函数涉及 DMA_CCR1 的 DIR、CIRC、PINC、MINC、PSIZE[1:0]、MSIZE[1:0]、PL[1:0]、MEM2MEM，以及 DMA_CNDTR1，还涉及 DMA_CPAR1 和 DMA_CMAR1。DIR 用于设置数据传输方向，CIRC 用于设置循环方式，PINC 用于设置外设地址增量模式，MINC 用于设置存储器地址增量模式，PSIZE[1:0]用于设置外设数据宽度，MSIZE[1:0]用于设置存储器数据宽度，PL[1:0]用于设置通道优先级，MEM2MEM 用于设置存储器模式，可参见图 10-15 和表 10-27。本实验中，DMA1 的通道 1 是将外设 ADC1 的数据传输到存储器 SRAM，因此，传输方向是从外设读，外设不执行地址增量操作，存储器执行地址增量操作，存储器和外设数据宽度均为半字，数据传输采用循环模式，即数据传输的数目变为 0 时，将自动被恢复成配置通道时设置的初值，DMA 操作将会继续进行，通道优先级设置为中等，MEM2MEM 设置为 0，表示工作在非存储器到存储器模式。DMA_CPAR1 是 DMA1 通道 1 外设地址寄存器，DMA_CMAR1 是 DMA1 通道 1 存储器地址寄存器，DMA_CNDTR1 是 DMA1 通道 1 传输数量寄存器，本实验中，向 DMA_CPAR1 写入 ADC1->DR 的地址，向 DMA_CMAR1 写入 s_arrADC1Data 的地址，向 DMA_CNDTR1 写入 1。

（4）通过 DMA_Cmd 函数使能 DMA1 通道 1，该函数涉及 DMA_CCR1 的 EN。

程序清单 10-9

```c
void ConfigDMA(void)
{
  DMA_InitTypeDef DMA_InitStructure;//定义一个结构体 DMA_InitStructure，配置 DMA1_Channel1 常规参数

  RCC_AHBPeriphClockCmd(RCC_AHBPeriph_DMA1, ENABLE);                //使能 DMA 时钟

  DMA_DeInit(DMA1_Channel1);
  DMA_InitStructure.DMA_PeripheralBaseAddr = ADC1_DR_Address;        //外设地址
  DMA_InitStructure.DMA_MemoryBaseAddr = (u32)s_arrAdcCnvrtVal;      //内存地址
  DMA_InitStructure.DMA_DIR = DMA_DIR_PeripheralSRC;        //DMA 传输方向为单向（从外设读数据）
  DMA_InitStructure.DMA_BufferSize = ADC_BUF_SIZE;        //设置 DMA 在传输时缓冲区的长度
  DMA_InitStructure.DMA_PeripheralInc = DMA_PeripheralInc_Disable;//禁止外设地址增量模式
  DMA_InitStructure.DMA_MemoryInc = DMA_MemoryInc_Enable;        //允许内存地址增量模式
  DMA_InitStructure.DMA_PeripheralDataSize = DMA_PeripheralDataSize_HalfWord; //外设数据字长为
                                                                               16bit
  DMA_InitStructure.DMA_MemoryDataSize = DMA_MemoryDataSize_HalfWord;        //内存数据字长为16bit
  DMA_InitStructure.DMA_Mode = DMA_Mode_Circular;        //设置 DMA 的循环模
  DMA_InitStructure.DMA_Priority = DMA_Priority_High;        //设置 DMA 的优先级别
  DMA_InitStructure.DMA_M2M = DMA_M2M_Disable;        //禁止存储器到存储器模式
  DMA_Init(DMA1_Channel1, &DMA_InitStructure);        //根据指定参数初始化

  DMA_Cmd(DMA1_Channel1, ENABLE);                //使能 DMA
}
```

在 ADC.c 文件的"API 函数实现"区，添加 API 函数 InitADC、GetRefADC 和 GetBatADC 的实现代码，如程序清单 10-10 所示。

（1）InitADC 函数通过调用 ConfigADC1 和 ConfigDMA 函数来配置 ADC1 的常规参数和 DMA。

（2）GetRefADC 函数用于返回内部参考电压的 ADC 值，因为内部参考电压 ADC 采样顺序为 2，所以返回 s_arrAdcCnvrtVal[1]。

（3）GetBatADC 函数用于获取电池电压 ADC 采样值，因为电池电压 ADC 采样顺序为 1，所以返回 s_arrAdcCnvrtVal[0]。

程序清单 10-10

```
void InitADC( void )
{
  ConfigADC1();                  //配置 ADC1
  ConfigDMA();                   //配置相应的 DMA
}

u16 GetRefADC(void)
{
  return s_arrAdcCnvrtVal[1];    //返回参考电压 ADC 值
}

u16 GetBatADC(void)
{
  return s_arrAdcCnvrtVal[0];    //返回 ADC 值
}
```

步骤 5：完善 CalcBatPower.h 文件

在 CalcBatPower.c 文件的"包含头文件"区，添加代码#include "CalcBatPower.h"，完成添加后，单击█按钮进行编译。编译结束后，在 Project 面板中，双击 CalcBatPower.c 下的 CalcBatPower.h。在 CalcBatPower.h 文件中添加防止重编译处理代码，如程序清单 10-11 所示。

程序清单 10-11

```
#ifndef _CALC_BAT_POWER_
#define _CALC_BAT_POWER_

#endif
```

在 CalcBatPower.h 文件的"API 函数声明"区，添加 API 函数 InitCalcBatPower 和 ProcCalcBatPowTask 的声明代码，如程序清单 10-12 所示。InitCalcBatPower 函数用于初始化电池电压检测模块，ProcCalcBatPowTask 用于计算电池电压，每隔 2ms 执行一次。

程序清单 10-12

```
void  InitCalcBatPower(void);      //初始化电池电压计算模块
void  ProcCalcBatPowTask(void);    //电池电压计算，若电压过低会发出警报
```

步骤 6：完善 CalcBatPower.c 文件

在 CalcBatPower.c 文件的"包含头文件"区，添加头文件，如程序清单 10-13 所示。

程序清单 10-13

```
#include "ADC.h"
#include "Common.h"
#include "Beep.h"
```

在 CalcBatPower.c 文件的"宏定义"区，添加 VREF 的宏定义，表示芯片内部参考电压的大小，如程序清单 10-14 所示。因为每块芯片的工艺都略有差别，所以芯片内部的参考电压略微不同，可根据实际情况修改 VREF 值以提高精度，本书仅提供一个参考。

程序清单 10-14

```
#define VREF 1.215  //芯片内部的参照电压，典型值是 1.20V，最小值是 1.16V，最大值是 1.24V，请根据
                      实际情况修改
```

在 CalcBatPower.c 内部函数声明区，添加内部函数 GetBatteryVolt 的声明代码，如程序清

单 10-15 所示，用于计算电池电压。

程序清单 10-15

```
static i16 GetBatteryVolt(void);
```

在 CalcBatPower.c 文件的"内部函数实现"区，添加内部函数 GetBatteryVolt 的实现代码，如程序清单 10-16 所示。下面对其中的语句进行解释。

（1）电压值＝ADC× VDDA / 4096，其中 VDDA 为 VDDA 电源电压实际值。前面提到过，通常情况下 VDDA 为 3.3V，但是当电池电量严重不足时 VDDA 会有偏差。为了准确检测电池电压，需要通过内部参考电压来得到 VDDA 的实际值，然后将 VDDA 的实际值代入公式就可以得到准确的电池电压。

（2）因为 STM32 的 ADC 采样最高只能达到 3.3V，所以这里通过电阻分压来间接获取电池电压，这样智能小车可以检测到的最大电压为 20.13V，由电路原理图分析得：电池电压＝ADC 采样电压×6.1。由于并未采用专门的电压采集电路，只是采用简单的电阻分压，因此电压检测不是很精确，可根据实际情况修改 VREF，或者采用集成运放搭建电压采集电路，以获取更高的精度。

（3）为了表示小数点后几位，电池电压扩大了 100 倍。

程序清单 10-16

```
static i16 GetBatteryVolt(void)
{
  float refADC = 0;                    //参考电压 ADC 值
  float vdda;                          //VDDA 实际值
  float volt;                          //电池电压

  refADC = GetRefADC();                //获取参考电压 ADC 值
  vdda   = VREF * 4096.0 / refADC;     //计算 VDDA 实际值
  volt   = GetBatADC();                //获取电池电压 ADC 值
  volt   = volt * vdda * 6.1 / 4096;   //电阻分压，具体根据原理图简单分析可以得到
  volt   = (i16)(volt * 100);
  return volt;
}
```

在 CalcBatPower.c 文件的"API 函数实现"区，添加 API 函数 InitCalcBatPower 和 ProcCalcBatPowTask 函数的实现代码，如程序清单 10-17 所示。

（1）InitCalcBatPower 函数用于初始化电池电压检测模块，因为小车电池电压测量初始化主要是 ADC 的初始化，所以在此不做任何操作。

（2）ProcCalcBatPowTask 函数用于检测电池电压，每隔 2ms 执行一次，当然也可以根据需要修改时间。检测电池电压时，采集 10 次电压值求平均，以减小误差，同时监测电池电压是否低于 6V，若低于 6V，则蜂鸣器发出警报。这里的电压值为电池电压的 100 倍，方便 OLED 显示屏显示。

程序清单 10-17

```
void InitCalcBatPower(void)
{

}

void  ProcCalcBatPowTask(void)
{
```

```
int i = 0;
int volt = 0;
StructSystemFlag *carFlag;

carFlag = GetSystemStatus();

//10 次 ADC 采样，取平均值
for (i = 0; i <= 9; i++)
{
  volt = volt + GetBatteryVolt();
}
carFlag->volt = volt / 10;

//判断电压是否小于 6V
if((carFlag->volt) <= 600)
{
  BeepAlarm();
}
}
```

步骤 7：完善电池电压检测实验应用层

在 TaskProc.c 文件的"包含头文件"区添加头文件，如程序清单 10-18 所示。

程序清单 10-18

```
#include "CalcBatPower.h"
```

在 TaskProc.c 文件的"内部变量"区，将电池电压检测任务添加到任务列表 s_arrTaskComps[]中，如程序清单 10-19 所示，电池电压采样任务将每隔 2ms 执行一次。

程序清单 10-19

```
//任务列表
static StructTaskCtr s_arrTaskComps[] =
{
{0, 2,    2,    LEDTask},          //LED 闪烁
{0, 5,    5,    CarGo},            //小车运行
{0, 100,  100,  DbgCarScan},       //DbgCar 扫描任务
{0, 100,  100,  OLEDShow},         //OLED 显示
{0, 100,  100,  MeasureDistance},  //超声测距
{0, 500,  500,  MeasureEncoder},   //测速
{0, 2,    2,    ProcCalcBatPowTask}, //计算电池电压任务
};
```

在 Main.c 文件的"包含头文件"区添加头文件，如程序清单 10-20 所示。

程序清单 10-20

```
#include "ADC.h"
#include "CalcBatPower.h"
```

在 Main.c 文件的 InitSoftware 函数中添加 CalcBatPower 模块的初始化代码，如程序清单 10-21 所示。

程序清单 10-21

```
static  void  InitSoftware(void)
{
  InitLED();               //初始化 LED 模块
  InitSystemStatus();      //初始化 SystemStatus 模块
  InitTask();              //初始化 Task 模块
```

```
  InitDbgCar();              //初始化 DbgCar 模块
  InitOLED();                //初始化 OLED 模块
  InitKeyOne();              //初始化 KeyOne 模块
  InitProcKeyOne();          //初始化 ProcKeyOne 模块
  InitBeep();                //初始化 Beep 模块
  InitMotor();               //初始化 Motor 模块
  InitServo();               //初始化 Servo 模块
  InitInfrared();            //初始化 Infrared 模块
  InitUltraSound();          //初始化 UltraSound 模块
  InitEncoder();             //初始化 Encoder 模块
  InitCalcBatPower();        //初始化 CalcBatPower 模块
}
```

在 Main.c 文件的 InitHardware 函数中添加 ADC 模块的初始化代码，如程序清单 10-22 所示。

程序清单 10-22

```
static  void  InitHardware(void)
{
  SystemInit();              //初始化系统
  InitRCC();                 //初始化 RCC 模块
  InitNVIC();                //初始化 NVIC 模块
  InitSysTick();             //初始化 SysTick 模块
  InitTimer();               //初始化 Timer 模块
  InitUART();                //初始化 UART 模块
  InitPWM();                 //初始化 PWM 模块
  InitEXTI();                //初始化 EXTI 模块
  InitADC();                 //初始化 ADC 模块
}
```

步骤 8：编译及下载验证

代码编写完成并编译成功后，将程序下载到 STM32 微控制器中。下载完成后在 OLED 显示屏的"volt"中显示的就是电池电压。可以用万用表测量智能小车核心板上 7V4 测试点的电压，7V4 测试点对应的是电池电压，比较测量的电压与显示结果是否相符。由于分压电阻精度的原因，而且电压检测电路也并未放置跟随器，因此总会存在一定偏差，可以修改 VREF 宏定义，以获得更精确的电压值。

本 章 任 务

智能小车核心板的电源输入端有一个电流检测电路，如图 10-20 所示，可以监测流经整个小车的电流。

ZXCT1009 可以测出电阻 R_{29} 两端的电压，由此可以计算出流经电阻 R_{29} 的电流。具体公式为

$$V_{R_{29}} = V_{IN} - V_{OUT}$$

$$V_{CURRENT} = 0.01 \times V_{R_{29}} \times R_{28}$$

$$I = V_{R_{29}} / R_{29}$$

测出电流后直接乘以小车电池电压即可得到小车功率。编写智能小车功率驱动程序，将测量结果存储至 Common 模块中，并输出到串口助手，验证测量结果。

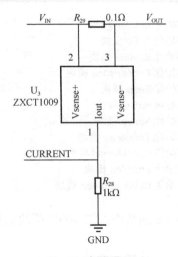

图 10-20　电流检测电路

本 章 习 题

1．ADC 与 DAC 是什么？

2．简述本章实验中 ADC 的工作原理。

3．ADC 的转换范围是多大？输入信号幅度超过 ADC 参考电压范围会有什么后果？

4．DMA 是什么？

5．本实验涉及的 DMA 寄存器包括哪些？

11 实验9——魔术手应用实验

通过前面章节的学习，已对小车的底层驱动有了一定的了解，从本章开始将基于这些驱动来实现小车的应用开发。首先是一个简单的魔术手应用实验，"魔术手"是一种比喻，指像用魔法操纵物体一样来操纵小车，它是智能小车的一种控制模式，主要通过手掌来控制小车前进或后退。本章将介绍魔术手模式的工作原理及魔术手应用程序。

11.1 实验内容

学习智能小车魔术手模式的工作原理，利用小车电机、超声测距和寻迹驱动模块，编写智能小车魔术手应用程序，并完成测试。

11.2 实验原理

在魔术手模式下，智能小车利用超声测距模块检测小车与前方障碍物（如手掌）的距离，当距离过近时，控制电机向后转；当距离适中时，电机停止转动；当距离略远时，小车前进；当距离过远时，小车停止，这样就实现了用手掌控制小车前进或后退的功能。当然还要为小车添加一些保护机制，当检测到踏空时，小车停止前进。具体实现流程如图 11-1 所示。注意，本书提供的源码附带有踏空保护功能，还需要调节寻迹模块的灵敏度。

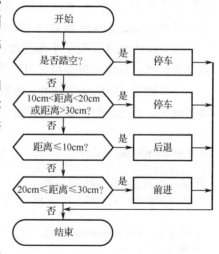

图 11-1 魔术手模式实现流程图

11.3 实验步骤

步骤 1：复制文件并编译原始工程

首先，将"D:\STM32KeilTest\Material\09.魔术手应用实验"文件夹复制到"D:\ STM32KeilTest\Product"文件夹中。然后，双击运行"D:\STM32KeilTest\Product\09.魔术手应用实验\Project"文件夹中的 STM32KeilPrj.uvprojx，参见 4.3 节步骤 1 验证原始工程，若原始工程正确，可以进入下一步操作。

步骤 2：添加 MagicHand 文件对

将"D:\STM32KeilTest\Material\07.码盘测速实验\App\MagicHand"文件夹中的 MagicHand.c 添加至 App 分组，具体操作可参见 3.3 节步骤 8。然后，将"D:\ STM32KeilTest\Product\07.码盘测速实验\App\MagicHand"路径添加到 Include Paths 栏，具体操作可参见 3.3 节步骤 11。

步骤 3：完善 MagicHand.h 文件

首先，在 MagicHand.c 文件的"包含头文件"区，添加代码#include "MagicHand.h"，完成添加后，单击▦按钮进行编译。编译结束后，在 Project 面板中，双击 MagicHand.c 下的 MagicHand.h。在 MagicHand.h 文件中，添加防止重编译处理代码，如程序清单 11-1 所示。

程序清单 11-1

```
#ifndef _MAGIC_HAND_H_
#define _MAGIC_HAND_H_

#endif
```

在 Magichand.h 文件的"API 函数声明"区，添加 API 函数 ProcMagicHand，如程序清单 11-2 所示。ProcMagicHand 函数为魔术手模式执行函数，执行此函数就相当于运行魔术手模式。

程序清单 11-2

```
void ProcMagicHand(void);    //魔术手
```

步骤 4：完善 MagicHand.c 文件

在 Magichand.c 文件的"包含头文件"区添加头文件，如程序清单 11-3 所示。

程序清单 11-3

```
#include "Motor.h"
#include "Common.h"
```

在 Magichand.c 文件的"API 函数实现"区，添加 API 函数 ProcMagicHand 的实现代码，如程序清单 11-4 所示。ProcMagicHand 函数参照图 11-1 设计智能小车魔术手模式。下面按照顺序对 ProcMagicHand 函数中的语句进行解释。

（1）runSpeed 设置了小车速度，因为魔术手模式只用到前进和后退两个动作，因此只需要设置前进、后退速度即可。可以根据需要调节小车的前进速度。

（2）通过 GetSystemStatus 函数获取 Common 模块中 s_structSystemFlag 的地址存储至 carFlag 中。通过结构体指针 carFlag 可以直接获取 Common 模块中的超声测距和寻迹检测结果。

程序清单 11-4

```
void ProcMagicHand(void)
{
  StructSystemFlag *carFlag;
  int runSpeed  = 2400;  //前进/后退速度

  carFlag = GetSystemStatus();
  //避免踏空
  if (BLACK_AREA == carFlag->searchL1IO || BLACK_AREA == carFlag->searchL2IO ||
      BLACK_AREA == carFlag->searchR1IO || BLACK_AREA == carFlag->searchR1IO)
  {
    CarStop();
  }

  //距离在 10~20cm 或大于 30cm 时停车
  else if (((carFlag->distance < 20) && (carFlag->distance > 10)) || (carFlag->distance > 30))
  {
    CarStop();
  }

  //距离小于等于 10cm 时后退
  else if (carFlag->distance <= 10)
  {
    CarBack(runSpeed,runSpeed);
  }
```

```
//距离大于等于20cm且小于等于30cm时前进
else if (carFlag->distance >= 20 && carFlag->distance <= 30)
{
  CarRun(runSpeed,runSpeed);
}
}
```

步骤 5：完善魔术手应用层

在 Common.c 文件的"包含头文件"区添加头文件，如程序清单 11-5 所示。

程序清单 11-5

```
#include "MagicHand.h"
```

在 Command.c 义件的"内部函数实现"区，向 ResetFunc 函数中添加 MagicHand 执行函数，如程序清单 11-6 所示。这样就可以通过 s_structSystemFlag 结构体调用 MagicHand 函数，再通过 CarGo 函数来执行，CarGo 函数放在 TaskProc 的任务列表中，可以打开 TaskProc.c 文件查看，CarGo 函数在 TaskProc 函数中每隔 5ms 被执行一次。CarGo 函数在执行时，首先判断小车处于调节状态还是运行状态，若为运行状态，则执行 s_structSystemFlag.ctrolFunc 指向的函数，也就是执行某一个小车模式。

程序清单 11-6

```
static void ResetFunc(void)
{
  switch (s_structSystemFlag.pattern)          //判断小车模式
  {
    case BT_CTROL_STATE:                       //蓝牙模式
      s_structSystemFlag.ctrolFunc = NULL;
      break;
    case TRACK_CAR_STATE:                      //寻迹模式
      s_structSystemFlag.ctrolFunc = NULL;
      break;
    case MAGIC_HAND_STATE:                     //魔术手模式
      s_structSystemFlag.ctrolFunc = ProcMagicHand;
      break;
    case BARRIER_STATE:                        //避障模式
      s_structSystemFlag.ctrolFunc = NULL;
      break;
    case FOLLOW_STATE:                         //跟从模式
      s_structSystemFlag.ctrolFunc = NULL;
      break;
    default:
      break;
  }
}
```

步骤 6：编译及下载验证

代码编写完成并编译成功后，将程序下载到 STM32 微控制器中。下载完成后按 KEY$_1$ 按键，小车进入调节状态，此时可以通过 KEY$_2$ 按键切换小车模式，将小车模式切换至魔术手模式，然后按 KEY$_3$ 按键，小车执行魔术手模式。这时可以用手或其他遮挡物控制小车的前进和后退。调节寻迹模块的灵敏度，当小车检测到踏空时，将不能控制小车前进与后退。可以根据实际需要调节小车的速度。

本 章 任 务

在通过"魔术手"控制小车的过程中，可以在 OLED 显示屏上看到，通过超声测距模块测量的手与小车间的距离波动较大，基于此，本章任务要求优化超声测距模块。定义一个数组变量用于存放超声测距结果，每采集 10 个数据，去掉其中的最大值与最小值，对剩下的值取平均，得到的结果作为测距结果返回。

本 章 习 题

1．STM32F103RCT6 微控制器的最大主频是多少？Flash 和 SRAM 的容量分别是多少？
2．STM32F103RCT6 微控制器的 APB1 和 APB2 最大时钟频率分别是多少？
3．简述魔术手模式实现流程。

12 实验10——跟从应用实验

跟从模式是对魔术手模式的升级，也具有魔术手的功能，该功能主要结合超声测距、避障模块和寻迹模块驱动，通过反馈正前方、左前方和右前方的人或物的距离来控制电机转动，使小车在前进过程中始终与前方的人或物保持一定的距离。本章将介绍跟从模式的工作原理及跟从应用程序。

12.1 实验内容

学习智能小车跟从模式的工作原理，利用小车电机、超声测距、避障模块和寻迹驱动模块，编写智能小车跟从应用程序，并完成测试。

12.2 实验原理

跟从模式的流程图如图 12-1 所示。与魔术手模式一样，首先判断小车是否踏空，若小车遇到踏空危险，则停车。小车根据左右避障模块的检测结果来判断人或物的位置，并结合魔术手模式的超声测距结果判断小车需要前进还是后退。

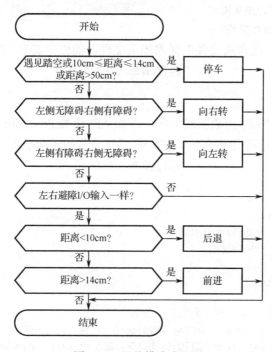

图 12-1 跟从模式流程图

12.3 实验步骤

步骤 1：复制文件并编译原始工程

首先，将"D:\STM32KeilTest\Material\10.跟从应用实验"文件夹复制到"D:\STM32KeilTest\Product"文件夹中。然后，双击运行"D:\STM32KeilTest\Product\10.跟从应用实验\Project"

文件夹中的 STM32KeilPrj.uvprojx，参见 4.3 节步骤 1 验证原始工程，若原始工程正确，则进入下一步操作。

步骤 2：添加 Follow 文件对

将"D:\STM32KeilTest\Material\10.跟从应用实验\App\Follow"文件夹中的 Follow.c 添加至 App 分组，具体操作可参见 3.3 节步骤 8。然后，然后，将"D:\STM32KeilTest\Product\10.跟从应用实验\App\Follow"路径添加到 Include Paths 栏，具体操作可参见 3.3 节步骤 11。

步骤 3：完善 Follow.h 文件

在 Follow.c 文件的"包含头文件"区，添加代码#include "Follow.h"，完成添加后，单击██按钮进行编译。编译结束后，在 Project 面板中，双击 Follow.c 下的 Follow.h。在 Follow.h 文件中，添加防止重编译处理代码，如所程序清单 12-1 示。

程序清单 12-1

```
#ifndef _FOLLOW_H_
#define _FOLLOW_H_

#endif
```

在 Follow.h 文件的"API 函数声明"区，添加 API 函数 ProcFollow 的声明代码，如程序清单 12-2 所示。ProcFollow 函数为跟从模式执行函数，调用该函数相当于执行跟从模式。

程序清单 12-2

```
void ProcFollow(void);    //跟从模式
```

步骤 4：完善 Follow.c 文件

在 Follow.c 文件的"包含头文件"区添加头文件，如程序清单 12-3 所示。

程序清单 12-3

```
#include "Motor.h"
#include "Common.h"
```

在 Follow.c 文件的"API 函数实现"区，添加 API 函数 ProcFollow 的定义代码，如程序清单 12-4 所示。可以根据需要修改小车的前进/后退速度和转向速度。

程序清单 12-4

```
void ProcFollow(void)
{
  StructSystemFlag *carFlag;
  int runSpeed  = 1800;   //前进/后退速度
  int turnSpeed = 6400;   //转向速度

  carFlag = GetSystemStatus();

  //距离为10～14cm 或大于 50cm 或检测到踏空时停车
  if ((carFlag->distance >= 10 && carFlag->distance <= 14) || carFlag->distance > 50 ||
      BLACK_AREA == carFlag->searchL1IO || BLACK_AREA == carFlag->searchL2IO ||
      BLACK_AREA == carFlag->searchR1IO || BLACK_AREA == carFlag->searchR1IO )
  {
    CarStop();
  }
  else if (NO_BARRIER == carFlag->avoidLIO && HAS_BARRIER == carFlag->avoidRIO)   //右边有物体，
                                                                                  右转
  {
    CarRight(turnSpeed, turnSpeed);
```

```
}
else if (HAS_BARRIER == carFlag->avoidLIO && NO_BARRIER == carFlag->avoidRIO)   //左边有物体，
                                                                                        左转
{
  CarLeft(turnSpeed, turnSpeed);
}
else if (carFlag->avoidLIO == carFlag->avoidRIO)
{
  if (carFlag->distance < 10)                                          //距离小于10cm，后退
  {
    CarBack(runSpeed, runSpeed);
  }
  if (carFlag->distance > 14)                                          //距离大于14cm，前进
  {
    CarRun(runSpeed, runSpeed);
  }
}
}
```

步骤 5：完善跟从应用层

在 Common.c 文件的"包含头文件"区添加头文件，如程序清单 12-5 所示。

程序清单 12-5

```
#include "Follow.h"
```

在 Common.c 文件的"内部函数实现"区，将 Follow 模式添加到 ResetFunc 函数中，如程序清单 12-6 所示。

程序清单 12-6

```
static void ResetFunc(void)
{
  switch (s_structSystemFlag.pattern)              //判断小车模式
  {
    case BT_CTROL_STATE:                           //蓝牙模式
      s_structSystemFlag.ctrolFunc = NULL;
      break;
    case TRACK_CAR_STATE:                          //寻迹模式
      s_structSystemFlag.ctrolFunc = NULL;
      break;
    case MAGIC_HAND_STATE:                         //魔术手模式
      s_structSystemFlag.ctrolFunc = ProcMagicHand;
      break;
    case BARRIER_STATE:                            //避障模式
      s_structSystemFlag.ctrolFunc = NULL;
      break;
    case FOLLOW_STATE:                             //跟从模式
      s_structSystemFlag.ctrolFunc = ProcFollow;
      break;
    default:
      break;
  }
}
```

步骤 6：编译及下载验证

代码编写完成并编译成功后，将程序下载到 STM32 微控制器中。下载完成后按 KEY₁

按键，小车进入调节状态，此时可以通过 KEY$_2$ 按键切换小车模式，将小车模式切换至 Follow 模式，然后按 KEY$_3$ 按键，小车执行跟从模式。

本 章 任 务

当前小车无论是前进还是后退，OLED 显示屏上显示的速度都是正数，修改代码，使得电机朝前转动时速度显示正数，朝后转动时显示负数。

本 章 习 题

1. TTL 电路的高电平和低电平范围分别是多少？
2. CMOS 电路的高电平和低电平范围分别是多少？
3. 简述上拉电阻和下拉电阻的作用。

13　实验 11——寻迹应用实验

寻迹模式是指智能小车能循着地上的黑线前进，寻迹是智能小车的重要功能之一。智能小车采用四路寻迹，相比于普通的三路寻迹更有优势。本章将介绍寻迹模式的工作原理及寻迹应用程序。

13.1　实验内容

学习智能小车寻迹模式工作原理，利用小车电机、避障模块和寻迹驱动模块，编写智能小车寻迹应用程序，并完成测试。赛道需自制，黑线线宽为 1.6～3cm 即可。

13.2　实验原理

寻迹模式的流程图如图 13-1 所示。首先判断左右避障模块是否检测到障碍，若检测到障碍，则停车，目的是防止小车意外冲出赛道。然后，再根据四路寻迹模块的检测结果做出相应的动作。理论上四路寻迹模块有 16 种组合，这里仅列出 6 种，可以根据实际需求修改。

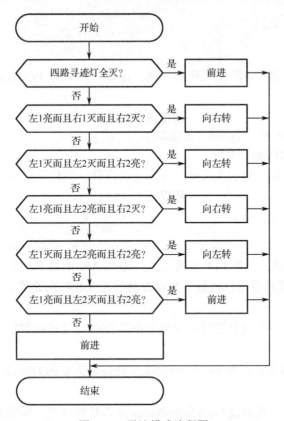

图 13-1　寻迹模式流程图

13.3　实验步骤

步骤 1：复制文件并编译原始工程

首先，将"D:\STM32KeilTest\Material\11.寻迹应用实验"文件夹复制到"D:\STM32KeilTest\Product"文件夹中。然后，双击运行"D:\STM32KeilTest\Product\11.寻迹应用实验\Project"文件夹中的 STM32KeilPrj.uvprojx，参见 4.3 节步骤 1 验证原始工程，若原始工程正确，则进入下一步操作。

步骤 2：添加 TrackCar 文件对

将"D:\STM32KeilTest\Product\11.寻迹应用实验\App\TrackCar"文件夹中的 TrackCar.c 添加到 App 分组，具体操作可参见 3.3 节步骤 8。然后，将"D:\STM32KeilTest\Product\11.寻迹应用实验\App\TrackCar"路径添加到 Include Paths 栏，具体操作可参见 3.3 节步骤 11 。

步骤 3：完善 TrackCar.h 文件

首先，在 TrackCar.c 文件的"包含头文件"区，添加代码#include "TrackCar.h"，完成添加后，单击🖫按钮进行编译。编译结束后，在 Project 面板中，双击 TrackCar.c 下的 TrackCar.h，在 TrackCar.h 文件中添加防止重编译处理代码，如程序清单 13-1 所示。

程序清单 13-1

```
#ifndef _TRACK_CAR_H_
#define _TRACK_CAR_H_


#endif
```

在 TrackCar.h 文件的"API 函数声明"区，添加 API 函数 ProcTrackCar 的声明代码，如程序清单 13-2 所示。

程序清单 13-2

```
void ProcTrackCar(void);        //小车寻迹模式
```

步骤 4：完善 TrackCar.c 文件

在 TrackCar.c 文件的"包含头文件"区添加头文件，如程序清单 13-3 所示。

程序清单 13-3

```
#include "Motor.h"
#include "SysTick.h"
#include "Common.h"
```

在 TrackCar.c 文件的"API 函数实现"区，添加 API 函数 ProcTrackCar 的实现代码，如程序清单 13-4 所示。该函数可以根据需要修改前进速度和转向速度。下面按照顺序对代码进行解释。

（1）小车在赛道上沿直线行驶时的速度大小为 2000，这里设置得比较慢是为了防止小车冲出赛道。

（2）小车转向的速度大小为 6400，因为小车转向时需要的力矩很大，速度太慢电机会无法驱动小车转向。

（3）ProcTrackCar 函数通过 GetSystemStatus 函数获取寻迹与避障检测结果，根据结果决定下一步动作。

（4）确保一旦避障模块检测到障碍物，小车能立即停下来，防止小车冲出赛道后冲撞障碍物造成损坏。

程序清单 13-4

```c
void ProcTrackCar(void)
{
  u8   searchL1IO;
  u8   searchL2IO;
  u8   searchR1IO;
  u8   searchR2IO;
  int runSpeed  = 2000;       //前进速度
  int turnSpeed = 6400;       //转向速度
  StructSystemFlag *carFlag;

  carFlag    = GetSystemStatus();
  searchL1IO = carFlag->searchL1IO;
  searchL2IO = carFlag->searchL2IO;
  searchR1IO = carFlag->searchR1IO;      //获取寻迹信号
  searchR2IO = carFlag->searchR2IO;

  if ((WHITE_AREA == searchR1IO) && (WHITE_AREA == searchR2IO) &&
          (WHITE_AREA == searchL1IO) && (WHITE_AREA == searchL2IO))
  {
    CarRun(runSpeed, runSpeed);
  }

  //小车处于路口，继续前行
  else if((BLACK_AREA == searchL1IO) && (BLACK_AREA == searchL2IO) &&
          (BLACK_AREA == searchR1IO) && (BLACK_AREA == searchR2IO))
  {
    CarRun(runSpeed, runSpeed);
    DelayNms(50);
  }

  //小车偏左，角度较小
  else if((WHITE_AREA == searchL1IO) && (BLACK_AREA == searchR1IO) && (BLACK_AREA == searchR2IO))

  {
    CarRight(turnSpeed, turnSpeed);
    //CarSmallRight();
    DelayNms(50);
  }

  //小车偏右，角度较小
  else if((BLACK_AREA == searchL1IO) && (BLACK_AREA == searchL2IO) && (WHITE_AREA == searchR2IO))

  {
    CarLeft(turnSpeed, turnSpeed);
    //CarSmallLeft();
    DelayNms(50);
  }

  //小车偏左，角度较大
  else if((WHITE_AREA == searchL1IO) && (WHITE_AREA == searchL2IO) && (BLACK_AREA == searchR2IO))
```

```
{
  CarRight(turnSpeed, turnSpeed);
  DelayNms(100);
}

//小车偏右，角度较大
else if((BLACK_AREA == searchL1IO) && (WHITE_AREA == searchL2IO) && (WHITE_AREA == searchR2IO))

{
  CarLeft(turnSpeed, turnSpeed);
  DelayNms(100);
}

//小车处于轨道上，继续前行
else if ((WHITE_AREA == searchL1IO) && (BLACK_AREA == searchL2IO) &&
         (BLACK_AREA == searchR1IO) && (WHITE_AREA == searchR2IO))
{
  CarRun(runSpeed, runSpeed);
}
else
{
  CarRun(runSpeed, runSpeed);
}

}
```

步骤 5：完善寻迹应用层

在 Common.c 文件的"包含头文件"区添加头文件，如程序清单 13-5 所示。

程序清单 13-5

```
#include "TrackCar.h"
```

在 Common.c 文件的"内部函数实现"区，将寻迹模式添加到 ResetFunc 函数中，如程序清单 13-6 所示。

程序清单 13-6

```
static void ResetFunc(void)
{
  switch (s_structSystemFlag.pattern)              //判断小车模式
  {
    case BT_CTROL_STATE:                           //蓝牙模式
      s_structSystemFlag.ctrolFunc = NULL;
      break;
    case TRACK_CAR_STATE:                          //寻迹模式
      s_structSystemFlag.ctrolFunc = ProcTrackCar;
      break;
    case MAGIC_HAND_STATE:                         //魔术手模式
      s_structSystemFlag.ctrolFunc = ProcMagicHand;
      break;
    case BARRIER_STATE:                            //避障模式
      s_structSystemFlag.ctrolFunc = NULL;
      break;
    case FOLLOW_STATE:                             //跟从模式
      s_structSystemFlag.ctrolFunc = ProcFollow;
```

```
    break;
  default:
    break;
  }
}
```

步骤 6：编译及下载验证

代码编写完成并编译成功后，将程序下载到 STM32 微控制器中。下载完成后，将小车放置在赛道上，按 KEY₁ 按键，小车进入调节状态，此时可以通过 KEY₂ 按键切换小车模式，将小车模式切换至 TrackCar 模式，然后按 KEY₃ 按键，小车执行寻迹模式，此时小车可以循着赛道上的轨迹前进。

本 章 任 务

在完成本实验的基础上，在寻迹模块中添加障碍物检测模块，当小车检测到前方存在障碍物时，做停车处理，最后通过实际操作进行验证。

本 章 习 题

1．STM32F103RCT6 微控制器的 VDD 有效范围是多少？
2．STM32F103RCT6 微控制器的 VBAT 有效范围是多少？
3．简述本实验小车寻迹的流程。

14 实验12——避障应用实验

避障模式是指智能小车能检测到障碍物，并主动避开障碍物继续前进的状态。本章将编写智能小车避障应用程序，实现在避障模式下，小车能主动识别墙面、台阶等障碍物，并自主避开障碍物。避障模式为小车自主运行模式，不受人为控制，类似于自动驾驶。

14.1 实验内容

学习智能小车避障模式的工作原理，利用小车电机、超声测距、避障模块和寻迹驱动模块，编写智能小车避障应用程序，并完成测试。

14.2 实验原理

14.2.1 通过超声测距模块计算角度

在避障模式中，遇到墙面是比较常见的情况，小车遇到墙面时的示意图如图 14-1 所示。首先计算出需要旋转的角度（α），然后计算出旋转时长（小车通过旋转时间长短来控制转动角度），最后选择左转或右转一定角度，达到避开墙面的目的。

超声测距模块的感应角度只有 15°，当它与被检测物体之间的倾角大于 15°时，超声测距模块发出的超声波将会被反弹到其他方向，超声波在经过多次反射之后才有可能传回超声测距模块，使得检测精度大大降低。这样的误差具有随机性，与实验环境有关。

如图 14-1 所示，小车与墙面间的倾角（β）一般大于 15°，所以不能根据 x、y 和 z 的测量距离来计算 α 角。而舵机转动时，舵机与小车的相对角度是已知的，因此这里用搜寻法计算 α 角。当小车以图 14-1 的方式靠近墙面时，小车将舵机旋转至 180°（超声测距模块方向对着小车左侧），然后每次向右旋转 2°，直至舵机与小车垂直（超声测距模块方向正对小车前方），检测距离最短的对应角度便是 β 角，由此可以计算出 α 角。此方法精度有限，可以适当降低转动的速度，从而提高精度。

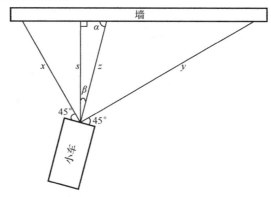

图 14-1 小车遇到墙面示意图

舵机计算角度的流程图如图 14-2 所示。这里设置了最小旋转时长，因为旋转时长过短将导致小车转向失败，最小值应不低于 150ms。

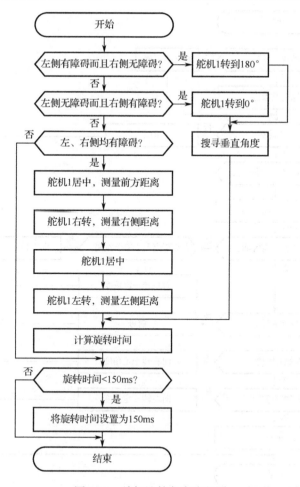

图 14-2　舵机计算角度流程图

14.2.2　避障模式流程

避障模式流程图如图 14-3 所示，下面介绍其中的关键部分。

（1）智能小车检测到无障碍物或踏空，继续前进。

（2）小车检测到有障碍物后稍微后退，起到的作用是紧急刹车。

（3）小车检测到左、右均有障碍物，表明小车遇到了墙角，此时可以根据小车与两面墙之间的距离差异来选择左转或右转。

14.3　实验步骤

步骤 1：复制文件并编译原始工程

首先，将"D:\STM32KeilTest\Material\12.避障应用实验"文件夹复制到"D:\STM32KeilTest\Product"文件夹中。然后，双击运行"D:\STM32KeilTest\Product\12.避障应用实验\Project"文件夹中的 STM32KeilPrj.uvprojx，参见 4.3 节步骤 1 验证原始工程，若原始工程正确，则进入下一步操作。

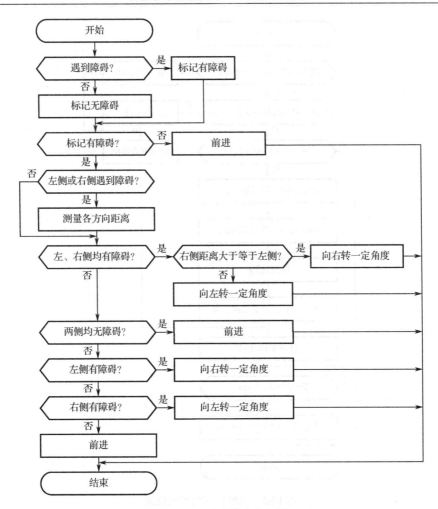

图 14-3　避障模式流程图

步骤 2：添加 AvoidObstacle 文件对

将 "D:\STM32KeilTest\Material\12. 避障应用实验\App\AvoidObstacle" 文件夹中的 AvoidObstacle.c 添加至 App 分组，具体操作可参见 3.3 节步骤 8。然后，将 "D:\STM32KeilTest\Product\12.避障应用实验\App\AvoidObstacle" 路径添加到 Include Paths 栏，具体操作可参见 3.3 节步骤 11 。

步骤 3：完善 AvoidObstacle.h 文件

首先，在 AvoidObstacle.c 文件的"包含头文件"区，添加代码#include "AvoidObstacle.h"，完成添加后，单击 按钮进行编译。编译结束后，在 Project 面板中，双击 AvoidObstacle.c 下的 AvoidObstacle.h。在 AvoidObstacle.h 文件中，添加防止重编译处理代码，如程序清单 14-1 所示。

程序清单 14-1

```
#ifndef  _AVOID_OBSTACLE_H_
#define  _AVOID_OBSTACLE_H_


#endif
```

在 AvoidObstacle.h 文件的"API 函数声明"区，添加 API 函数 InitAvoidObstacle 和

ProcBarrier 的声明代码，如程序清单 14-2 所示。其中，InitAvoidObstacle 函数用于初始化避障模式，ProcBarrier 为避障模式执行函数。

程序清单 14-2

```
void InitAvoidObstacle(void);    //初始化避障模块
void ProcBarrier(void);          //避障执行函数
```

步骤 4：完善 AvoidObstacle.c 文件

在 AvoidObstacle.c 文件的"包含头文件"区添加头文件，如程序清单 14-3 所示。

程序清单 14-3

```
#include "Motor.h"
#include "Servo.h"
#include "UltraSound.h"
#include "SysTick.h"
#include "math.h"
#include "Common.h"
```

在 AvoidObstacle.c 文件的"宏定义"区，添加如程序清单 14-4 所示的宏定义。CART_SPIN_TIME 表示小车旋转一周（左转或右转）消耗的时间。2700ms 是在电压为 8.2V、转动参数为 6600 时测量得到的平均值。注意，由于每辆小车参数不同，而且小车转动因电压不同会有较大差异，因此此处的 2700ms 仅供参考。

程序清单 14-4

```
#define CART_SPIN_TIME  2700.0  //小车旋转一周所需时间（ms）
```

在 AvoidObstacle.c 文件的"枚举结构体定义"区，添加结构体 StructAvoidProc 的声明代码，如程序清单 14-5 所示。StructAvoidProc 用于存储避障模式中的各种参数，下面按照顺序介绍其中的成员变量。

（1）obstacleSts 为有障碍标志，其值为 1 时，表示小车遇到障碍；为 0 时，小车正常前进。

（2）leftDis 表示小车左侧（舵机 135°）超声测距结果。

（3）rightDis 表示小车右侧（舵机 45°）超声测距结果。

（4）directDis 表示小车正前方（舵机 90°）超声测距结果。

（5）speedLower 表示小车前进速度，1800～2400 为最佳，最大不能超过 7200。

（6）speedFaster 表示小车左、右旋转速度，小车在左、右旋转时需要较大的速度，以 6400 左右为最佳，最大不要超过 7200。

（7）spinTime 表示小车左、右旋转的时间。当遇到墙面时，小车会根据超声测距结果推算出其与墙面形成的夹角，进而推出需要转动的角度，再结合 CART_SPIN_TIME 计算出需要转动的时间，就可以实现精准转向。spinTime 的最小值不宜小于 150ms。

程序清单 14-5

```
typedef struct
{
  u8   obstacleSts;      //有障碍标志
  u16  leftDis;          //左侧距离
  u16  rightDis;         //右侧距离
  u16  directDis;        //正前方距离
  u32  speedLower;       //速度较慢，用于前进
  u32  speedFaster;      //速度较快，用于左、右旋转
  u16  spinTime;         //转向时间
}StructAvoidProc;
```

在 AvoidObstacle.c 文件的"内部变量"区，定义结构体 s_structAvoidProc，如程序清单 14-6 所示。如此便可将避障模式运行中的一些重要参数存储至结构体 s_structAvoidProc 中，方便调用和管理。

程序清单 14-6

```
static StructAvoidProc s_structAvoidProc;
```

在 AvoidObstacle.c 文件的"内部函数声明"区，添加内部函数 ClrArrData、EqualArrData、CalcDistance 和 GetSpinTime 的声明代码，如程序清单 14-7 所示。

程序清单 14-7

```
static void ClrArrData(u16* arrData);                    //清零数组
static void EqualArrData(u16* arrData, u16* arrData1);    //将前一个数组数值赋给后一个数组
static u16  CalcDistance(void);                          //获取某个方向的超声距离
static void GetSpinTime(void);                           //获取旋转延时
```

在 AvoidObstacle.c 文件的"内部函数实现"区，添加内部函数 ClrArrData、EqualArrData、CalcDistance 和 GetSpinTime 的实现代码，如程序清单 14-8 所示。

（1）ClrArrData 为清空数组函数，输入参数为数组首地址。该函数将 10 个元素的数组全部赋初值为 0。

（2）EqualArrData 函数将前一个数组数值赋给后一个数组，即实现数组间的复制。

（3）CalcDistance 函数用于获取某个方向的超声距离。该函数将连续开启 10 次超声测距，排序后取中间两个元素的平均值，这样测量结果会更稳定。

（4）GetSpinTime 函数是根据图 14-2 设计的，用于获取旋转延时。智能小车检测到障碍物时将调用此函数来决定转动角度。

程序清单 14-8

```
static void ClrArrData(u16* arrData)
{
  u8 cnt10;
  for(cnt10 = 0; cnt10 < 10; cnt10++)
  {
    arrData[cnt10] = 0;
  }
}

static void EqualArrData(u16* arrData, u16* arrData1)
{
  u8 cnt10;
  for(cnt10 = 0; cnt10 < 10; cnt10++)
  {
    arrData1[cnt10] = arrData[cnt10];
  }
}

static u16  CalcDistance(void)                    //获取某个方向的超声距离
{
  u8  cnt10;                                      //循环变量
  u8  cnt;                                        //循环变量
  u16 distance;
  u16 arrDistanceData[10];
  u16 arrDistanceData1[10];
```

```
  ClrArrData(arrDistanceData);                         //初始化数组，清零
  ClrArrData(arrDistanceData1);
  for (cnt10 = 0; cnt10 < 10; cnt10++)                 //取10个值，取中间两个值再做平均
  {
    distance = (u16)GetDistance();                     //开启一次超声测距

    for (cnt = 0; cnt <= cnt10; cnt++)
    {
      EqualArrData(arrDistanceData, arrDistanceData1);  //将arrDistanceData中的数据存储到
                                                        //                  arrDistanceData1中

      if (distance >= arrDistanceData1[cnt])
      {
        arrDistanceData[cnt] = distance;
        distance = arrDistanceData1[cnt];
      }
      else
      {
        arrDistanceData[cnt] = arrDistanceData1[cnt];
      }
    }
  }

  return (arrDistanceData[4] + arrDistanceData[5]) / 2;
}

void GetSpinTime(void)
{
  int i = 0;
  int anglg = 0;
  int distance1 = 500;
  int distance2 = 500;
  StructSystemFlag *carFlag;

  carFlag = GetSystemStatus();
  CarStop();

  //左侧遇到障碍
  if (HAS_BARRIER == carFlag->avoidLIO && NO_BARRIER == carFlag->avoidRIO)
  {
    ServoCtrol(1, 180);
    DelayNms(500);
    for (i = 180; i > 90; i = i - 2)
    {
      ServoCtrol(1, i);
      DelayNms(10);
      distance2 = (u16)GetDistance();
      if (distance2 < distance1)
      {
        distance1 = distance2;
        anglg = i;
```

```
    }
  }
  anglg =180 - anglg;
  s_structAvoidProc.spinTime = anglg * CART_SPIN_TIME / 360;
}

//右侧遇到障碍
else if (NO_BARRIER == carFlag->avoidLIO && HAS_BARRIER == carFlag->avoidRIO)
{
  ServoCtrol(1, 0);
  DelayNms(500);
  for (i = 0; i < 90; i = i + 2)
  {
    ServoCtrol(1, i);
    DelayNms(10);
    distance2 = (u16)GetDistance();
    if (distance2 < distance1)
    {
      distance1 = distance2;
      anglg = i;
    }
  }
  s_structAvoidProc.spinTime = anglg * CART_SPIN_TIME / 360;
}

//遇到墙角，向距离较远的方向转动
else if (HAS_BARRIER == carFlag->avoidLIO && HAS_BARRIER == carFlag->avoidRIO)
{
  Servo1Mid();                                    //舵机1居中
  DelayNms(100);
  s_structAvoidProc.directDis = CalcDistance();

  Servo1TurnRight();                              //舵机1右转
  DelayNms(400);
  s_structAvoidProc.rightDis = CalcDistance();

  Servo1Mid();                                    //舵机1居中
  DelayNms(100);
  Servo1TurnLeft();                               //舵机1左转
  DelayNms(400);
  s_structAvoidProc.leftDis = CalcDistance();

  Servo1Mid();                                    //归位
  DelayNms(300);

  s_structAvoidProc.spinTime = CART_SPIN_TIME / 4;
}

//当旋转时间过短时，默认为150ms
if (s_structAvoidProc.spinTime < 150)
{
  s_structAvoidProc.spinTime = 150;
```

```
}
  Servo1Mid();
}
```

在 AvoidObstacle.c 文件的"API 函数实现"区，添加 API 函数 InitAvoidObstacle 和 ProcBarrier 的声明代码，如程序清单 14-9 所示。其中 InitAvoidObstacle 函数用于初始化避障模块，可以根据需要修改 speedLower 和 speedFaster。ProcBarrier 为避障执行函数，具体可参见图 14-3。

程序清单 14-9

```
void InitAvoidObstacle(void)
{
  s_structAvoidProc.obstacleSts = FALSE;
  s_structAvoidProc.speedLower = 2400;
  s_structAvoidProc.speedFaster = 6600;

  Servo1Mid();                      //设置舵机 1 在中间位置
}

void ProcBarrier(void)
{
  StructSystemFlag *carFlag;

  carFlag = GetSystemStatus();

  //检测到有障碍
  if(!((NO_BARRIER == carFlag->avoidRIO)   && (NO_BARRIER == carFlag->avoidLIO)   &&
       (WHITE_AREA == carFlag->searchR1IO) && (WHITE_AREA == carFlag->searchR2IO) &&
       (WHITE_AREA == carFlag->searchL1IO) && (WHITE_AREA == carFlag->searchL2IO) &&
       carFlag->distance > 10))
  {
    s_structAvoidProc.obstacleSts = TRUE;
  }
  else
  {
    s_structAvoidProc.obstacleSts = FALSE;
  }

  if(s_structAvoidProc.obstacleSts == TRUE)        //检测到有障碍
  {
    CarBack(s_structAvoidProc.speedLower, s_structAvoidProc.speedLower);
    DelayNms(100);

    s_structAvoidProc.obstacleSts = FALSE;          //将障碍标志设为无障碍

    if ((HAS_BARRIER == carFlag->avoidLIO) || (HAS_BARRIER == carFlag->avoidRIO))
    {
      GetSpinTime(); //获取各个方向上的距离
    }

    //两侧避障模块都检测到障碍的情况
    if ((HAS_BARRIER == carFlag->avoidLIO) && (HAS_BARRIER == carFlag->avoidRIO))
```

```
{
    if (s_structAvoidProc.rightDis >= s_structAvoidProc.leftDis)    //右侧距离大于等于左侧距离
    {
        CarRight(s_structAvoidProc.speedFaster, s_structAvoidProc.speedFaster);
        DelayNms(s_structAvoidProc.spinTime);
    }
    else if (s_structAvoidProc.rightDis < s_structAvoidProc.leftDis) //左侧距离大于右侧距离
    {
        CarLeft(s_structAvoidProc.speedFaster, s_structAvoidProc.speedFaster);
        DelayNms(s_structAvoidProc.spinTime);
    }
}

//两侧避障模块都未检测到障碍的情况
else if ((NO_BARRIER == carFlag->avoidLIO) && (NO_BARRIER == carFlag->avoidRIO))
{
    CarRun(s_structAvoidProc.speedLower, s_structAvoidProc.speedLower);
    DelayNms(200);
}

//左侧避障模块检测到障碍
else if (HAS_BARRIER == carFlag->avoidLIO)
{
    CarRight(s_structAvoidProc.speedFaster, s_structAvoidProc.speedFaster);
    DelayNms(s_structAvoidProc.spinTime);
}

//右侧避障模块检测到障碍
else if (HAS_BARRIER == carFlag->avoidRIO)
{
    CarLeft(s_structAvoidProc.speedFaster, s_structAvoidProc.speedFaster);
    DelayNms(s_structAvoidProc.spinTime);
}

//其他情况
else
{
    CarRun(s_structAvoidProc.speedLower, s_structAvoidProc.speedLower);
    DelayNms(200);
}
}
else
{
    CarRun(s_structAvoidProc.speedLower, s_structAvoidProc.speedLower);
    DelayNms(200);
}
}
```

步骤 5：完善避障应用层

在 Common.c 文件的 "包含头文件" 区添加头文件，如程序清单 14-10 所示。

程序清单 14-10

```
#include "AvoidObstacle.h"
```

在 Common.c 文件的"内部函数实现"区，将避障模式添加到 ResetFunc 函数中，如程序清单 14-11 所示。

程序清单 14-11

```
static void ResetFunc(void)
{
  switch (s_structSystemFlag.pattern)                //判断小车模式
  {
    case BT_CTROL_STATE:                             //蓝牙模式
      s_structSystemFlag.ctrolFunc = NULL;
      break;
    case TRACK_CAR_STATE:                            //寻迹模式
      s_structSystemFlag.ctrolFunc = ProcTrackCar;
      break;
    case MAGIC_HAND_STATE:                           //魔术手模式
      s_structSystemFlag.ctrolFunc = ProcMagicHand;
      break;
    case BARRIER_STATE:                              //避障模式
      s_structSystemFlag.ctrolFunc = ProcBarrier;
      break;
    case FOLLOW_STATE:                               //跟从模式
      s_structSystemFlag.ctrolFunc = ProcFollow;
      break;
    default:
      break;
  }
}
```

在 Main.c 文件的"包含头文件"区添加头文件，如程序清单 14-12 所示。

程序清单 14-12

```
#include "AvoidObstacle.h"
```

在 Main.c 文件的 InitSoftware 函数中添加避障模式的初始化代码，如程序清单 14-13 所示。

程序清单 14-13

```
static  void  InitSoftware(void)
{
  InitLED();                 //初始化 LED 模块
  InitSystemStatus();        //初始化 SystemStatus 模块
  InitTask();                //初始化 Task 模块
  InitDbgCar();              //初始化 DbgCar 模块
  InitOLED();                //初始化 OLED 模块
  InitKeyOne();              //初始化 KeyOne 模块
  InitProcKeyOne();          //初始化 ProcKeyOne 模块
  InitBeep();                //初始化 Beep 模块
  InitMotor();               //初始化 Motor 模块
  InitServo();               //初始化 Servo 模块
  InitInfrared();            //初始化 Infrared 模块
  InitUltraSound();          //初始化 UltraSound 模块
  InitEncoder();             //初始化 Encoder 模块
  InitCalcBatPower();        //初始化 CalcBatPower 模块
  InitAvoidObstacle();       //初始化 AvoidObstacle 模块
}
```

步骤 6：编译及下载验证

代码编写完成并编译成功后，将程序下载到 STM32 微控制器中。下载完成后，调节智能小车左、右两侧的避障模块和正下边的寻迹模块。调节好后按 KEY₁ 按键，小车进入调节状态，此时可以通过 KEY₂ 按键将小车模式切换至 Obstacle 模式，然后按 KEY₃ 按键，小车执行避障模式，小车将会像自动驾驶一样主动避开障碍物。注意，智能小车各个感应器具有局限性，不能检测到椅子腿等障碍物，测试环境要相对简单。可以通过不断修改 CART_SPIN_TIME（小车旋转一周的时间）以达到最佳的效果。

本 章 任 务

在本实验的基础上，新建一个 .c 文件作为踏空检测模块，要求在该模块中实现左踏空检测、右踏空检测和正面踏空检测。在检测到踏空时，根据踏空的方位，使小车通过后退或转向来避免踏空，然后在避障模块中调用，实现小车在避障模式中的踏空检测。最后通过实际操作进行验证。

本 章 习 题

1．简述 RAM、SRAM 和 SDRAM 的异同。
2．简述 PROM、EPROM、EEPROM 和 Flash 的异同。
3．简述小车超声测距的原理。
4．简述本实验中小车避障的流程。

15 实验13——蓝牙控制应用实验

智能小车上搭载了 HC-05 蓝牙模块，连接到 STM32 微控制器的外设 UART2 上，这样就可以通过手机 App 向蓝牙模块发送数据，蓝牙模块再将数据传送给 STM32 微控制器，从而达到利用手机控制小车的目的。本章将介绍如何编写智能小车蓝牙控制应用程序，实现将智能小车超声测距结果、测速结果和模式等信息传递给手机 App 显示，并通过手机 App 控制智能小车。

15.1 实验内容

学习智能小车蓝牙控制模式的工作原理和 PCT 通信协议，编写 HC-05 蓝牙模块驱动，利用小车电机、超声测距、寻迹与避障驱动模块实现智能小车的蓝牙控制，并完成测试。

15.2 实验原理

15.2.1 配置蓝牙模块

智能小车上采用 HC-05 蓝牙模块与手机通信，该模块集成在智能小车核心板的右上角位置。将蓝牙模块集成到小车主板上的优点是安全可靠，方便加工及使用，但因此也存在配置不便的缺陷。

蓝牙模块需要配置之后才能使用，用户需要配置蓝牙模块的波特率、主从模式、密码等，配置蓝牙模块示意图如图 15-1 所示。利用 STM32 微控制器作为一个数据中转站，在微控制器中将串口 1 接收到的数据写入串口 2，同时将串口 2 接收到的数据写入串口 1。这样就相当于串口助手与蓝牙模块之间进行数据交互，用户可以直接通过串口助手配置蓝牙模块。

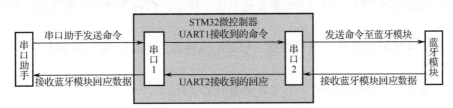

图 15-1 配置蓝牙模块示意图

注意，蓝牙配置程序与智能小车主程序是不同的两个程序，不要将二者混淆。

蓝牙配置程序流程图如图 15-2 所示。为了符合一般的蓝牙配置，将 STM32 微控制器的 UART1 和 UART2 的波特率均配置成 38400（单位为 band，以下省略），这恰好是配置蓝牙需要的波特率。同时还需要注意，智能小车蓝牙模块引出蓝牙复位引脚，为了使蓝牙能正常工作，微控制器每次复位后都应对蓝牙模块做一次复位，保证蓝牙模块正常运行。HC-05 蓝牙模块复位引脚处于低电平时复位，高电平时正常运行，因此需要在初始化时先拉低蓝牙模块复位引脚，然后再拉高，完成蓝牙模块的复位。

完成初始化之后便开始对数据进行处理，这一部分很简单，只需要依照图 15-1 的思路，将串口 1 接收到的数据写入串口 2，然后再将串口 2 接收到的数据写入串口 1 即可。该程序比较简单，此处不再赘述。可在智能小车配套的资料包"02.相关软件"中找到"智能小车蓝牙配置程序.hex"文件，这是写好的蓝牙配置程序，以.hex 格式文件提供。

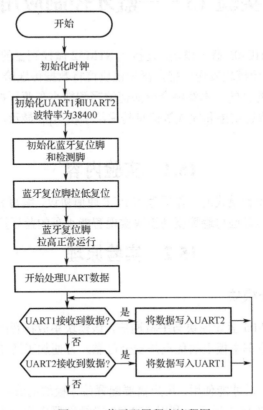

图 15-2　蓝牙配置程序流程图

HC-05 蓝牙模块的常用命令如表 15-1 所示，下面列出几个需要注意的地方。

（1）查询蓝牙名字时，BT_KEY 需要处于按下状态，否则将接收不到回应，其余命令均不需要。

（2）设置蓝牙波特率时，以设置成 115200 波特率为例，应输入的命令为 AT+UART=115200,0,0。

（3）所有命令均为英文字符，不允许使用中文字符。

表 15-1　蓝牙模块的常用命令

命　　令	功　　能	返　　回
AT	测试命令	OK
AT+NAME?	查询名字（BT_KEY 需要置高）	蓝牙名字
AT+UART?	查询波特率	蓝牙波特率
AT+PSWD?	查询密码	蓝牙密码
AT+ROLE?	查询主从模式	0-从角色；1-主角色
AT+NAME=\<Param>	设置蓝牙名字	OK
AT+UART = \<Param>,\<Param>,\<Param>	设置蓝牙波特率	OK
AT+PSWD= \<Param>	设置蓝牙密码	OK
AT+ROLE= \<Param>	设置蓝牙主从模式；1-主，0-从	OK

蓝牙模块若要正常工作，需要配置 4 个参数，分别是名字、波特率、密码和主从模式，蓝牙模块配置的一般步骤如下。

（1）将"智能小车蓝牙配置程序.hex"文件下载到 STM32 微控制器中，下载成功后蓝牙指示灯 LED3（绿色）快闪。蓝牙绿灯亮起表示蓝牙启动成功，快闪表示蓝牙等待连接。

（2）按蓝牙模块旁边的 BT_KEY 按键，然后复位 STM32 微控制器，复位 STM32 微控制器就相当于复位蓝牙模块。复位后蓝牙指示灯 LED3 慢闪，表示蓝牙处于配置模式，此时可以开始配置蓝牙。

（3）将通信-下载模块连接到智能小车核心板的通信-下载模块接口，打开串口助手，选择正确的串口号，波特率设置为 38400（蓝牙配置波特率），发送测试命令 AT，若串口助手接收到 OK 回应，则表示蓝牙模块和 STM32 微控制器工作正常，可以继续配置。

（4）设置蓝牙名字，如发送 AT+NAME=SmartCar，若串口助手接收到 OK 回应，则表示蓝牙名字设置成功。此时可以发送查询命令，查询名字是否设置成功。注意，查询名字时需要按 BT_KEY 按键才会收到回应。

（5）设置蓝牙波特率，发送 AT+UART=115200,0,0，因为手机 App 默认的波特率是 115200，所以此处波特率必须设置为 115200。若串口助手接收到 OK 回应，则表示波特率设置成功。此时可以发送查询命令，查询波特率是否配置成功。

（6）设置蓝牙密码，如发送 AT+PSWD=1234，若接收到 OK 回应，则表示密码设置成功。发送查询命令可以查询密码是否配置成功。

（7）设置蓝牙主从模式。蓝牙模块与手机相连，手机为主机，因此将蓝牙模块配置成从机模式。发送 AT+ROLE=0，若串口助手接收到 OK 回应，则表示主从模式设置成功。发送查询命令可以查询主从模式是否设置成功。

15.2.2 蓝牙控制模式设计

在智能小车蓝牙控制模式下，手机 App 控制小车的前进后退，同时智能小车给手机 App 发送数据，在手机 App 界面上显示超声测距、左右速度、小车模式等信息。

智能小车给主机（Host）发送数据请参考附录 B 智能小车系统 PCT 通信协议简介。

蓝牙控制模式流程图如图 15-3 所示。在蓝牙控制模式下，智能小车的运行变得相对简单，只需要根据手机 App 发送的命令执行相应的操作即可。为了确保安全，在此设置了保护机制，当小车遇到危险时，可选择性地执行命令。例如，当小车检测到正前方踏空时，小车停止前进，但可以控制小车后退；当检测到左侧踏空时，小车将不再前进或左转，但可以控制其后退或右转；遇到障碍时也一样。

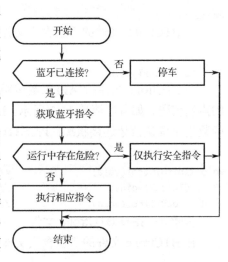

图 15-3 蓝牙控制模式流程图

15.3　实验步骤

步骤 1：复制并编译原始工程

首先，将"D:\STM32KeilTest\Material\13.蓝牙控制应用实验"文件夹复制到"D:\STM32KeilTest\Product"文件夹中。然后，双击运行"D:\STM32KeilTest\Product\13. 蓝牙控制应用实验\Project"文件夹中的 STM32KeilPrj.uvprojx，参见 4.3 节步骤 1 验证原始工程，若原始工程正确，则进入下一步操作。

步骤 2：添加 BTCtrol、PackUnpack、ProHostCmd 和 SendDataToHost 文件对

首先，分别将"D:\STM32KeilTest\Product\13. 蓝牙控制应用实验\App"目录下 BTCtrol、PackUnpack、ProHostCmd 和 SendDataToHost 文件夹中的 BTCtrol.c、PackUnpack.c、ProHostCmd.c 和 SendDataToHost.c 添加到 App 分组，具体操作可参见 3.3 节步骤 8。然后，再将它们的头文件路径添加到 Include Paths 栏，具体操作可参见 3.3 节步骤 11。

在上述文件对中，PackUnpack 文件对是 PCT 通信协议中的打包解包组件，本书配套的资料包中提供完整的文件；ProHostCmd 和 SendDataToHost 文件对用于处理 Host（即手机 App）命令以及发送数据至 Host，需要继续完善；BTCtrol 文件对为智能小车蓝牙模块，需要继续完善。

步骤 3：完善 BTCtrol.h 文件

首先，在 BTCtrol.c 文件的"包含头文件"区，添加代码#include "BTCtrol.h"。完成添加后，单击 按钮进行编译。编译结束后，在 Project 面板中，双击 BTCtrol.c 下的 BTCtrol.h。在 BTCtrol.h 文件中添加防止重编译处理代码，如程序清单 15-1 所示。

程序清单 15-1

```
#ifndef _BT_CTROL_H_
#define _BT_CTROL_H_

#endif
```

在 BTCtrol.h 文件的"包含头文件"区添加头文件，如程序清单 15-2 所示。

程序清单 15-2

```
#include "DataType.h"
```

在 BTCtrol.h 文件的"API 函数声明"区，添加 API 函数 InitBTCtrol、BTCheck 和 ProcBTCtrol 的声明代码，如程序清单 15-3 所示。InitBTCtrol 函数用于初始化 HC-05 蓝牙模块；BTCheck 函数用于确认蓝牙连接状况；ProcBTCtrol 为蓝牙模式执行函数。

程序清单 15-3

```
void  InitBTCtrol(void);        //初始化蓝牙模块
u8    BTCheck(void);            //蓝牙连接状态检测
void  ProcBTCtrol(void);        //执行蓝牙控制命令
```

步骤 4：完善 BTCtrol.c 文件

在 BTCtrol.c 文件的"包含头文件"区添加头文件，如程序清单 15-4 所示。

程序清单 15-4

```
#include <stm32f10x_conf.h>
#include "Common.h"
#include "SysTick.h"
#include "Motor.h"
```

在 BTCtrol.c 文件的"内部函数声明"区，添加内部函数 ConfigBTGPIO 的声明代码，用于初始化连接蓝牙模块的引脚，如程序清单 15-5 所示。

程序清单 15-5

```
static void ConfigBTGPIO(void); //配置蓝牙的 GPIO
```

在 BTCtrol.c 文件的"内部函数实现"区，添加内部函数 ConfigBTGPIO 的实现代码，如程序清单 15-6 所示。

（1）蓝牙复位 I/O 配置成通用推挽输出，该 I/O 连接到蓝牙模块的复位引脚。PB2 输出低电平时蓝牙模块处于复位状态，输出高电平时蓝牙模块正常工作。

（2）蓝牙检测 I/O 配置成浮空输入模式，连接到蓝牙模块的 PIO9 引脚。当蓝牙连接到其他设备时，蓝牙模块上的蓝灯亮起，此时 PC4 输入为 1；当蓝牙未与其他设备连接时，蓝灯熄灭，PC4 输入为 0。据此可判断蓝牙模块是否已和手机连接。

程序清单 15-6

```
static void ConfigBTGPIO(void)
{
  GPIO_InitTypeDef GPIO_InitStructure;                  //GPIO_InitStructure 用于存放 GPIO 的参数

  RCC_APB2PeriphClockCmd(RCC_APB2Periph_GPIOB, ENABLE);  //使能 GPIOB 时钟
  RCC_APB2PeriphClockCmd(RCC_APB2Periph_GPIOC, ENABLE);  //使能 GPIOC 时钟

  //蓝牙复位引脚
  GPIO_InitStructure.GPIO_Pin = GPIO_Pin_2;             //设置引脚
  GPIO_InitStructure.GPIO_Speed = GPIO_Speed_50MHz;     //设置 I/O 输出速度
  GPIO_InitStructure.GPIO_Mode = GPIO_Mode_Out_PP;      //设置输出类型
  GPIO_Init(GPIOB, &GPIO_InitStructure);                //根据参数初始化 GPIO

  //蓝牙就位检测引脚
  GPIO_InitStructure.GPIO_Pin = GPIO_Pin_4;             //设置引脚
  GPIO_InitStructure.GPIO_Speed = GPIO_Speed_50MHz;     //设置 I/O 输入速度
  GPIO_InitStructure.GPIO_Mode = GPIO_Mode_IN_FLOATING; //设置输入类型
  GPIO_Init(GPIOC, &GPIO_InitStructure);                //根据参数初始化 GPIO

  GPIO_WriteBit(GPIOB, GPIO_Pin_2, Bit_SET);            //蓝牙模块复位控制脚默认状态为低电平
}
```

在 BTCtrol.c 文件的"API 函数实现"区，添加 API 函数 InitBTCtrol、BTCheck、ProcBTCtrol 的实现代码，如程序清单 15-7 所示。下面依次介绍这几个函数。

（1）InitBTCtrol 函数首先调用 ConfigBTGPIO 函数配置连接蓝牙模块的 I/O 端口，然后手动复位蓝牙模块，确保蓝牙模块正常工作。

（2）BTCheck 函数用于检测蓝牙模块是否与手机 App 连接，若已连接，则返回 1；否则返回 0。

（3）ProcBTCtrol 为蓝牙模块执行函数，放在 Common 模块中调用。蓝牙模式也设置了保护机制，只有在确保安全的情况下小车才会启动。

程序清单 15-7

```
void InitBTCtrol(void)
{
  ConfigBTGPIO();
```

```
  GPIO_WriteBit(GPIOB, GPIO_Pin_2, Bit_RESET);    //蓝牙模块复位 2 次
  DelayNms(100);
  GPIO_WriteBit(GPIOB, GPIO_Pin_2, Bit_SET);
  DelayNms(100);
  GPIO_WriteBit(GPIOB, GPIO_Pin_2, Bit_RESET);
  DelayNms(100);
  GPIO_WriteBit(GPIOB, GPIO_Pin_2, Bit_SET);
}

u8 BTCheck(void)
{
  u8 ok = 0;
  if (0 == GPIO_ReadInputDataBit(GPIOC, GPIO_Pin_4))
  {
    ok = 0;
  }
  else if (1 == GPIO_ReadInputDataBit(GPIOC, GPIO_Pin_4))
  {
    ok = 1;
  }
  return ok;
}

void ProcBTCtrol(void)
{
    StructSystemFlag *carFlag;

    carFlag = GetSystemStatus();

    //检测蓝牙连接情况，若未连接，直接跳出此函数
    if (0 == BTCheck())
    {
      CarStop();
      return;
    }

    switch (carFlag->direction)                              //小车前进方向
    {
      //小车停车
    case CAR_STOP:
      CarStop();
      break;

      //小车前进
    case CAR_GO_AHEAD:
      if (HAS_BARRIER == carFlag->avoidLIO   || HAS_BARRIER == carFlag->avoidRIO   ||
          BLACK_AREA  == carFlag->searchR1IO || BLACK_AREA  == carFlag->searchR2IO ||
          BLACK_AREA  == carFlag->searchL1IO || BLACK_AREA  == carFlag->searchL2IO)
      {
        CarStop();                                           //遇到障碍或踏空时停车
      }
      else
```

```
  {
    CarRun((carFlag->lMotorPWM + carFlag->rMotorPWM) / 2,
           (carFlag->lMotorPWM + carFlag->rMotorPWM) / 2);      //小车前进
  }
  break;

  //小车右前转
case CAR_TURN_RIGHT_FRONT:
  if (HAS_BARRIER == carFlag->avoidRIO || BLACK_AREA == carFlag->searchR1IO ||
      BLACK_AREA  == carFlag->searchR2IO)
  {
    CarStop();                                                  //遇到障碍或踏空时停车
  }
  else
  {
    CarRun(carFlag->lMotorPWM, carFlag->rMotorPWM / 2);         //小车右前转
  }
  break;

  //小车向右旋
case CAR_TURN_RIGHT:
  if (HAS_BARRIER == carFlag->avoidRIO || BLACK_AREA == carFlag->searchR1IO ||
      BLACK_AREA  == carFlag->searchR2IO)
  {
    CarStop();                                                  //遇到障碍或踏空时停车
  }
  else
  {
    CarRight(carFlag->tMotorPWM, carFlag->tMotorPWM);           //小车向右旋
  }
  break;

  //小车右后转
case CAR_TURN_RIGHT_BEHIND:
  CarBack(carFlag->lMotorPWM, carFlag->rMotorPWM / 2);
  break;

  //小车后退
case CAR_GO_BACK:
  CarBack((carFlag->lMotorPWM + carFlag->rMotorPWM) / 2,
          (carFlag->lMotorPWM + carFlag->rMotorPWM) / 2);
  break;

  //小车左后转
case CAR_TURN_LEFT_BEHIND:
  CarBack(carFlag->lMotorPWM / 2, carFlag->rMotorPWM);
  break;

  //小车左转
case CAR_TURN_LEFT:
  if (HAS_BARRIER == carFlag->avoidLIO || BLACK_AREA == carFlag->searchL1IO ||
      BLACK_AREA  == carFlag->searchL2IO)
```

```
    {
      CarStop();                                                    //遇到障碍或踏空时停车
    }
    else
    {
      CarLeft(carFlag->tMotorPWM, carFlag->tMotorPWM);              //小车左旋
    }
    break;

    //小车左前转
    case CAR_TURN_LEFT_FRONT:
    if (HAS_BARRIER == carFlag->avoidLIO || BLACK_AREA == carFlag->searchL1IO ||
        BLACK_AREA  == carFlag->searchL2IO)
    {
      CarStop();                                                    //遇到障碍或踏空时停车
    }
    else
    {
      CarRun((carFlag->lMotorPWM) / 2, carFlag->rMotorPWM);
    }
    break;
  default:
    break;
  }
}
```

步骤 5：完善 SendDataToHost.h 文件

SendDataToHost 模块可以将超声测距结果、电池电压检测结果和左右避障检测结果等发送至手机 App 并显示。这样用户在操控智能小车时就能实时掌握智能小车的状态。

首先，在 SendDataToHost.c 文件的"包含头文件"区，添加代码#include "SendDataToHost.h"，然后，单击▦按钮进行编译。编译结束后，在 Project 面板中，双击 SendDataToHost.c 下的 SendDataToHost.h。在 SendDataToHost.h 文件中添加防止重编译处理代码，如程序清单 15-8 所示。

程序清单 15-8

```
#ifndef _SEND_DATA_TO_HOST_H_
#define _SEND_DATA_TO_HOST_H_


#endif
```

在 SendDataToHost.h 文件的 "包含头文件" 区添加头文件，如程序清单 15-9 所示。

程序清单 15-9

```
#include "DataType.h"
```

在 SendDataToHost.h 文件的"API 函数声明"区，添加 API 函数 InitSendDataToHost、SendAckPack、ProcSendDataToHost、SetSlaveResMark 的声明代码，如程序清单 15-10 所示。

程序清单 15-10

```
void InitSendDataToHost(void);                          //初始化 SendDataToHost 模块
void SendAckPack(u8 moduleId, u8 secondId, u8 ackMsg);  //发送响应包
void ProcSendDataToHost(void);                          //处理发送数据至 Host
void SetSlaveResMark(int ack);                          //设置获取 Host 标志
```

步骤 6：完善 SendDataToHost.c 文件

在 SendDataToHost.c 文件的"包含头文件"区添加头文件，如程序清单 15-11 所示。

程序清单 15-11

```
#include "PackUnpack.h"
#include "UART.h"
#include "Common.h"
#include "BTCtrol.h"
```

在 SendDataToHost.c 文件的"内部变量"区，添加内部变量 s_iGotHostResAck，如程序清单 15-12 所示。s_iGotHostResAck 用于标记小车与手机是否正常连接。智能小车通过蓝牙与手机连接后，每隔 1s 向手机发送复位信息，若接收到正常应答，则表明蓝牙连接正常，且用户已打开正确的手机 App。

程序清单 15-12

```
static u8 s_iGotHostResAck = 0;  //获取 Host 应答标志，0-无应答，1-已应答
```

在 SendDataToHost.c 文件的"内部函数声明"区，添加内部函数 SendPackToHost 的声明代码，如程序清单 15-13 所示，用于发送数据包给 Host。

程序清单 15-13

```
static void SendPackToHost(StructPackType* pPackSent);       //发送包到 Host
```

在 SendDataToHost.c 文件的"内部函数实现"区，添加内部函数 SendPackToHost 的实现代码，如程序清单 15-14 所示。下面具体解释其中的语句。

（1）在 PCT 协议中，任何数据包传输之前都要先调用 PackData 函数进行打包加密，否则接收方将无法成功解包。

（2）每个数据包的长度为 10 字节，因此需要循环发送 10 次。

（3）STM32 微控制器与蓝牙模块通过 UART 进行通信，而蓝牙模块相当于一个透传模块，因此只需要向 UART2 中写入数据，蓝牙模块就会将接收到的数据传输至手机。

程序清单 15-14

```
static   void   SendPackToHost(StructPackType* pPackSent)
{
  u8  ok = 0;
  u8  i  = 0;

  ok = PackData(pPackSent);

  if (1 == ok)
  {
    for (i = 0; i < 10; i++)
    {
      WriteUART(UART_PORT_COM2, ((u8*)pPackSent + i), 1);
    }
  }
}
```

在 SendDataToHost.c 文件的"API 函数实现"区，添加 API 函数 InitSendDataToHost、SendAckPack、ProcSendDataToHost 和 SetSlaveResMark 的实现代码，如程序清单 15-15 所示。下面将依次介绍这几个函数。

（1）InitSendDataToHost 函数用于初始化 SendDataToHost 模块，将复位标志 s_iGotHostResAck 置 0。

（2）SendAckPack 函数用于发送响应包，智能小车接收到 App 命令包并解包成功后，会返回响应包，表示成功接收到了命令包。ackMsg 参数的具体含义如表 15-2 所示。

表 15-2　ackMsg 参数含义

数　　值	含　　义
0	命令成功
1	校验和错误
2	命令包长度错误
3	无效命令
4	命令参数数据错误
5	命令不接收

（3）ProcSendDataToHost 函数首先检查蓝牙是否已连接，然后查看 s_iGotHostResAck，确认是否接收到 Host 发送的复位应答，最后将智能小车各个参数打包发送出去。该函数被添加到 TaskProc 模块中，每隔 1s 执行一次。可以根据需要修改发送频率。

（4）SetSlaveResMark 函数用于设置获取 Host 复位应答标志，当其他模块接收到 Host 的复位应答时，调用该函数，将 s_iGotHostResAck 置为 1。

程序清单 15-15

```
void InitSendDataToHost(void)
{
  s_iGotHostResAck = 0 ;
}

void SendAckPack(u8 moduleId, u8 secondId, u8 ackMsg)
{
  StructPackType pt;

  pt.packModuleId = moduleId;
  pt.packSecondId = secondId;
  pt.arrData[0] = ackMsg;
  pt.arrData[1] = 0;
  pt.arrData[2] = 0;
  pt.arrData[3] = 0;
  pt.arrData[4] = 0;
  pt.arrData[5] = 0;

  SendPackToHost(&pt);//调用打包函数对数据进行打包，并将数据发送到 Host
}

void ProcSendDataToHost(void)
{
  StructPackType pt;
  StructSystemFlag *carFlag;

  carFlag = GetSystemStatus();
  if (0 == BTCheck())                        //检测蓝牙是否连接
  {
```

```
      s_iGotHostResAck = 0;                    //复位应答置为 0
      return;                                  //若蓝牙未连接，直接退出
  }
  else
  {
    if (0 == s_iGotHostResAck)                 //还未获得 Host 命令应答
    {
      SendAckPack(MODULE_SYS, DAT_RST, 0);     //发送命令应答
    }
    else
    {
      //小车状态信息 1
      pt.packModuleId = MODULE_CAR_ID;
      pt.packSecondId = CAR_STATE1;
      pt.arrData[0] = carFlag->pattern;        //小车模式
      pt.arrData[1] = 0;                       //保留
      pt.arrData[2] = 0;                       //保留
      pt.arrData[3] = 0;                       //保留
      pt.arrData[4] = 0;                       //保留
      pt.arrData[5] = carFlag->sysState;       //小车状态，1-小车运行状态，0-小车调节状态
      SendPackToHost(&pt);                     //调用打包函数对数据进行打包，并将数据发送到 Host

      //小车状态信息 2
      pt.packModuleId = MODULE_CAR_ID;
      pt.packSecondId = CAR_STATE2;
      pt.arrData[0] = (u8)(((u16)(carFlag->distance) * 10) >> 8);      //超声测距高位
      pt.arrData[1] = (u8)(((u16)(carFlag->distance) * 10) & 0x00FF);//超声测距低位
      pt.arrData[2] = carFlag->lSpeed;                                 //左侧速度
      pt.arrData[3] = carFlag->rSpeed;                                 //右侧速度
      pt.arrData[4] = 0;                                               //保留
      pt.arrData[5] = 0;                                               //保留
      SendPackToHost(&pt);                     //打包数据，并将数据发送到 Host

      //小车状态信息 3
      pt.packModuleId = MODULE_CAR_ID;
      pt.packSecondId = CAR_STATE3;
      pt.arrData[0] = carFlag->avoidLIO;       //左侧避障 IO
      pt.arrData[1] = carFlag->searchL1IO;     //左 1 寻迹 IO
      pt.arrData[2] = carFlag->searchL2IO;     //左 2 寻迹 IO
      pt.arrData[3] = carFlag->searchR1IO;     //右 1 寻迹 IO
      pt.arrData[4] = carFlag->searchR2IO;     //右 2 寻迹 IO
      pt.arrData[5] = carFlag->avoidRIO;       //右侧避障 IO
      SendPackToHost(&pt);                     //调用打包函数对数据进行打包，并将数据发送到 Host
    }
  }
}

void SetSlaveResMark(int ack)
{
  s_iGotHostResAck = ack;
}
```

步骤 7：完善 ProHostCmd.h 文件

ProHostCmd 模块用于解析手机 App 发送过来的命令包，需要每隔一段时间执行一次。

首先，在 ProHostCmd.c 文件的"包含头文件"区，添加代码#include "ProHostCmd.h"。完成添加后，单击📖按钮进行编译，编译结束后，在 Project 面板中，双击 ProHostCmd.c 下的 ProHostCmd.h。在 ProHostCmd.h 文件中添加防止重编译处理代码，如程序清单 15-16 所示。

程序清单 15-16

```
#ifndef _PROC_HOST_CMD_H_
#define _PROC_HOST_CMD_H_

#endif
```

在 ProHostCmd.h 文件的"API 函数声明"区，添加 API 函数 InitProcHostCmd 和 ProcHostCmdTask 的声明代码，如程序清单 15-17 所示。InitProcHostCmd 函数用于初始化 ProHostCmd 模块，ProcHostCmdTask 放在 TaskProc 模块中，每隔 10ms 调用一次，用于接收 Host 发送来的命令。

程序清单 15-17

```
void InitProcHostCmd(void);   //初始化 ProcHostCmd 模块
void ProcHostCmdTask(void);   //处理蓝牙命令
```

步骤 8：完善 ProHostCmd.c 文件

在 ProHostCmd.c 文件的"包含头文件"区添加头文件，如程序清单 15-18 所示。

程序清单 15-18

```
#include "PackUnpack.h"
#include "SendDataToHost.h"
#include "UART.h"
#include "Common.h"
#include "Motor.h"
```

在 ProHostCmd.c 文件的"宏定义"区，添加小车电机速度的宏定义，如程序清单 15-19 所示。由于手机 App 发送的数据是一个百分比数值，需要进一步转换得到想要的参数。

程序清单 15-19

```
#define MINI_SPEED  2000                    //最小速度
#define MAX_SPEED   7200                    //最大速度
#define DIFF_SPEED  (MAX_SPEED - MINI_SPEED) //最大速度与最小速度之差
```

在 ProHostCmd.c 文件的"内部函数声明"区，添加内部函数 ProcHostCmd 的声明代码，如程序清单 15-20 所示。

程序清单 15-20

```
static void ProcHostCmd(u8 recData);  //处理 Host 命令
```

在 ProHostCmd.c 文件的"内部函数实现"区，添加内部函数 ProcHostCmd 的实现代码，如程序清单 15-21 所示。ProcHostCmd 函数用于解析 Host 命令，具体的语句解释如下。

（1）通过 UnPackData 函数解析上位机发送来的数据包。UnPackData 函数会累积上机位传递过来的数据，当累积到 10 字节时就会尝试解包，解包成功，返回 1。

（2）解包成功后，通过 GetUnPackRslt 函数获取解包结果。

（3）将解包结果存储至 Common 模块中，然后，BTCtrol 模块再从 Common 模块中取出结果。

程序清单 15-21

```c
static void ProcHostCmd(u8 recData)
{
  StructPackType pack;
  StructSystemFlag *carFlag;

  carFlag = GetSystemStatus();

  if (UnPackData(recData))
  {
    pack = GetUnPackRslt();

    if (MODULE_CAR_ID == pack.packModuleId)
    {
      if (CMD_CAR_MODE == pack.packSecondId)
      {
        carFlag->setState(pack.arrData[0]);               //设置小车模式
        carFlag->sysState = ADJUST;                       //小车进入调节状态
        CarStop();                                        //小车停车
        SendAckPack(MODULE_CAR_ID, DAT_CMD_ACK, 0);       //发送响应包，命令成功
      }
      else if (CMD_CAR_MOVE == pack.packSecondId)         //设置小车转动方向和速度
      {
        carFlag->direction  = pack.arrData[0];            //设置小车转动方向
        carFlag->lMotorPWM  = MINI_SPEED + DIFF_SPEED * pack.arrData[1] / 100;
        carFlag->rMotorPWM  = MINI_SPEED + DIFF_SPEED * pack.arrData[1] / 100;
        SendAckPack(MODULE_CAR_ID, DAT_CMD_ACK, 0);       //发送响应包，命令成功
      }
      else if (CMD_CAR_RUN == pack.packSecondId)          //Host 发送启动、停止命令
      {
        carFlag->sysState = pack.arrData[0];              //设置小车系统状态
        CarStop();                                        //小车停车
        SendAckPack(MODULE_CAR_ID, DAT_CMD_ACK, 0);       //发送响应包，命令成功
      }
      else if (DAT_CMD_ACK == pack.packSecondId)          //接收到 Host 响应包，不进行处理
      {

      }
      else
      {
        SendAckPack(MODULE_CAR_ID, DAT_CMD_ACK, 3);       //发送响应包，无效命令
      }
    }
    else if(MODULE_SYS == pack.packModuleId)
    {
      if (CMD_RST_ACK == pack.packSecondId)               //Host 复位应答
      {
        SetSlaveResMark(1);                               //设置获取 Host 标志
        SendAckPack(MODULE_CAR_ID, DAT_CMD_ACK, 0);       //发送响应包，命令成功
      }
    }
    else
```

```
    {
      SendAckPack(MODULE_CAR_ID, DAT_CMD_ACK, 3);        //发送响应包，无效命令
    }

  }
}
```

在 ProHostCmd.c 文件的"API 函数实现"区，添加 API 函数 InitProcHostCmd 和 ProcHostCmdTask 的实现代码，如程序清单 15-22 所示。ProcHostCmdTask 函数首先接收 UART2 数据，每接收到一个数据就调用 ProcHostCmd 函数对数据进行处理。

程序清单 15-22

```
void InitProcHostCmd(void)
{

}

void ProcHostCmdTask(void)
{
  u8 data = 0;
  u8 len = 0;
  len = ReadUART(UART_PORT_COM2, &data, 1);

  if (len > 0)
  {
    ProcHostCmd(data);
  }
}
```

步骤 9：完善蓝牙控制应用层

在 TaskProc.c 文件的"包含头文件"区添加头文件，如程序清单 15-23 所示。

程序清单 15-23

```
#include "SendDataToHost.h"
#include "ProHostCmd.h"
```

在 TaskProc.c 文件的"内部变量"区，将向手机 App 发送数据的任务和处理手机 App 命令的任务添加到任务列表 s_arrTaskComps 中，如程序清单 15-24 所示。

程序清单 15-24

```
//任务列表
static StructTaskCtr s_arrTaskComps[] =
{
  {0, 2,    2,    LEDTask},          //LED 闪烁
  {0, 5,    5,    CarGo},            //小车运行
  {0, 100,  100,  DbgCarScan},       //DbgCar 扫描任务
  {0, 100,  100,  OLEDShow},         //OLED 显示
  {0, 100,  100,  MeasureDistance},  //超声测距
  {0, 500,  500,  MeasureEncoder},   //测速
  {0, 2,    2,    ProcCalcBatPowTask}, //计算电池电压任务
  {0, 1000, 1000, ProcSendDataToHost}, //向 Host 发送命令
  {0, 10,   10,   ProcHostCmdTask},  //处理 Host 命令
};
```

在 Common.c 文件的"包含头文件"区添加头文件，如程序清单 15-25 所示。

程序清单 15-25

```
#include "BTCtrol.h"
```

在 Common.c 文件的"内部函数实现"区，将蓝牙模式添加到 ResetFunc 函数中，如程序清单 15-26 所示。这样就可以在 Common 模块中执行小车蓝牙控制模式。

程序清单 15-26

```
static void ResetFunc(void)
{
  switch (s_structSystemFlag.pattern)              //判断小车模式
  {
    case BT_CTROL_STATE:                           //蓝牙模式
      s_structSystemFlag.ctrolFunc = ProcBTCtrol;
      break;
    case TRACK_CAR_STATE:                          //寻迹模式
      s_structSystemFlag.ctrolFunc = ProcTrackCar;
      break;
    case MAGIC_HAND_STATE:                         //魔术手模式
      s_structSystemFlag.ctrolFunc = ProcMagicHand;
      break;
    case BARRIER_STATE:                            //避障模式
      s_structSystemFlag.ctrolFunc = ProcBarrier;
      break;
    case FOLLOW_STATE:                             //跟从模式
      s_structSystemFlag.ctrolFunc = ProcFollow;
      break;
    default:
      break;
  }
}
```

在 Main.c 文件的"包含头文件"区添加头文件，如程序清单 15-27 所示。

程序清单 15-27

```
#include "BTCtrol.h"
#include "PackUnpack.h"
#include "SendDataToHost.h"
#include "ProHostCmd.h"
```

在 Main.c 文件的 InitSoftware 函数中，添加蓝牙模块初始化、打包解包初始化、SendDataToHost 初始化和 ProcHostCmd 模块初始化代码，如程序清单 15-28 所示。

程序清单 15-28

```
static  void  InitSoftware(void)
{
  InitLED();                 //初始化 LED 模块
  InitSystemStatus();        //初始化 SystemStatus 模块
  InitTask();                //初始化 Task 模块
  InitDbgCar();              //初始化 DbgCar 模块
  InitOLED();                //初始化 OLED 模块
  InitKeyOne();              //初始化 KeyOne 模块
  InitProcKeyOne();          //初始化 ProcKeyOne 模块
  InitBeep();                //初始化 Beep 模块
  InitMotor();               //初始化 Motor 模块
  InitServo();               //初始化 Servo 模块
```

```
InitInfrared();            //初始化 Infrared 模块
InitUltraSound();          //初始化 UltraSound 模块
InitEncoder();             //初始化 Encoder 模块
InitCalcBatPower();        //初始化 CalcBatPower 模块
InitAvoidObstacle();       //初始化 AvoidObstacle 模块
InitBTCtrol();             //初始化 BTCtrol 模块
InitPackUnpack();          //初始化 PackUnpack 模块
InitSendDataToHost();      //初始化 SendDataToHost 模块
InitProcHostCmd();         //初始化 ProcHostCmd 模块
}
```

步骤 10：编译及下载验证

代码编写完成并编译成功后，将程序下载到 STM32 微控制器中。下载完成后，按 KEY$_1$ 按键，小车进入调节状态，此时可以通过 KEY$_2$ 按键切换小车模式，将小车模式切换至 BTCtrol 模式，然后按下 KEY$_3$ 按键，小车执行蓝牙控制模式。打开手机设置，将手机与小车的蓝牙模块配对，配对成功后打开手机 App，选择连接小车蓝牙，即可通过手机 App 控制智能小车。

如果小车蓝牙模块尚未配置，需先完成蓝牙配置，再下载验证。

本 章 任 务

参考附录 B.6.3，修改 SendDataToHost.c 文件中的 ProcSendDataToHost 函数的内容，将小车电压通过蓝牙发送至手机 App，并在手机 App 上显示出来。

本 章 习 题

1. 简述 NOR Flash 和 NAND Flash 的异同。
2. STM32F103RCT6 微控制器的片内 Flash 使用的是 NOR Flash 还是 NAND Flash？
3. 蓝牙是什么？它具有哪些特点？
4. 蓝牙与 Wi-Fi 有何异同？
5. 简述配置蓝牙模块的主要流程。

附录 A　本书配套资料包介绍

本书配套的资料包名称为"智能小车系统设计——基于 STM32"（可通过微信公众号"卓越工程师培养系列"提供的链接获取），为了保持与本书实验步骤的一致性，建议将资料包复制到计算机的 D 盘："D:\智能小车系统设计——基于 STM32"。资料包由若干个文件夹组成，如表 A-1 所示。

表 A-1　本书配套资料包清单

序　号	文 件 夹 名	文件夹介绍
1	智能小车系统设计入门资料	存放了学习智能小车系统设计相关的入门资料，建议读者在开始智能小车系统设计前，先阅读智能小车系统设计入门资料
2	相关软件	存放了本书使用到的软件，如 MDK5.20、STM ISP 下载器、SSCOM 串口助手、ST-Link 驱动、CH340 驱动等
3	智能小车核心板原理图	存放了智能小车核心板的 PDF 版本原理图
4	例程资料	存放了智能小车系统设计所有实验的相关素材，读者根据这些素材开展各个实验
5	PPT 讲义	存放了每个章节的 PPT 讲义
6	视频资料	存放了本书配套的视频资料
7	数据手册	存放了智能小车系统所使用到的元器件的数据手册，便于读者进行查阅
8	软件资料	存放了本书使用到的工具，如 PCT 协议打包解包工具、智能小车控制系统（Android 版）等，以及"C 语言软件设计规范（LY-STD001—2019）""Java 语言软件设计规范（LY-STD004—2019）"和 Android 开发相关文档
9	硬件资料	存放了智能小车主控板所使用到的 PCB 工程的 Altium Designer 版库文件，以及 STM32F103 系列微控制器开发相关文档，如《STM32 中文参考手册（中文版）》《STM32 中文参考手册（英文版）》《ARM Cortex-M3 权威指南（中文版）》《ARM Cortex-M3 权威指南（英文版）》《STM32 固件库使用手册（中文版）》《STM32F10x 闪存编程手册（中文版）》和《STM32F103RCT6 芯片手册（英文版）》《SSD1306 数据手册（英文版）》

附录 B　智能小车系统 PCT 通信协议简介

从机常常被作为执行单元，用于处理一些具体的事务，而主机（如 Windows、Linux、Android 和 emWin 等平台）常常用于与从机进行交互，向从机发送命令，或处理来自从机的数据，如图 B-1 所示。

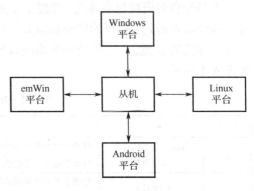

图 B-1　主机与从机交互框图

主机与从机之间的通信过程如图 B-2 所示。主机向从机发送命令的具体过程是：（1）主机对待发命令进行打包；（2）主机通过通信设备（串口、蓝牙、Wi-Fi 等）将打包好的命令发送出去；（3）从机在接收到命令之后，对命令进行解包；（4）从机按照相应的命令执行任务。

从机向主机发送数据的具体过程是：（1）从机对待发数据进行打包；（2）从机通过通信设备（串口、蓝牙、Wi-Fi 等）将打包好的数据发送出去；（3）主机在接收到数据之后，对数据进行解包；（4）主机对接收到的数据进行处理，如进行计算、显示等。

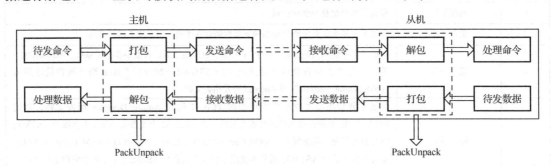

图 B-2　打包解包框架图

B.1　PCT 通信协议格式

在通信过程中，主机和从机有一个共同的模块，即打包解包模块（PackUnpack），该模块必须遵照某种通信协议。通信协议有很多种，下面介绍一种名为 PCT 的通信协议。PCT 通信协议的数据包格式如图 B-3 所示。

PCT 通信协议规定：

（1）数据包由 1 字节模块 ID+1 字节数据头+1 字节二级 ID+6 字节数据+1 字节校验和构成，共计 10 字节。

（2）数据包中有 6 个数据，每个数据为 1 字节。

（3）模块 ID 的最高位 bit7 固定为 0。

（4）模块 ID 的取值范围为 0x00～0x7F，最多有 128 种类型。

（5）数据头的最高位 bit7 固定为 1，数据头的低 7 位按照从低位到高位的顺序，依次存放二级 ID 的最高位 bit7、数据 1 的最高位 bit7、数据 2 的最高位 bit7、数据 3 的最高位 bit7、数据 4 的最高位 bit7、数据 5 的最高位 bit7 和数据 6 的最高位 bit7。

（6）校验和的低 7 位为模块 ID+数据头+二级 ID+数据 1+数据 2+…+数据 6 求和的结果（取低 7 位）。

（7）二级 ID、数据 1～数据 6 和校验和的最高位 bit7 固定为 1。注意，并不是说二级 ID、数据 1～数据 6 和校验和只有 7 位，而是在打包后，它们的低 7 位位置不变，最高位均位于数据头中，因此，仍然为 8 位。

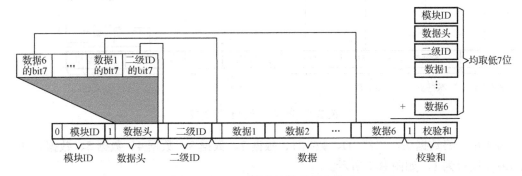

图 B-3 PCT 通信协议的数据包格式

B.2 PCT 通信协议打包过程

PCT 通信协议的打包过程分为 4 步。

第 1 步，准备原始数据，原始数据由模块 ID（0x00～0x7F）、二级 ID、数据 1、数据 2、数据 3、数据 4、数据 5 和数据 6 组成，如图 B-4 所示。其中，模块 ID 的取值范围为 0x00～0x7F，二级 ID 和数据的取值范围为 0x00～0xFF。

图 B-4 PCT 协议打包第 1 步

第 2 步，依次取出二级 ID、数据 1、数据 2、数据 3、数据 4、数据 5 和数据 6 的最高位 bit7，将其存放于数据头的低 7 位，按照从最低位到最高位的顺序依次存放二级 ID、数据 1、数据 2、数据 3、数据 4、数据 5 和数据 6 的最高位 bit7，如图 B-5 所示。

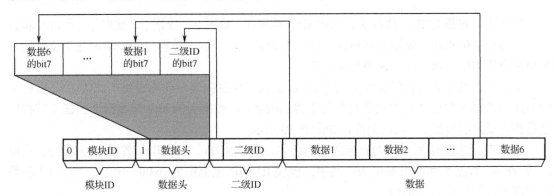

图 B-5 PCT 协议打包第 2 步

第 3 步，对模块 ID、数据头、二级 ID、数据 1、数据 2、数据 3、数据 4、数据 5 和数据 6 的低 7 位求和，取求和结果的低 7 位，将其存放于校验和的低 7 位，如图 B-6 所示。

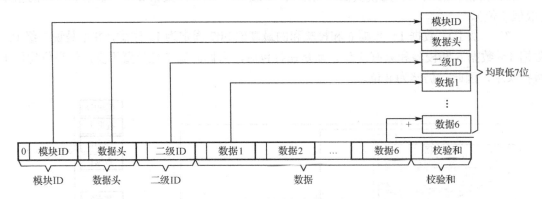

图 B-6　PCT 协议打包第 3 步

第 4 步，将数据头、二级 ID、数据 1、数据 2、数据 3、数据 4、数据 5、数据 6 和校验和的最高位置为 1，如图 B-7 所示。

图 B-7　PCT 协议打包第 4 步

B.3　PCT 通信协议解包过程

PCT 通信协议的解包过程也分为 4 步。

第 1 步，准备解包前的数据包，原始数据包由模块 ID、数据头、二级 ID、数据 1、数据 2、数据 3、数据 4、数据 5 和数据 6 组成，如图 B-8 所示。其中，模块 ID 的最高位为 0，其余字节的最高位均为 1。

图 B-8　PCT 协议解包第 1 步

第 2 步，对模块 ID、数据头、二级 ID、数据 1、数据 2、数据 3、数据 4、数据 5 和数据 6 的最低 7 位求和，如图 B-9 所示，取求和结果的低 7 位与数据包的校验和低 7 位对比，如果两个值的结果相等，则说明校验正确。

第 3 步，数据头的最低位 bit0 与二级 ID 的低 7 位拼接之后作为最终的二级 ID，数据头的 bit1 与数据 1 的低 7 位拼接之后作为最终的数据 1，数据头的 bit2 与数据 2 的低 7 位拼接之后作为最终的数据 2，以此类推，如图 B-10 所示。

第 4 步，图 B-11 所示即为解包之后的结果，由模块 ID、二级 ID、数据 1、数据 2、数据 3、数据 4、数据 5 和数据 6 组成。其中，模块 ID 的取值范围为 0x00～0x7F，二级 ID 和数据的取值范围为 0x00～0xFF。

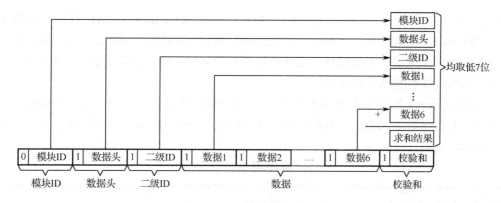

图 B-9　PCT 协议解包第 2 步

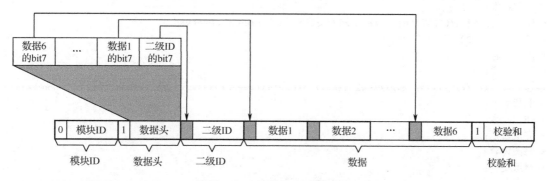

图 B-10　PCT 协议解包第 3 步

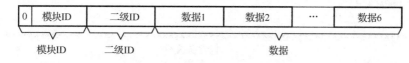

图 B-11　PCT 协议解包第 4 步

B.4　PCT 通信协议实现

PCT 通信协议既可以使用面向过程语言（如 C 语言）实现，也可以使用面向对象语言（如 C++或 C#语言）实现，还可以用硬件描述语言（Verilog HDL 或 VHDL）实现。

下面以 C 语言为实现载体，讲解 PackUnpack 模块的 PackUnpack.h 文件。该文件的全部代码如程序清单 B-1 所示，下面按照顺序对这些语句进行解释。

（1）在"枚举结构体定义区"，结构体 StructPackType 有 5 个成员，分别是 packModuleId、packHead、packSecondId、arrData、checkSum，与图 B-3 中的模块 ID、数据头、二级 ID、数据、校验和一一对应。

（2）枚举 EnumPackID 中的元素是对模块 ID 的定义，模块 ID 的范围为 0x00～0x7F，且不可重复。初始状态下，EnumPackID 中只有一个模块 ID 的定义，即系统模块 MODULE_SYS（0x01）的定义，任何通信协议都必须包含系统该模块 ID 的定义。

（3）枚举 EnumPackID 的定义之后会紧跟着一系列二级 ID 的定义，二级 ID 的范围为 0x00～0xFF，不同模块的二级 ID 可以重复。初始状态下，模块 ID 只有 MODULE_SYS，因此，二级 ID 也只有与之对应的二级 ID 枚举 EnumSysSecondID 的定义，EnumSysSecondID 初始状态下有 6 个元素，分别是 DAT_RST、DAT_SYS_STS、DAT_SELF_CHECK、DAT_CMD_ACK、CMD_RST_ACK 和 CMD_GET_POST_RSLT，这些二级 ID 分别对应系统复位信息数据包、系统状态数据包、系统自检结果数据包、命令应答数据包、模块复位信息应答命令包和读取自检结果命令包。

（4）PackUnpack 模块有 4 个 API 函数，分别是初始化打包解包模块函数 InitPackUnpack、对数据进行打包函数 PackData、对数据进行解包函数 UnPackData，以及读取解包后数据包函数 GetUnPackRslt。

程序清单 B-1

```
/*******************************************************************************
* 模块名称：PackUnpack.h
* 摘    要：PackUnpack 模块
* 当前版本：1.0.0
* 作    者：SZLY(COPYRIGHT 2018 - 2020 SZLY. All rights reserved.)
* 完成日期：2020 年 01 月 01 日
* 内    容：
* 注    意：
********************************************************************************
* 取代版本：
* 作    者：
* 完成日期：
* 修改内容：
* 修改文件：
*******************************************************************************/
#ifndef _PACK_UNPACK_H_
#define _PACK_UNPACK_H_


/*******************************************************************************
*                              包含头文件
*******************************************************************************/
#include "DataType.h"
#include "UART1.h"


/*******************************************************************************
*                               宏定义
*******************************************************************************/


/*******************************************************************************
*                            枚举结构体定义
*******************************************************************************/
//包类型结构体
typedef struct
{
  u8 packModuleId;           //模块包 ID
  u8 packHead;               //数据头
  u8 packSecondId;           //二级 ID
  u8 arrData[6];             //包数据
  u8 checkSum;               //校验和
}StructPackType;
```

```
//枚举定义，定义模块 ID，0x00～0x7F，不可以重复
typedef enum
{
  MODULE_SYS      = 0x01,     //系统信息

  MODULE_WAVE     = 0x71,     //wave 模块信息

  MAX_MODULE_ID   = 0x80
}EnumPackID;

//定义二级 ID，0x00～0xFF，因为是分属于不同的模块 ID，所以不同模块 ID 的二级 ID 可以重复
//系统模块的二级 ID
typedef enum
{
  DAT_RST         = 0x01,          //系统复位信息
  DAT_SYS_STS     = 0x02,          //系统状态
  DAT_SELF_CHECK  = 0x03,          //系统自检结果
  DAT_CMD_ACK     = 0x04,          //命令应答

  CMD_RST_ACK     = 0x80,          //模块复位信息应答
  CMD_GET_POST_RSLT = 0x81,        //读取自检结果
}EnumSysSecondID;


/*****************************************************************************
*                               API 函数声明
*****************************************************************************/
void   InitPackUnpack(void);                //初始化 PackUnpack 模块
u8     PackData(StructPackType* pPT);        //对数据进行打包，1-打包成功，0-打包失败
u8     UnPackData(u8 data);                  //对数据进行解包，1-解包成功，0-解包失败

StructPackType  GetUnPackRslt(void);         //读取解包后数据包

#endif
```

B.5　模块 ID 定义

智能小车系统有 2 个模块，分别是系统模块和小车模块，因此模块 ID 也有两个，智能小车系统模块 ID 定义如表 B-1 所示。

表 B-1　模块 ID 定义

序　号	模　块　名　称	ID 号	模块宏定义
1	系统模块	0x01	MODULE_SYS
2	小车模块	0x20	MODULE_CAR_ID

二级 ID 又分为从机发送给主机的数据包类型 ID 和主机发送给从机的命令包 ID，下面分别按照从机发送给主机的数据包类型 ID 和主机发送给从机的命令包 ID 进行介绍。

B.6　从机发送给主机数据包类型 ID

表 B-2 即为从机发送给主机数据包类型 ID 定义、ID 号和说明。

表 B-2　从机发送给主机数据包

序　号	模块 ID	二级 ID 宏定义	二级 ID	发 送 帧 率	说　　明
1		DAT_CMD_ACK	0x04	接收到命令后发送	命令应答
2	0x20	CAR_STATE1	0x05	1 秒/次	小车模式、电池、功率信息
3		CAR_STATE2	0x06	1 秒/次	小车距离、速度信息
4		CAR_STATE3	0x07	1 秒/次	左右避障、四路寻迹信息
5	0x01	DAT_RST	0x01	复位后发送	复位后发送

下面按照顺序对从机发送给主机数据包进行详细介绍。

B.6.1　命令应答（DAT_CMD_ACK）

命令应答数据包是从机在接收到主机发送的命令后，向主机发送的命令应答数据包，主机在向从机发送命令的时候，如果没收到命令应答数据包，应再发送两次命令，如果第三次发送命令后还未收到从机的命令应答数据包，则放弃命令发送，图 B-12 即为命令应答信息包的定义。

模块ID	HEAD	二级ID	DAT1	DAT2	DAT3	DAT4	DAT5	DAT6	CHECK
20H	数据头	04H	响应消息	保留	保留	保留	保留	保留	校验和

图 B-12　命令应答数据包

应答消息如表 B-3 所示。

表 B-3　应答消息的解释说明

位	解 释 说 明
7:0	应答消息：0-命令成功；1-校验和错误；2-命令包长度错误；3-无效命令；4-命令参数数据错误；5-命令不接受

B.6.2　小车状态信息 1（CAR_STATE1）

小车状态信息 1 包是由从机向主机发送的小车模式、电池电量、功率和小车状态信息，图 B-13 即为小车状态信息 1 数据包的定义。

模块ID	HEAD	二级ID	DAT 1	DAT 2	DAT 3	DAT 4	DAT 5	DAT 6	CHECK
20H	数据头	05H	模式	电池整数	电池小数	保留	保留	小车状态	校验和

图 B-13　小车状态信息 1 数据包

小车状态信息 1 数据包解释说明如表 B-4 所示。

表 B-4　小车状态信息 1 数据包解释说明

数　据	解 释 说 明
DAT1	模式信息：0-蓝牙控制；1-寻迹模式；2-魔术手；3-避障模式；4-跟随模式
DAT2～DAT3	电压范围：0～8.2V，将 DAT3 除以 100 后得到小数部分，精确到小数点后两位
DAT4～DAT5	功率暂时保留
DAT6	小车状态：0-小车调节状态；1-小车运行状态

B.6.3　小车状态信息 2（CAR_STATE2）

小车状态信息 2 数据包是由从机向主机发送的距离和速度信息，图 B-14 即为小车状态信息 2 数据包的定义。

模块ID	HEAD	二级ID	DAT 1	DAT 2	DAT 3	DAT 4	DAT 5	DAT 6	CHECK
20H	数据头	06H	距离高	距离低	左侧速度	右侧速度	保留	保留	校验和

图 B-14　小车状态信息 2 数据包

小车状态信息 2 数据包的解释说明如表 B-5 所示。

表 B-5　小车状态信息 2 数据包解释说明

数　据	解 释 说 明
DAT1～DAT2	超声测距结果：DAT1 和 DAT2 分别为超声测距结果高 8 位和低 8 位。传递的是一个 16 位浮点数，单位是 cm，范围是 20～400mm
DAT3	左侧速度：cm/s，复位后为 0 cm/s，范围为 0～120cm/s
DAT4	右侧速度：cm/s，复位后为 0 cm/s，范围为 0～120cm/s

B.6.4　小车状态信息 3（CAR_STATE3）

小车状态信息 3 数据包是由从机向主机发送的避障和寻迹信息，图 B-15 即为小车状态信息 3 数据包的定义。

模块ID	HEAD	二级ID	DAT 1	DAT 2	DAT 3	DAT 4	DAT 5	DAT 6	CHECK
20H	数据头	07H	左侧避障	左1寻迹	左2寻迹	右1寻迹	右2寻迹	右侧避障	校验和

图 B-15　小车状态信息 3 数据包

小车状态信息 3 数据包的解释说明如表 B-6 所示。

表 B-6　小车状态信息 3 数据包解释说明

数　据	解 释 说 明
DAT1	左侧避障，检测到物体时为 0，蓝灯亮起，无障碍为 1
DAT2	左 1 寻迹，0-黑线，1-白线
DAT3	左 2 寻迹，0-黑线，1-白线
DAT4	右 1 寻迹，0-黑线，1-白线
DAT5	右 2 寻迹，0-黑线，1-白线
DAT6	右侧避障，检测到物体时为 0，蓝灯亮起，无障碍为 1

B.6.5　系统复位信息（DAT_RST）

系统复位信息是由从机向主机发送，以达到从机和主机同步的目的。因此，从机复位后，从机向主机发送此数据包，如果主机无应答，则应每秒重发一次，直到主机应答。在每次蓝牙断开之后都要先向主机发送系统复位信息。图 B-16 即为系统复位数据包的定义。

模块ID	HEAD	二级ID	DAT1	DAT2	DAT3	DAT4	DAT5	DAT6	CHECK
01H	数据头	01H	保留	保留	保留	保留	保留	保留	校验和

图 B-16　系统复位数据包

B.7　主机发送给从机命令包类型 ID

主机发送给从机命令包的模块 ID、二级 ID 定义和说明如表 B-7 所示。

表 B-7　主机发送给从机命令包

序号	模块 ID	二级 ID 宏定义	二级 ID 号	定　义	说　明
1	0x20	CMD_CAR_MODE	0x80	小车模式设置	设置小车模式
2		CMD_CAR_MOVE	0x81	小车方向和速度设置	设置小车的方向和速度
3		CMD_CAR_RUN	0x82	小车状态设置	设置小车的状态
4	0x01	CMD_RST_ACK	0x80	复位响应	复位响应

下面按照顺序对主机发送给从机命令包进行详细讲解。

B.7.1　小车模式设置（CMD_CAR_MODE）

小车模式设置是通过主机向从机发送命令，以达到对小车模式进行设置的目的，图 B-17 即为小车模式设置包定义。

模块ID	HEAD	二级ID	DAT 1	DAT 2	DAT 3	DAT 4	DAT 5	DAT 6	CHECK
20H	数据头	80H	模式	保留	保留	保留	保留	保留	校验和

图 B-17　小车模式设置命令包

小车模式设置命令包的解释说明如表 B-8 所示。

表 B-8　小车模式设置命令包解释说明

位	解 释 说 明
7:0	模式信息：0-蓝牙控制；1-寻迹模式；2-魔术手；3-避障模式；4-跟随模式

复位后小车模式为蓝牙控制。

B.7.2　小车方向和速度设置（CMD_CAR_MOVE）

小车方向和速度设置是通过主机向从机发送命令，以达到对小车方向和速度进行设置的目的，图 B-18 即为小车方向和速度设置包定义。

模块ID	HEAD	二级ID	DAT 1	DAT 2	DAT 3	DAT 4	DAT 5	DAT 6	CHECK
20H	数据头	81H	方向	速度	保留	保留	保留	保留	校验和

图 B-18　小车方向和速度设置命令包

小车方向和速度设置命令包中的方向解释说明如表 B-9 所示。

表 B-9　小车方向解释说明

位	解 释 说 明
7:0	方向选择： 0x41-前进，0x42-右前，0x43-右转，0x44-右后，0x45-后退，0x46-左后，0x47-左转，0x48-左前，0x5A-停车，复位后为停车

小车方向和速度设置命令包中的速度解释说明如表 B-10 所示。

表 B-10　小车速度解释说明

位	解 释 说 明
7:0	复位后为 0 m/min，范围为 0～100（百分比）

B.7.3　小车状态设置命令（CMD_CAR_RUN）

小车状态设置是通过主机向从机发送命令，以达到启动小车的目的。智能小车在每次修改模式后都会进入调节模式，主机向智能小车发送启动命令能使小车发动起来，发送调节命令小车将进入调节模式。图 B-19 即为小车状态设置命令包定义。

模块ID	HEAD	二级ID	DAT 1	DAT 2	DAT 3	DAT 4	DAT 5	DAT 6	CHECK
20H	数据头	82H	状态	保留	保留	保留	保留	保留	校验和

图 B-19　小车状态设置命令包

小车状态设置命令包中的状态解释说明如表 B-11 所示。

表 B-11　小车状态解释说明

位	解 释 说 明
7:0	1-小车进入运行状态，0-小车进入调节状态

B.7.4　复位响应（CMD_RST_ACK）

主机在接收到智能系统小车复位信息后，应及时发送复位响应，以达到从机和主机同步的目的。图 B-20 即为复位响应命令包定义。

模块ID	HEAD	二级ID	DAT 1	DAT 2	DAT 3	DAT 4	DAT 5	DAT 6	CHECK
01H	数据头	80H	保留	保留	保留	保留	保留	保留	校验和

图 B-20　复位响应命令包

B.8　C 语言通信协议使用方法

PCT 通信协议不仅可以应用在智能小车系统上，还可以使用在其他项目或产品中，下面以一个实例介绍如何使用本书中的 PCT 通信协议。

在 PackUnpack.h 中添加新增的模块 ID，且新增的模块 ID 必须在 0x00～0x7F 之间，然后增加二级 ID 的枚举定义，需要注意的是二级 ID 的 0x00～0x7F 规定为 MCU 到 HOST 的数据包二级 ID，0x80～0xFF 规定为 HOST 到 MCU 的命令包二级 ID。智能小车与手机 App 之间的通信协议请参考附录 B 智能小车系统 PCT 通信协议简介。

智能小车的模块 ID 为 0x20，这里新建一个枚举，专门用于描述智能小车模块 ID，存放于 PackUnpack.h 的枚举结构体定义区，如程序清单 B-2 所示。

程序清单 B-2

```
//小车模块 ID
typedef enum
{
  MODULE_CAR_ID    = 0x20, //小车模块 ID
  MODULE_CAR_ID_MAX = 0x80
}EnumCarPackID;
```

智能小车有 6 个二级 ID，分别是小车状态信息 1（CAR_STATE1）、小车状态信息 2（CAR_STATE2）、小车状态信息 3（CAR_STATE3）、设置小车模式（CMD_CAR_MODE）、设置小车速度和方向（CMD_CAR_MOVE）和设置小车运行状态（CMD_CAR_RUN）。其中 CAR_STATE1、CAR_STATE2 和 CAR_STATE3 为 MCU 向 HOST 发送数据，CMD_CAR_MODE、CMD_CAR_MOVE 和 CMD_CAR_RUN 为 HOST 向 MCU 发送命令，智能小车二级 ID 枚举如程序清单 B-3 所示，存放于 PackUnpack.h 中。

程序清单 B-3

```
typedef enum
{
  CAR_STATE1    = 0x05, //小车模式、电池、功率
  CAR_STATE2    = 0x06, //小车距离、速度
  CAR_STATE3    = 0x07, //小车避障、寻迹
  CMD_CAR_MODE = 0x80, //设置小车模式
  CMD_CAR_MOVE = 0x81, //设置小车转动方向和速度
  CMD_CAR_RUN  = 0x82  //小车运行
}EnumCarSecondID;
```

这样就完成了智能小车模块 ID 和二级 ID 的添加，具体应用请参考实验 13。

附录 C 智能小车原理图

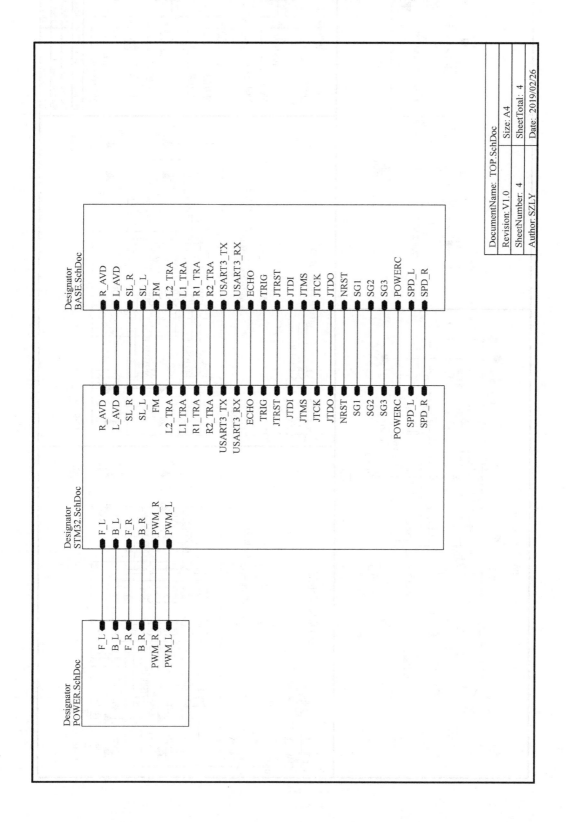

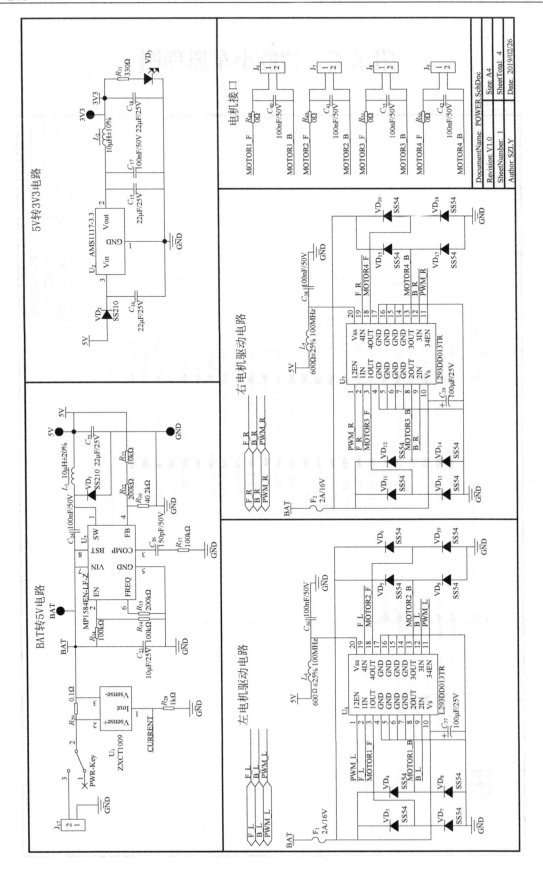

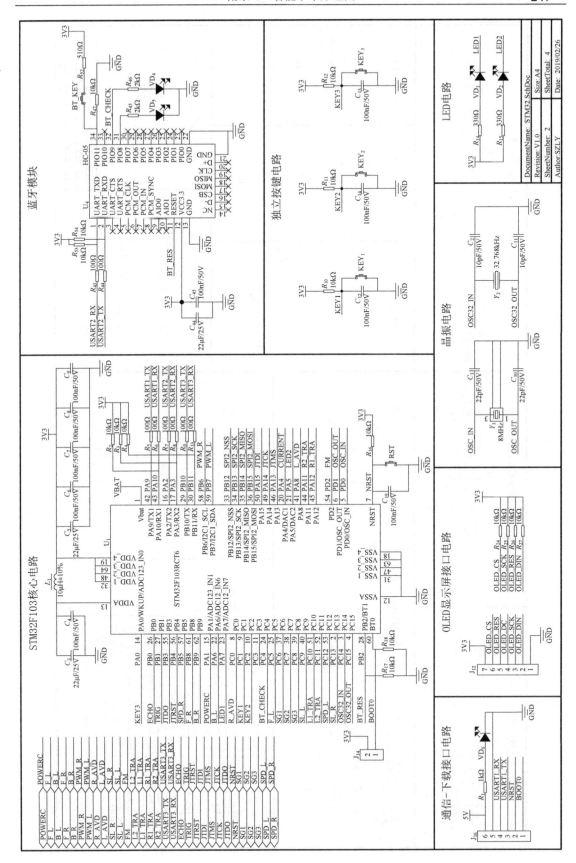

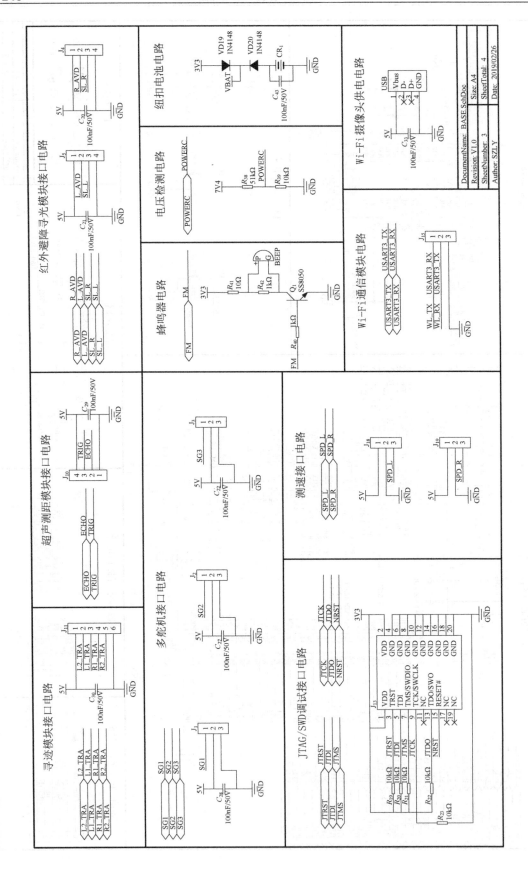

附录 D　STM32F103RCT6 引脚定义

引脚序号	引 脚 名	类型	I/O 结构	复位后主功能	复用功能 默 认	复用功能 重 映 射
1	V_{BAT}	S		V_{BAT}		
2	PC13-TAMPER-RTC	I/O		PC13	TAMPER-RTC	
3	PC14-OSC32_IN	I/O		PC14	OSC32_IN	
4	PC15-OSC32_OUT	I/O		PC15	OSC32_OUT	
5	OSC_IN	I		OSC_IN		
6	OSC_OUT	O		OSC_OUT		
7	NRST	I/O		NRST		
8	PC0	I/O		PC0	ADC123_IN10	
9	PC1	I/O		PC1	ADC123_IN11	
10	PC2	I/O		PC2	ADC123_IN12	
11	PC3	I/O		PC3	ADC123_IN13	
12	V_{SSA}	S		V_{SSA}		
13	V_{DDA}	S		V_{DDA}		
14	PA0-WKUP	I/O		PA0	WKUP/ USART2_CTS/ ADC123_IN0/ TIM2_CH1_ETR/ TIM5_CH1/ TIM8_ETR	
15	PA1	I/O		PA1	USART2_RTS/ ADC123_IN1/ TIM5_CH2/ TIM2_CH2	
16	PA2	I/O		PA2	USART2_TX/ TIM5_CH3/ ADC123_IN2/ TIM2_CH3	
17	PA3	I/O		PA3	USART2_RX/ TIM5_CH4/ ADC123_IN3/ TIM2_CH4	
18	V_{SS_4}	S		V_{SS_4}		
19	V_{DD_4}	S		V_{DD_4}		
20	PA4	I/O		PA4	SPI1_NSS/ USART2_CK/ DAC_OUT1/ ADC12_IN4	
21	PA5	I/O		PA5	SPI1_SCK/ DAC_OUT2/ ADC12_IN5	
22	PA6	I/O		PA6	SPI1_MISO/ TIM8_BKIN/ ADC12_IN6/ TIM3_CH1	TIM_BKIN

引脚序号	引 脚 名	类型	I/O 结构	复位后主功能	复 用 功 能	
					默　　认	重 映 射
23	PA7	I/O		PA7	SPI1_MOSI/ TIM8_CH1N/ ADC12_IN7/ TIM3_CH2	TIM_CH1N
24	PC4	I/O		PC4	ADC12_IN14	
25	PC5	I/O			ADC12_IN15	
26	PB0	I/O			ADC12_IN8/ TIM3_CH3/ TIM8_CH2N	TIM1_CH2N
27	PB1	I/O			ADC12_IM9/ TIM3_CH4/ TIM8_CH3N	TIM1_CH3N
28	PC2	I/O	FT	PC2/ BOOT1		
29	PB10	I/O	FT	PB10	I^2C2_SCL/ USART3_TX	TIM2_CH3
30	PB11	I/O	FT	PB11	I^2C2_SDA/ USART3_RX	TIM2_CH4
31	V_{SS_1}	S		V_{SS_1}		
32	V_{DD_1}	S		V_{DD_1}		
33	PB12	I/O	FT	PB12	SPI2_NSS/ I^2S2_WS/ I^2C2_SMBA/ USART3_CK/ TIM1_BKIN	
34	PB13	I/O	FT	PB13	SPI2_SCK/ I^2S2_CK/ USART3_CTS/ TIM1_CH1N	
35	PB14	I/O	FT	PB14	SPI2_MISO/ TIM1_CH2N/ USART3_RTS	
36	PB15	I/O	FT	PB15	SPI2_MOSI/ I^2S2_SD/ TIM1_CH3N	
37	PC6	I/O	FT	PC6	I^2S2_MCK/ TIM8_CH1/ SDIO_D6	TIM3_CH1
38	PC7	I/O	FT	PC7	I^2S3_MCK/ TIM8_CH2/ SDIO_D7	TIM3_CH2
39	PC8	I/O	FT	PC8	TIM8_CH3/ SDIO_D0	TIM3_CH3
40	PC9	I/O	FT	PC9	TIM8_CH4/ SDIO_D1	TIM3_CH4
41	PA8	I/O	FT	PA8	USART1_CK/ TIM1_CH1/ MCO	
42	PA9	I/O	FT	PA9	USART1_TX/ TIM1_CH2	

续表

引脚序号	引 脚 名	类型	I/O 结构	复位后主功能	复 用 功 能	
					默　　认	重　映　射
43	PA10	I/O	FT	PA10	USART1_RX/ TIM1_CH3	
44	PA11	I/O	FT	PA11	USART1_RTS/ USBDM/ CAN_RX/ TIM1_CH4	
45	PA12	I/O	FT	PA12	USART1_RTS/ USBDP/ CAN_TX/ TIM1_ETR	
46	PA13	I/O	FT	JTMS-SWDIO		PA13
47	V_{SS_2}	S		V_{SS_2}		
48	V_{DD_2}	S		V_{DD_2}		
49	PA14	I/O	FT	JTCK-SWCLK		PA14
50	PA15	I/O	FT	JTDI	SPI3_NSS/ I^2S3_WS	TIM2_CH1_ETR/ PA15/ SPI1_NSS
51	PC10	I/O	FT	PC10	UART4_TX/ SDIO_D2	USART3_TX
52	PC11	I/O	FT	PC11	UART4_RX/ SDIO_D3	USART3_RX
53	PC12	I/O	FT	PC12	UART5_TX/ SDIO_CK	USART3_CK
54	PD2	I/O	FT	PD2	TIM3_ETR/ UART5_RT/ SDIO_CMD	
55	PB3	I/O	FT	JTDO	SPI3_SCK/ I^2S3_CK	PB3/ TRACESWO TIM2_CH2/ SPI1_SCK
56	PB4	I/O	FT	NJTRST	SPI3_MISO	PB4/ TIM3_CH1 SPI1_MISO
57	PB5	I/O		PB5	I^2C1_SMBA/ SPI3_MOSI/ I^2S3_SD	TIM3_CH2/ SPI1_MOSI
58	PB6	I/O	FT	PB6	I^2C1_SCL/ TIM4_CH1	USART_TX
59	PB7	I/O	FT	PB7	I^2C1_SDA/ FSMC_NADV/ TIM4_CH2	USART1_RX
60	BOOT0	I		BOOT0		
61	PB8	I/O	FT	PB8	TIM4_CH3/ SDIO_D4	I2C1_SCL/ CAN_RX
62	PB9	I/O	FT	PB9	TIM4_CH4/ SDIO_D5	I2C1_SDA/ CAN_TX
63	V_{SS_3}	S		V_{SS_3}		
64	V_{DD_3}	S		V_{DD_3}		

附录 E C 语言软件设计规范（LY-STD001—2019）

E.1 C 语言软件设计规范（LY-STD001—2019）简介

该规范是由深圳市乐育科技有限公司于 2019 年发布的 C 语言软件设计规范，版本为 LY-STD001—2019。该规范详细介绍了 C 语言的书写规范，包括排版、注释、命名规范等，紧接着是 C 文件模板和 H 文件模板，并对这两个模板进行了详细的说明。使用代码书写规则和规范可以使程序更加规范和高效，对代码的理解和维护起到至关重要的作用。

E.2 排版

（1）程序块采用缩进风格编写，缩进的空格数为 2 个。对于由开发工具自动生成的代码可以有不一致。

（2）须将 Tab 键设定为转换为 2 个空格，以免用不同的编辑器阅读程序时，因 Tab 键所设置的空格数目不同而造成程序布局不整齐。对于由开发工具自动生成的代码可以有不一致。

（3）相对独立的程序块之间、变量说明之后必须加空行。

例如：

```
int tick;
int hour;
--------------------------------空行隔开--------------------------------
hour = tick / 3600;
--------------------------------空行隔开--------------------------------
if(hour >= 59)
{
    //program code
}
```

（4）不允许把多个短语句写在一行中，即一行只写一条语句。

例如：

```
int recData1 = 0;  int recData2 = 0;
```

应该写为

```
int recData1 = 0;
int recData2 = 0;
```

（5）if、for、do、while、case、switch、default 等语句自占一行，且 if、for、do、while 等语句的执行语句部分无论多少都要加括号{}。

例如：

```
if(s_iFreqVal > 60)
    return;
```

应该写为

```
if(s_iFreqVal > 60)
{
    return;
}
```

（6）在两个以上的关键字、变量、常量进行对等操作时，它们之间的操作符之前、之后或前后要加空格；进行非对等操作时，如果是关系密切的立即操作符（如→），后不应加空格。例如：

```
int a, b, c;
if(a >= b && c > d)
a = b + c;
a *= 2;
a = b ^ 2;
*p = 'a';
flag = !isEmpty;
p = &mem;
p->id = pid;
```

E.3　注释

注释是源码程序中非常重要的一部分，通常情况下规定有效的注释量不得少于 20%。其原则是有助于对程序的阅读理解，因此注释语言必须准确、简明扼要。注释不宜太多也不宜太少，内容要一目了然，意思表达准确，避免有歧义。总之该加注释的一定要加，不必要的地方就一定别加。

（1）边写代码边注释，修改代码的同时修改相应的注释，以保证注释与代码的一致性。不再有用的注释要删除。

（2）注释的内容要清楚、明了，含义准确，防止注释二义性。

（3）避免在注释中使用缩写，特别是非常用缩写。

（4）注释应考虑程序易读及外观排版的因素，使用的语言若是中、英文兼有的，建议多使用中文，除非能用非常流利准确的英文表达。

E.4　命名规范

标识符的命名要清晰、明了，有明确含义，同时使用完整的单词或大家基本可以理解的缩写，避免使人产生误解。

较短的单词可通过去掉"元音"形成缩写，较长的单词可取单词的头几个字母形成缩写；一些单词有大家公认的缩写。

例如：

message 可缩写为 msg；flag 可缩写为 flg；increment 可缩写为 inc。

1. 三种常用命名方式介绍

（1）骆驼命名法（camelCase）。

骆驼命名法，正如它的名称所表示的那样，是指混合使用大小写字母来构成变量和函数的名字。例如：printEmployeePayChecks()。

（2）帕斯卡命名法（PascalCase）。

与骆驼命名法类似，只不过骆驼命名法是首个单词的首字母小写，后面单词首字母都大写，而帕斯卡命名法是所有单词首字母都大写，例如：public void DisplayInfo()。

（3）匈牙利命名法（Hungarian）。

匈牙利命名法通过在变量名前面加上相应的小写字母的符号标识作为前缀，标识出变量的作用域、类型等。这些符号可以多个同时使用，顺序是先 m_（成员变量），再简单数据类型，再其他。例如：m_iFreq，表示整型的成员变量。匈牙利命名法的关键是：标识符的名字以一个或多个小写字母开头作为前缀；前缀之后是首字母大写的一个单词或多个单词组合，该单词要指明变量的用途。

2. 函数命名（文件命名与函数命名相同）

函数名应该能体现该函数完成的功能，可采用动词+名词的形式。关键部分应该采用完整的单词，辅助部分若太常见可采用缩写，缩写应符合英文的规范。每个单词的第一个字母要大写。

例如：

```
AnalyzeSignal();
SendDataToPC();
ReadBuffer();
```

3. 变量

（1）头文件为防止重编译须使用类似于_SET_CLOCK_H_的格式，其余地方应避免使用以下划线开始和结尾的定义。

例如：

```
#ifndef _SET_CLOCK_H_
#define _SET_CLOCK_H_
...
#end if
```

（2）常量使用宏的形式，且宏中的所有字母均为大写。

例如：

```
#define    MAX_VALUE    100
```

（3）枚举命名时，枚举类型名应按照 EnumAbcXyz 的格式，且枚举常量均为大写，不同单词之间用下划线隔开。

例如：

```
typedef enum
{
  TIME_VAL_HOUR = 0,
  TIME_VAL_MIN,
  TIME_VAL_SEC,
  TIME_VAL_MAX
}EnumTimeVal;
```

（4）结构体命名时，结构体类型名应按照 StructAbcXyz 的格式，且结构体的成员变量应按照骆驼命名法。

例如：

```
typedef struct
{
  short hour;
  short min;
  short sec;
}StructTimeVal;
```

（5）在本文档中，静态变量有两类，函数外定义的静态变量称为文件内部静态变量，函数内定义的静态变量称为函数内部静态变量。注意，文件内部静态变量均定义在"内部变量区"。这两种静态变量命名格式一致，即 s_+变量类型（小写）+变量名（首字母大写）。变量类型包括 i（整型）、f（浮点型）、arr（数组类型）、struct（结构体类型）、b（布尔型）、p（指针类型）。

例如：

```
s_iHour, s_arrADCConvertedValue[10], s_pHeartRate
```

（6）函数内部的非静态变量即为局部变量，其有效区域仅限于函数范围内，局部变量命名采用骆驼命名法，即首字母小写。

例如：

```
timerStatus, tickVal, restTime
```

（7）为了最大限度地降低模块之间的耦合，本文档不建议使用全局变量，若非不得已必须使用，则按照 g_+变量类型（小写）+变量名（首字母大写）进行命名。

E.5　C 文件模板

每个 C 文件模块都由模块描述区、包含头文件区、宏定义区、枚举结构体定义区、内部变量区、内部函数声明区、内部函数实现区及 API 函数实现区组成。下面是各个模块的示意。

1. 模块描述区

```
/***********************************************************************************
* 模块名称: SendDataToHost.c
* 摘    要: 发送数据到主机
* 当前版本: 1.0.0
* 作    者: XXX
* 完成日期: 20XX 年 XX 月 XX 日
* 内    容:
* 注    意:
***********************************************************************************
* 取代版本:
* 作    者:
* 完成日期:
* 修改内容:
* 修改文件:
***********************************************************************************/
```

2. 包含头文件区

```
/***********************************************************************************
*                                包含头文件
***********************************************************************************/
```

```
#include   "SampleSignal.h"
#include   "AnalyzeSignal.h"
#include   "ProcessSignal.h"
```

3. 宏定义区

```
/*********************************************************************************
*                                  宏定义
*********************************************************************************/
#define   ALPHA   2048        //宏定义必须全部大写，格式为 ABC_XYZ
```

4. 枚举结构体定义区

```
/*********************************************************************************
*                              枚举结构体定义
*********************************************************************************/
//定义枚举
//枚举类型为 EnumTimeVal，枚举类型的命名格式为 EnumXxYy
typedef enum
{
  TIME_VAL_HOUR = 0,
  TIME_VAL_MIN,
  TIME_VAL_SEC,
  TIME_VAL_MAX
}EnumTimeVal;

//定义一个时间值结构体，包括 3 个成员变量，分别是 hour，min 和 sec
//结构体类型为 StructTimeVal，结构体类型的命名格式为 StructXxYy
typedef struct
{
  short hour;
  short min;
  short sec;
}StructTimeVal;
```

5. 内部变量区

```
/*********************************************************************************
*                                内部变量
*********************************************************************************/
static i16 s_iSignalSample = 0;      //信号采样值
```

6. 内部函数声明区

```
/*********************************************************************************
*                              内部函数声明
*********************************************************************************/
static void SampleSignalPerSec(void* pBuf);      //每隔 2ms 采样一次信号
```

7. 内部函数实现区

```
/*********************************************************************************
*                              内部函数实现
*********************************************************************************/
/*********************************************************************************
```

```
* 函数名称: SampleSignal
* 函数功能: 采样信号
* 输入参数: void
* 输出参数: void
* 返 回 值: void
* 创建日期: 20XX 年 XX 月 XX 日
* 注    意:
**************************************************************************************/
static  void  SampleSignal(void)
{
}
```

8. API 函数实现区

```
/*************************************************************************************
*                              API 函数实现
**************************************************************************************/
/*************************************************************************************
* 函数名称: Task
* 函数功能: 任务
* 输入参数: void
* 输出参数: void
* 返 回 值: void
* 创建日期: 20XX 年 XX 月 XX 日
* 注    意:
**************************************************************************************/
void  Task(void)
{
}
```

E.6　H 文件模板

每个 H 文件模块都由模块描述区、包含头文件区、宏定义区、枚举结构体定义区及 API
函数声明区组成。下面是各个模块的示意。

1. 模块描述区

```
/*************************************************************************************
* 模块名称: SendDataToHost.h
* 摘    要: 发送数据到主机
* 当前版本: 1.0
* 作    者:
* 完成日期:
* 内    容:
* 注    意: none
*************************************************************************************
* 取代版本:
* 作    者:
* 完成日期:
* 修改内容:
* 修改文件:
**************************************************************************************/
#ifndef _SEND_DATA_TO_HOST_   //注意，这个是必需的, 防止重编译
#define _SEND_DATA_TO_HOST_   //注意，这个是必需的
```

2. 包含头文件区

```
/*******************************************************************************
*                              包含头文件
*******************************************************************************/
#include "DataType.h"
#include "Version.h"
```

3. 宏定义区

```
/*******************************************************************************
*                              宏定义
*******************************************************************************/
//参照"模块描述（C 文件）"中的"宏定义区"
```

4. 枚举结构体定义区

```
/*******************************************************************************
*                              枚举结构体定义
*******************************************************************************/
//参照"模块描述（C 文件）"中的"枚举结构体定义区"
//但是"C 文件"中定义的只能用于所在的 C 文件区
//"H 文件"定义的既能用在所在的 H 文件、对应的 C 文件区，还能用于其他被应用的 H 文件和 C 文件区
```

5. API 函数声明区

```
/*******************************************************************************
*                              API 函数声明
*******************************************************************************/
void  InitSignal(void);
#endif        //注意，这个是必需的，与#ifndef 对应
```

附录 F 智能小车寻迹赛道参考图

长 200cm，宽 150cm，黑线宽度约 1.6cm

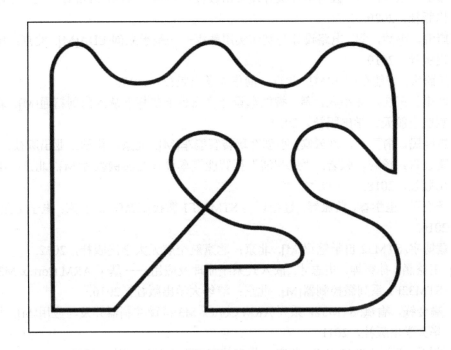

参考文献

[1] 董磊，赵志刚，等.STM32F1 开发标准教程[M]. 北京：电子工业出版社，2020.

[2] 董磊，张帅，等. 医用单片机开发实用教程——基于 STM32F4[M]. 北京：电子工业出版社，2020.

[3] 唐浒，韦然，等. 电路设计与制作实用教程——基于立创 EDA[M]. 北京：电子工业出版社，2019.

[4] 王盼宝. 智能车制作[M]. 北京：清华大学出版社，2017.

[5] 闫琪，王江，熊小龙，等. 智能车设计"飞思卡尔杯"从入门到精通[M]. 北京：北京航空航天大学出版社，2012.

[6] 崔胜民，俞天一，刘云宾. 小创客玩转智能车[M]. 北京：化学工业出版社，2018.

[7] 隋金雪，杨莉，张岩. "恩智浦"杯智能汽车设计与实例教程[M]. 北京：电子工业出版社，2018.

[8] 杨百军，王学春，黄雅琴. 轻松玩转 STM32F1 微控制器[M]. 北京：电子工业出版社，2016.

[9] 蒙博宇. STM32 自学笔记[M]. 北京：北京航空航天大学出版社，2012.

[10] 王益涵，孙宪坤，史志才. 嵌入式系统原理及应用——基于 ARM Cortex-M3 内核的 STM32F1 系列微控制器[M]. 北京：清华大学出版社，2016.

[11] 喻金钱，喻斌.STM32F 系列 ARM Cortex-M3 核微控制器开发与应用[M]. 北京：清华大学出版社，2011.

[12] 刘军. 例说 STM32[M]. 北京：北京航空航天大学出版社，2011.

[13] JOSEPH YIU，ARM Cortex-M3 权威指南[M]. 宋岩，译. 北京：北京航空航天大学出版社，2009.

[14] 刘火良，杨森.STM32 库开发实战指南[M]. 北京：机械工业出版社，2013.

[15] 肖广兵.ARM 嵌入式开发实例——基于 STM32 的系统设计[M]. 北京：电子工业出版社，2013.

[16] 陈启军，余有灵，张伟，等. 嵌入式系统及其应用[M]. 北京：同济大学出版社，2011.

[17] 张洋，刘军，严汉宇. 原子教你玩 STM32（库函数版）[M]. 北京：北京航空航天大学出版社，2013.